Meiner Mutter
und dem Andenken meines Vaters
gewidmet

Ein Beitrag zur Entwicklung des europäischen Textildrucks

Eine historisch-systematische Untersuchung

Von

Dr. rer. pol. **Arthur Bolliger**

Basel

Springer-Verlag Wien GmbH

1950

ISBN 978-3-211-80135-2 ISBN 978-3-7091-7735-8 (eBook)
DOI 10.1007/978-3-7091-7735-8

Vorwort.

Meine berufliche Tätigkeit in Unternehmungen des Textildruckgewerbes erweckte in mir den Wunsch, diesen Wirtschaftszweig näher kennenzulernen.

Einen Teil der Vorarbeiten führte ich unter Herrn Prof. Dr. F. Mangold durch, meinem inzwischen verstorbenen Lehrer. Die endgültige Gestaltung, insbesondere die systematische Durchdringung des Gegenstandes, erfolgten unter der Anleitung von Herrn Prof. Dr. V. F. Wagner. Ihm sowie Herrn Prof. Dr. E. Salin, der mich ebenfalls mit wertvollen Anregungen unterstützte, spreche ich hiemit herzlichen Dank aus. Mein Dank geht ebenfalls an Herrn Prof. Dr. R. Haller. Seine Hinweise und Schriften haben wesentlich zum Gelingen meiner Arbeit beigetragen. Auch den Herren Fabrikanten, Verbandsleitern, Archivaren und Museumsvorstehern sowie verschiedenen Behörden und Handelskammern fühle ich mich sehr verpflichtet. Ohne das Material, das mir von dieser Seite zur Verfügung gestellt wurde, hätte ich meine Aufgabe in engerem Rahmen lösen müssen.

Basel, Juni 1947.

Nachtrag zum Vorwort.

Während der Drucklegung dieser Untersuchung kam der dritte Band des Werkes von Louis Diserens heraus: Die neuesten Fortschritte in der Anwendung der Farbstoffe, Basel 1949. Wie Diserens im Vorwort ausführt (geschrieben im Oktober 1949), hat er „ein Verzeichnis der wichtigsten Druckereibetriebe aller Länder besorgt". Ich bedaure, daß ich diesen „ersten Versuch", den Diserens zwar noch als „notwendigerweise unvollkommen" bezeichnet, nicht mehr verwerten konnte. Dies hätte meine statistischen Angaben verschiedentlich bereichert und insbesondere eine gründlichere Ausgestaltung des Kapitels über die Entwicklung des Produktionsumfangs ermöglicht. Immerhin ist es interessant, festzustellen, daß die von mir theoretisch errechnete Anzahl der Walzendruckmaschinen, die notwendig ist, um bei Zweischichtenbetrieb den schätzungsweise eruierten jährlichen Weltverbrauch an Druckstoffen zu decken, mit der von Diserens auf Grund einer Zählung erhaltenen Ziffer im großen ganzen übereinstimmt.

Basel, Dezember 1949.

A. Bolliger

Inhaltsverzeichnis.

Erster Teil.

Kurze Geschichte des europäischen Textildrucks.

Seite

I. Der Gegenstand 1
II. Wirtschaftshistorischer Standort 1
III. Räumliche Entwicklung 3
1. Ursprung und Herkunft 3
2. Entstehung in Europa 4
3. Ausbreitung 5

IV. Entwicklung der Produktionstechnik 9
1. Die Produktionsstufe 9
2. Das Verfahren 9
a) Das mechanische Verfahren 10
b) Das chemische Verfahren 12

V. Entwicklung der Musterung bzw. der Ornamentik 13
VI. Begriffliche Umschreibung 16

Zweiter Teil.

Die wirtschaftliche Struktur des europäischen Textildruckgewerbes.

Vorbemerkung 18

I. Betriebs- bzw. Unternehmungsformen 18
1. Klösterliches und zünftiges Handwerk sowie freie Kunst . . . 18
2. Manufaktur 21
a) Die Einführung 21
b) Gesellschaftsform: Personengesellschaften 23
c) Die Beziehungen zu den Zünften und die Organisation der Arbeiterschaft 25
3. Industrielle Fabrik 28
a) Der manufaktur-fabrikmäßige Betrieb 28
b) Die mechanisch-chemische Zeugdruckerei: der Fabrikbetrieb . . 35
c) Gesellschaftsform: Kapitalgesellschaften 36
4. Betriebsgröße 38

II. Arbeitsweise und berufliche Differenzierung 47
Abgrenzung des Gegenstandes 47
1. Die Arbeitsweise 48
a) Die Arbeitsweise im Handwerks- und primitiven Manufakturbetrieb 48
b) Die Umgestaltung der Arbeitsweise durch die technische Revolution 49
aa) Die Revolutionierung des mechanischen Verfahrens . . . 50
bb) Die Revolutionierung des chemischen Verfahrens 52
cc) Die Steigerung der Produktivität 54
c) Die Arbeitsweise im modernen Betrieb 68

Seite
2. Qualifikation der Arbeit und Einkommensverhältnisse 69
a) Die Qualifikation des Produktionsfaktors Arbeit 69
b) Die Lohn- und Gehaltsstruktur 79
c) Die Veränderung der Lohnkosten durch die Technisierung . . 91
III. Produktionspolitik 96
1. Art und Herkunft des Sachkapitals 96
a) Druckböden 96
b) Färbematerialien und Hilfsprodukte 100
c) Arbeitsmittel 104
2. Standortsorientierung 109
3. Vertikale Unternehmungsintegration und Differenzierung . . . 122
IV. Kapitalstruktur 127
1. Der Kapitalbedarf 128
a) Problemstellung 128
b) Wirkungen einzelner Faktoren auf den Umfang des Kapitalbedarfs 128
c) Elementare Größenordnungen des Kapitalbedarfs und Größenunterschiede 134
2. Die Kapitalbeschaffung 143
V. Absatzpolitik 147
1. Die Absatzgebiete und ihr Wandel unter dem Einfluß der Handelspolitik 148
2. Die Vertriebsweise 181
3. Die Marktform 194
VI. Die Entwicklung des Produktionsumfangs 198
Literaturverzeichnis 206

Berichtigungen.

S. 8, 14. Zeile von unten, lies: . . . konstatieren wir eine wesentliche chemisch-technische Verfeinerung.

S. 14, 9. Zeile von oben, lies: . . . hingegen wiederum in Indien wohl meist der Fall war.

S. 29, 19. Zeile von oben, lies: . . . der früheren Model- bzw. heutigen Filmdruckerei.

S. 90, 9. und 10. Zeile von unten, lies: . . . als Gehälter in früheren Goldfranken betrachtet.

S. 129, 11. Zeile von oben, lies: Nach unseren Darlegungen auf S. 62 ff.

S. 146, Anmerkung 302, der letzte Satz: „Im Jahre 1804 nahmen Gros, . . . gegen 1812 zurück (Histoire . . ., a. a. O., Bd. I, S. 413)" ist zu streichen.

Erster Teil.

Kurze Geschichte des europäischen Textildrucks.

I. Der Gegenstand.

Das Objekt der vorliegenden Untersuchung, der Textil-, Stoff- oder Zeugdruck, tritt uns in seiner Bezeichnung und Existenz in dreifacher Bedeutung bzw. Erscheinungsform entgegen. Erstens in derjenigen der mechanischen und chemischen Verfahrensweise zum Zwecke der Gewebeveredlung, zweitens in derjenigen des Gestaltungsobjektes, also des bedruckten Stoffes selber, drittens als Gewerbezweig. Wir haben es somit das eine Mal mit einem technischen Sachverhalt zu tun, das andere Mal mit einem konsumreifen Gebrauchsgut und letztlich mit der Gesamtheit und dem Zusammenhang aller wirtschaftlichen Tätigkeit und Einrichtungen, ausgerichtet auf die Erzeugung und Verteilung bedruckter Gewebe.

Eine volkswirtschaftliche Betrachtung interessiert natürlich vor allem dieser letzte Aspekt, d. h. die Genesis des Gewerbes, seine Struktur sowie ökonomische Funktion. Wenn wir gleichwohl noch der technischen und gegenständlichen Seite einige Beachtung schenken, so geschieht es nur deshalb, weil diese Faktoren für die Entwicklung des Textildruckgewerbes eminent wichtig waren. Im Verlaufe unserer Arbeit müssen wir also die Bezeichnung Textildruck, Stoff- oder Zeugdruck in ihren drei Bedeutungen verwenden. Da die gewünschte Auslegung gewöhnlich aus dem jeweiligen Zusammenhang klar hervorgeht, ist dort keine sinngemäße Erläuterung mehr erforderlich.

Von einer begrifflichen Umschreibung sehen wir vorläufig ab. Es ist zweckmäßiger, sie erst am Schlusse dieses ersten Teils unserer Arbeit zu geben, also dann, wenn wir dem Gegenstand etwas näher gekommen sind.

II. Wirtschaftshistorischer Standort.

Wie der Wortbestandteil „Textil . . ., Stoff . . . oder Zeug . . .“ eindeutig erkennen läßt, ist der Stoffdruck ein Glied der Wirtschaftsgruppe Textilindustrie. Hiebei handelt es sich nach der Zahl der Beschäftigten, dem Wert der Produktion und dem Umfang des internationalen Handels um einen der größten Gewerbezweige, in einzelnen Ländern sogar um den wichtigsten. Erstaunen kann dies nicht, hat sich doch neben dem Bedürfnis nach Nahrung das Bedürfnis nach Bekleidung schon in den frühesten Zeiten menschlicher Kultur als intensivstes Elementarbedürfnis erwiesen, dem sich in der Folge noch die Erfordernisse des Haushalts und der Technik angeschlossen haben.

Die solcherweise hervortretende Bedeutung der Textilindustrie hat schon früh ihre wissenschaftliche Durchdringung veranlaßt und allmählich eine umfangreiche Literatur entstehen lassen. Obwohl das Gewebe im Druckprozeß die höchste Veredlungsform erreicht, haben im Schrifttum dieses Verfahren, sein Erzeugnis und der Gewerbezweig selber nicht die Beachtung gefunden, die vor allem der Spinnerei, der Weberei und der Färberei zuteil geworden ist[1]. Die Erklärung hiefür ist vornehmlich in der Tatsache zu sehen, daß die bedruckten Stoffe a) von relativ beschränkterem Gebrauch sind, b) in der gewichtsmäßigen Größe ihrer Erzeugung den Spinn- und Webwaren[2] nachstehen, c) in der Anzahl ihrer Produktionsstätten beträchtlich hinter der Zahl der Produktionsstätten der Gespinste und Webartikel zurückbleiben.

Dennoch ist gerade das Textildruckgewerbe für die gesamtwirtschaftliche Entwicklung der vergangenen 200 Jahre eminent wichtig gewesen. Wie aus unseren späteren Ausführungen u. a. hervorgehen wird, hat Werner Sombart als erster diesen Tatbestand gewürdigt und im „Aufkommen des Zeugdrucks" sogar den „Ausgangspunkt der industriellen Revolution" gesehen[3]. Indem wir schon jetzt auf diese These hinweisen, stellen wir unserer Arbeit eine Behauptung voran, von der erst noch gezeigt werden muß, wie sie zu verstehen und inwieweit sie zu vertreten ist. Ihrem Inhalt soll deshalb vorderhand nur so viel entnommen werden, daß uns das Zeugdruckgewerbe als ein Zweig der kapitalistischen Wirtschaft entgegentritt, der zu ihrer Evolution mehr beigetragen zu haben scheint, als die allgemeine Wirtschaftsgeschichte üblicherweise erkennen läßt. Den Grad der Gültigkeit dieser These festzustellen, wird ein Erkenntnisziel unserer Untersuchung sein. Weitere, nicht minder erstrebenswerte Erkenntnisziele sehen wir vor allem darin, Aufschluß über das innere Gefüge dieses Gewerbes zu erhalten sowie Auskunft über seine Entfaltung.

Auszugehen ist vom historisch gewachsenen Zeugdruck als Erfahrungsobjekt und volkswirtschaftliche Erscheinung. Nach der zugänglich gewesenen Literatur müssen wir uns im wesentlichen

---

[1] Die Literatur über den Zeugdruck hat zwar gleichwohl ein beachtliches Ausmaß angenommen; sie vernachlässigt aber meist den wirtschaftstheoretischen Aspekt zugunsten des wirtschaftshistorischen und besonders des technischen.

[2] In rohem, gebleichtem, merzerisiertem, gefärbtem, buntgewebtem und ausgerüstetem Zustand verstanden.

[3] Werner Sombart, Der moderne Kapitalismus, Bd. II, 2. Halbband, München u. Leipzig 1917, S. 884 ff., und Bd. III, 1. Halbband, München u. Leipzig 1928, S. 505 ff.

auf die Darstellung der mittel- und westeuropäischen, insbesondere aber auf die Darstellung der schweizerischen und oberrheinischen Verhältnisse beschränken[4]. Die einführende, kurz gehaltene Geschichte der Entstehung und Ausbreitung, technischen und gegenständlichen Entwicklung des Textildrucks dient als Grundlage für die nachfolgende Betrachtung seiner wirtschaftlichen Struktur.

III. Räumliche Entwicklung.

1. Ursprung und Herkunft.

Sobald der Mensch der gemäßigten Klimazone über die primitivste Stufe seiner Lebenshaltung hinaustritt, soll ihn die Bekleidung nicht nur gegen äußere Einwirkungen schützen oder verhüllen. Sie muß ihn außerdem schmücken, ihn von den Mitmenschen abheben und vor ihnen auszeichnen. Bei den Naturvölkern der Tropen hat die Kleidung in erster Linie zu schmücken; teilweise dient sie auch als Schutz vor übernatürlichen Kräften, wie Dämonen, Geistern und Zauber, sowie zur Hebung des Mutes im Kampf und Begünstigung des Liebesspiels. Ob sich die vornehmen Ägypter buntgestreifte Wickelgewänder umlegten, ob sich Eingeborene Blätter, Baste oder Federn umbinden oder ob wir uns aufputzen, meist sind es ästhetische und sozial-psychologische, teils auch kultische sowie magische Motive, die den Anlaß hiezu bilden. Die Farben — im Sinne von Empfindungen verstanden — dienen hiebei als wichtigstes Mittel zum Zweck: sie zieren, unterscheiden, gefallen. Diese Triebkräfte und die Farbenfreudigkeit des Menschen haben den Textildruck hervorbringen lassen.

Kein Land kann für sich die Urheberschaft des Textildrucks beanspruchen. Er wurde an den verschiedensten Stellen der Erde entwickelt, unabhängig voneinander und teilweise schon in der vorgeschichtlichen Zeit der betreffenden Völkerschaften. Da man anfänglich vielfach den nackten Körper oder aber Rindenzeuge[5] mittelst Pflanzen- und Fruchtsäften musterte, ist diese „Kunst" nicht selten sogar der Erfindung der Weberei resp. Färberei sowie derjenigen der Wirkerei und Stickerei vorangegangen. Sehr früh und besonders reich hat sie sich in einigen Gegenden Indiens entfaltet. Hier liegt die wahrscheinliche Heimat des europäischen Textildrucks, wie allgemein angenommen wird.

---

[4] Die Lyoner Seidendruckerei wird nur vereinzelt gestreift. Nach erhaltener Auskunft geben hierüber näheren Aufschluß: Gilonne-Bret: Abhandlung im Dictionnaire Pratique des Tissus (Bosc frères, éditeurs) sowie Gilonne, Soieries de Lyon, ein Werk, das demnächst in den Editions Desvignes, Passage de l' Hôtel-Dieu, Lyon, herauskommen wird.

[5] Von der Zartheit feinsten Batists bis zur Derbheit dicken Leders.

2. Entstehung in Europa.

Nach den bisherigen Forschungsergebnissen ist uns der Zeugdruck im wesentlichen durch zwei Entwicklungsreihen vermittelt worden. Beide sind gemeinsam in Indien entsprungen; sie haben sich dann aber in einer Weise getrennt, die sie nicht nur in räumlicher, sondern auch in technischer und gegenständlicher Hinsicht andere Bahnen einschlagen und ihr respektives Übergreifen auf unseren Kontinent zumindest 700 Jahre auseinanderfallen ließ. Es erfolgte, den damaligen Verkehrsverhältnissen entsprechend, das eine Mal auf dem Landweg, nach einem Jahrhunderte währenden Entwicklungsgang, das andere Mal über die Seeroute, durch direkten Kontakt.

Die erste Entwicklungsreihe stieß bereits im Altertum zu den Völkern des Ostmittelländischen und Schwarzen Meeres vor, von hier allem Anschein nach einerseits über Byzanz[6] nach Oberitalien und anderseits über die Araber in die frühmittelalterlichen maurischen Reiche Spaniens sowie Siziliens, alsdann nordwärts, über die Pyrenäen respektive die Alpen an den Niederrhein[7] und nach Österreich, der Schweiz, Bayern, Frankreich, Flandern sowie England.

Die zweite Entwicklungsreihe nimmt ihren Ausgang zu Beginn des 17. Jahrhunderts in Indien, führt über die seefahrenden Holländer im Jahre 1678 nach Holland[8] und bald darauf nach Frankreich, England, Deutschland und nach der Schweiz[9].

[6] In Konstantinopel fand Pierre Belon du Mans um etwa 1550 „zahlreiche Werkstätten, deren Meister ihren Lebensunterhalt allein damit verdienten, daß sie vorgefärbte Stoffe auch noch mit Mustern verzieren". Zitiert bei Karl Reinking und Sabri Atayolu, Istanbul, in „Eine Beschreibung des Zeugdrucks in der Türkei aus dem XVI. Jahrhundert" in Melliands Textilberichte, Heidelberg 1936, S. 812 f.

[7] Hier tauchten bereits im 10. Jahrhundert die ersten einheimischen Drucke auf.

[8] Die Gründung der ersten Druckerei im Jahre 1678 erfolgte in Amersfoort — nicht in Amsterdam, wie in der Literatur üblicherweise angegeben wird — durch zwei Amsterdamer Kaufherren, die einen Türken mit der technischen Leitung betrauten. Nach L. A. Driessen, Von der holländischen Kattundrukkerei und Baumwollindustrie, in Ciba-Rundschau Nr. 61, Basel 1943, S. 2249. — Aus der Tatsache, daß die technische Leitung einem Türken übergeben wurde, kann aber nicht geschlossen werden, das neue Gewerbe sei „also nicht aus Indien, . . . sondern aus der Türkei . . . durch einen türkischen Künstler . . . zu uns gekommen". (Vgl. K. Reinking und Sabri Atayolu, a. a. O.) Wie wir noch näher darlegen werden, erfolgte die Begründung des modernen europäischen Zeugdrucks im Zusammenhang mit der Einfuhr der Indiennes. Diese sowie das chemisch-technische Verfahren Indiens wurden vor allem nachgeahmt, nicht der türkische Zeugdruck.

[9] Reihenfolge entsprechend der vermutlichen Einführung. Früheste bis jetzt bekannte Daten: Frankreich vor 1686, dem Jahr, in welchem Einfuhr und inländische Imitation schärfstens verboten und Befehl zum Zerstören der Model gegeben wurden; England 1690 in Richmond-on-Thames, evtl. schon 1676; Deutschland: Berlin zwischen den Jahren 1686 und 1700, Augsburg 1689,

Die intensive Nachfrage nach „Indiennes“, die das Angebot der ostindischen Handelskompagnien allmählich weit überstieg, hatte geradezu die Aufnahme ihrer Erzeugung in Europa gefordert. Bemerkenswert ist nun, daß sie, wirtschaftlich gesehen, nicht als direkte Fortführung der ersten Entwicklungsreihe erfolgte. Produkt, Konsumentenkreis, Wirtschaftsform und zum Teil auch das chemische Verfahren waren völlig verschieden. Einzig ein Sachverhalt mechanischer Natur: die Übernahme des Models, dessen Verwendung in Europa die Regel, in Indien aber weniger gebräuchlich gewesen war, verband den alten abendländischen mit dem neuzeitlich indischen Textildruck und ließ aus dieser „Verschmelzung“ den „modernen europäischen Zeugdruck“ entstehen.

3. Ausbreitung[10].

Die eben skizzierte Entstehung des modernen europäischen Zeugdrucks läßt sich natürlich nur in Verbindung mit der gesamt-

nachdem Georg Neuhofer seinem Bruder Jeremias von einer zweiten Erkundigungsreise nach Holland die richtigen Fabrikationsangaben heimgebracht hatte; Schweiz: Genf 1698, sofern nicht eher die Angabe zutrifft: „peu après la révocation de l'Edit de Nantes, en tous cas avant 1691“. Letzteres nach G. Fazy, zitiert bei Alice Dreyer „Les Toiles peintes en Pays Neuchâtelois“, Neuchâtel 1923, S. 15 f. In diesem gleichen Werk wird auf S. 15 unten noch auf eine „fabrique d'indiennes“ hingewiesen, die in Genf schon „dans les premières décades du XVIIme siècle“ existiert haben soll. Die Gründungen weiterer wichtiger Produktionsstätten der Schweiz gehen auf folgende Jahre zurück: Stadt Zürich 1701, Stadt Bern 1706, Kanton Neuenburg 1715, Stadt Basel 1716, Kanton Glarus 1740.

[10] Bei den nachfolgenden Angaben handelt es sich nur um die wichtigsten Produzenten, geordnet nach ihrer wahrscheinlichen Bedeutung:

Ausbreitung im Jahre 1720: Holland (in und bei Amsterdam), Schweiz (Städte Genf, Zürich und Bern, Kanton Neuenburg, Stadt Basel), England (Surrey, Essex inkl. London, Kent), Deutschland (Augsburg).

Ausbreitung im Jahre 1760: Schweiz (Stadt Genf, Kanton Neuenburg, Stadt und Kanton Bern, Stadt Zürich, Stadt Basel, Stadt und Kanton Glarus, Aargau, Biel), Holland, England, Deutschland (Hamburg, Augsburg, Sachsen, Lörrach), Elsaß (Mülhausen), Frankreich (Orange), Österreich-Ungarn.

Ausbreitung im Jahre 1815: England, Schweiz (Kanton Neuenburg, Stadt und Kanton Glarus, Stadt und Kanton Zürich), Mülhausen und Elsaß, Frankreich (Jouy, Rouen), Deutschland (Augsburg, Preußen, Sachsen, Lörrach), Österreich, Böhmen.

Ausbreitung im Jahre 1840: Großbritannien, Rußland, Frankreich mit Mülhausen und Elsaß, Deutschland (Preußen, Sachsen und andere Bundesstaaten), Böhmen, Schweiz (Kantone Glarus, Neuenburg und Zürich), Österreich.

Ausbreitung im Jahre 1900: Großbritannien, Rußland, Deutschland mit Mülhausen und Elsaß, Frankreich, Österreich mit Böhmen, Italien, Spanien, Ungarn, Schweiz (Kanton Glarus). — Vereinigte Staaten von Amerika, Mexiko, Japan.

Ausbreitung in der Gegenwart: Binnenmarkt- und exportorientiert: Großbritannien, Deutschland, Italien, Frankreich mit Mülhausen und Elsaß, Ungarn, Tschechoslowakei, Schweiz, Österreich. — Vereinigte Staaten von Amerika, Japan; vorwiegend Binnenmarkt- und teilweise kolonialmarktorientiert: Polen, Spanien, Holland, Belgien, Schweden, Portugal — Rußland (?) — Brasilien, Mexiko, Ägypten, Hindustan und Pakistan.

geschichtlichen Konstellation jener Zeit richtig verstehen. Für die Einführung, und im wesentlichen auch für die früheste Ausbreitung, sind aber folgende Erscheinungen wichtig gewesen:

Der stärker erwachte Unternehmungsgeist hatte dem Wagemutigen den unmittelbaren Zutritt zu den Gütern ferner Erdteile erschlossen und sie seiner Heimat zuführen lassen. Durch die Luxusentfaltung, einem typischen Phänomen des ausgehenden 17. und gesamten 18. Jahrhunderts, wurden die „Indiennes“[11], diese fremdartigen, feinen, märchenhaft gemusterten Baumwollstoffe, in Mode gebracht[12]. Da die Deckung der ungesättigt gebliebenen Nachfrage Aussicht auf lohnenden Absatz bot, sah das um sich greifende Erwerbsstreben eine Chance und drängte zur Aufnahme der Produktion auf breiter Basis. Einerseits wurde diese möglich, weil die Baumwolle nunmehr in immer größeren Mengen zur Einfuhr gelangte, zum Bedrucken sich vorzüglich eignete und ihren Siegeslauf als Bekleidungsstoff antrat; anderseits, weil dieser neuartige Gewerbezweig meistens noch unbekannt war oder wegen seiner gänzlichen Umwandlung einer Neubegründung gleichkam und deshalb in der Regel keinen bestehenden zünftigen Bestimmungen unterworfen werden konnte.

Diese Sachlage veranlaßte nunmehr manche der tatkräftigsten und wirtschaftlich strebsamsten Elemente — anfänglich teilweise relativ häufig Hugenotten —, sich dem Zeugdruck zuzuwenden, erschien er ihnen doch vielfach als einziges Betätigungsfeld, um zu Reichtum[13] und dadurch zu Ansehen zu gelangen. Sie halfen

---

[11] Wir beschränken uns auf diese allgemeinste Bezeichnung der asiatischen „Druck“stoffe. Andere Benennungen sind: „toiles peintes“, „toiles teintes“ oder, nach dem Land bzw. dem Ort der Herstellung, „persiennes“, „siamoises“, „chites“, „surates“, „patnas“. In England bezeichnete man sie teilweise als gemalte „calicos“ (nach der Ortschaft Calicut) und als „chints“ oder „chintz“, in Deutschland und zum Teil in der Schweiz als „Zitze“, doch handelte es sich in den letzteren Fällen gewöhnlich um die Drucke, die einen Oberflächenglanz aufweisen.

[12] Für nähere Ausführungen siehe Kapitel V „Entwicklung der Musterung bzw. der Ornamentik“.

[13] Schüle in Augsburg (zweite Hälfte des 18. Jahrhunderts) wies jährlich Gewinne aus von nahezu 200 000 Gulden (ca. schw. Fr. 440 000, nach dem alten Münzfuß gerechnet. — Nach v. Seida „Johann Heinrich Edler von Schüle . . .“, Biographie, abgedruckt in Dollfus-Ausset „Matériaux pour la coloration des étoffes“, Bd. II, Paris 1865, S. 191). Oberkampf in Jouy erzielte in den Jahren 1764—1812 Gewinne von 88 000 bis 1 668 000, im Jahresdurchschnitt rund 424 000 (livres de France oder francs? — Nach Henri Clouzot „Histoire de la Manufacture de Jouy et de la toile imprimée en France“, Paris et Bruxelles 1928, S. 60). Pourtalès & Cie. in Cortaillod und Boudry (Kanton Neuenburg) verteilten in den Jahren 1776—1795 durchschnittlich je 450 000 L. d. N. (livres de Neuchâtel, i. e. rund 640 000 Franken, zum alten Münzfuß gerechnet. — Nach Adolf Jenny-Trümpy „Handel und Industrie des Kantons Glarus“, 2. Teil, Glarus 1900, S. 93. — Separatabdruck aus Heft XXXIV des historischen Jahrbuchs). Die jährlichen Reingewinne des Familien-Unternehmens Verdan in Biel stiegen zur Zeit der Jahrhundertwende (1800) von 100 000 auf 120 000 und schließlich auf 160 000 Berner

die Manufaktur ausbilden, verbesserten die Technik, erweiterten das Musterungsbild, rationalisierten die Betriebsweise — immer, um vermittelst einer Leistungssteigerung und einer durch Kostenkompression ermöglichten Preisermäßigung den Markt auszuweiten und gewinnbringend zu versorgen. Nichts läßt diese Tendenz deutlicher erkennen als der vielerorts in verhältnismäßig kurzer Zeit erfolgte Ausbau der Druckereien zu Großbetrieben[14] und die auf Grund ihrer sichtlichen Erfolge alsbald entstandenen zahlreichen Neugründungen. Weder der Versuch, die Fabrikationsverfahren geheimzuhalten, noch die in einigen Ländern durch die alteingesessenen Leinen-, Woll- und Seidenweber erzwungenen Verbote[15] oder Einschränkungen[15] konnten die Ausbreitung verhindern. Im Gegenteil, dort, wo kapitalistisches Unternehmertum nicht von sich aus vorstieß, waren bald die merkantilistisch gesinnten Regierungen die Schrittmacher[16] und begünstigten, teilweise durch Gewährung namhafter Unterstützungen und Privilegien, die Einführung durch Ortsfremde, meist Glaubensflüchtlinge. Es blieb nur während kurzer Zeit verborgen, daß dadurch der Gewerbefleiß und die Reichtumsbildung nicht nur eine unmittelbare Förderung erfuhren, sondern insofern und sogar noch nachhaltiger auch eine mittelbare, als nun ebenfalls zumindest die Erzeugung der Vorprodukte einen merklichen Antrieb erhielt[17], wenn sie nicht überhaupt erst dadurch veranlaßt wurde.

Nun ist jene Phase der Entwicklung erreicht, die Werner Sombart als den „Ausgangspunkt der gesamten industriellen Revolution" bezeichnet[18] und die vom Früh- zum Hochkapitalis-

---

Franken (1 Berner Franken = Fr. 1,08, zum alten Münzfuß gerechnet. — Nach Fernand Schwab, Die industrielle Entwicklung der Stadt Biel, Biel 1918, S. 40).

14 Beispiele: Robert Peel (Großvater des gleichnamigen englischen Staatsmannes) war Inhaber von fünf Druckereien; J. R. Wetter in Orange, Südfrankreich, beschäftigte in den 1760er Jahren bis zu 600 Arbeiter, Schüle in Augsburg in der zweiten Hälfte des 18. Jahrhunderts über 1500, Oberkampf in Jouy um die gleiche Zeit über 1000 und im Jahre 1805 1322. — Siehe Abschnitt „Betriebsgröße".

15 Frankreich: Einfuhr- und Druckverbot vom Jahre 1686 an bis zum Jahre 1759; Preußen desgleichen vom Jahre 1721 an bis zum Jahre 1743; England im Jahre 1700 Einfuhrverbot, vom Jahre 1720 an bis zum Jahre 1774 wesentliche Fabrikationseinschränkungen. Für genauere Ausführungen siehe zweiten Teil, Kapitel V/1, „Die Absatzgebiete und ihr Wandel unter dem Einfluß der Handelspolitik".

16 Beispielsweise diejenigen der Markgrafschaft Baden und des Habsburgerreiches. Bezüglich der Privilegien, womit Frankreich 1785 ausländische Baumwollfabrikanten — hierunter auch Drucker — ins Land zu ziehen versuchte, zur Heilung der „plaie qu'a faite à l'état la révocation de l'édit de Nantes" (Schreiben von Dupont de Nemours vom 5. X. 1785), vgl. Robert Levy, Histoire économique de l'industrie cotonnière en Alsace, Paris 1912, S. 40 ff.

17 Garne und Rohgewebe.

18 Auf die Auslegung dieser These kann hier noch nicht eingegangen werden.

mus überleitet. Die große Nachfrage nach baumwollenen Druckböden hatte die Mechanisierung der Spinn- und Webprozesse beschleunigt, diejenige nach der Fertigware das künstliche Bleichverfahren und den maschinellen Walzendruck „erzwungen“. Steigerten diese Verbesserungen der Produktionsmethoden die Produktivität um ein Vielfaches und senkten sie die realen Kosten, so vervollkommnete die bald hernach emsiger werdende Tätigkeit auf veredlungstechnischem und farbchemischem Gebiete das Erzeugnis. Die asiatischen Indiennes waren verdrängt und selbst in ihrer Heimat vielfach den europäischen Nachahmungen gewichen. Europas Druckereien, allen voran die englischen, belieferten nunmehr die ganze Welt, seit der Aufhebung der Kontinentalsperre einander in zunehmendem Maße konkurrierend.

Die Grundrichtung der weiteren Entwicklung ist nun diejenige der Textilindustrie schlechthin: Ein Gewerbe, das sich schon dermaßen durchgesetzt hatte und dessen Produkt inzwischen ein nützlicher Artikel des täglichen Gebrauchs geworden war, mußte auch mit der eigentlichen Entfaltung der hochkapitalistischen Wirtschaft aufs engste verknüpft bleiben und, ihrer expansiven Natur gemäß, sowohl intensiv als auch extensiv wachsen. So sehen wir, wie es sich ausdehnt im Gefolge des gewaltigen Bevölkerungswachstums und der um sich greifenden Industrialisierung, sehen, wie seine Erzeugnisse sich über die Welt ergießen im Jahrhundert des Freihandels und vorstoßenden Imperialismus, bemerken sein Übergreifen auf die Veredlung der neuaufkommenden Gewebearten und erkennen die konjunkturell bedingte Wellenbewegung seiner Produktion sowie die Schwankungen der Erzeugung, die der stete Modewechsel hervorruft. Vielerorts finden wir diesen Gewerbezweig aber auch durch den Erziehungszoll großgezogen[19], die nachher beibehaltenen Zollmauern geschützt und solcherweise bisherige Lieferanten ausschaltend. In der spätkapitalistischen Epoche endlich konstatieren wir eine wesentliche, chemisch-technische Verfeinerung und Erweiterung der Rohstoffbasis sowie einen mit harten Preiskämpfen geführten Wettbewerb, der dazu führt, daß der Produktionsapparat, trotz der früheren Stillegungen, erneut überdimensioniert erscheint. Tatsächlich war er es auch in den Jahren vor Ausbruch des Zweiten Weltkrieges. Infolge des ehemals riesigen Exportes hatten die alten Ausfuhrländer ihren Erzeugungsapparat verschiedentlich bedeutend vergrößert. Wegen der fortgeschrittenen Industrialisierung und des vielseitig eingedämmten zwischenstaatlichen Handels konnte er aber nicht mehr voll ausgenützt werden oder teilweise nur mit Hilfe erheblicher Preiskonzessionen. Außerdem war es unmöglich, die potentielle Nachfrage großer außereuropäisch-amerikanischer Bevölkerungsschichten zur Kompensation der erhöhten Produktionskapazität

---

[19] Beispielsweise in Rußland, Österreich und Böhmen, Deutschland, Italien.

wirksam zu machen, weil die Kaufkraft dieser Länder noch zu gering ist.

Trotz dieser auch im Textildruckgewerbe erfolgten weltwirtschaftlichen Strukturwandlung, mancherorts mit einer beträchtlichen Brachlegung[20] oder gar Vernichtung von Realkapital verbunden, vermochte sich unter den alten Produzentenländern sowie zwischen diesen und den neuen ein bestimmtes Schema einer vorteilhaften, horizontalen Arbeitsteilung zu erhalten bzw. herauszubilden. Alle jene Länder, hinter deren Produktionsapparat ein großer offener Absatzmarkt steht, betreiben in erster Linie den kapitalintensiven Walzendruck, der auf die Erzeugung relativ billiger und billigster sowie allgemein gebräuchlicher Massenware ausgerichtet ist. Die andern Länder dagegen haben sich spezialisiert und für die Herstellung teurerer Ware verschiedentlich den arbeitsintensiven Filmdruck aufgenommen. Diese aus technisch-natürlichen Produktionsbedingungen sich ergebende Arbeitsteilung führt dazu, daß hier die selber nur mit relativ höheren Kosten erzeugbaren Stapelartikel importiert werden, dort aber, soweit möglich, die ausländischen Spezialdrucke.

IV. Entwicklung der Produktionstechnik.

1. Die Produktionsstufe.

In der Produktionsstufenfolge der Spinnerei, Weberei und Veredlung, Teilindustrien, die sich zur Gesamtheit der Textilindustrie zusammenfügen, steht der Stoffdruck zuoberst, gemeinsam mit der Bleicherei, Merzerisation, Färberei und Ausrüstung[21]. Hier, auf der Stufe der Veredlung, erhält das Gewebe seine Konsumreife; indem es dem Druckprozeß unterzogen wird, wird es, in Verbindung mit der Ausrüstung, zum Spitzenprodukt der Veredlung.

2. Das Verfahren.

Obwohl die Technik wirtschaftlich relevant ist, geht es über den Rahmen einer wirtschaftsgeschichtlichen und volkswirtschaftlichen Arbeit hinaus, sich mit den Verfahren im einzelnen zu befassen. Es genügt, die wichtigsten Daten ihrer Entwicklung festzuhalten und den Einfluß aufzuzeigen, den sie auf ihren Verlauf auszuüben vermochten.

Zu unterscheiden ist zwischen a) der mechanischen und b) der chemischen Verfahrensweise. Beide haben die Entwicklung des Textildrucks sowohl in quantitativer als auch in qualitativer Hinsicht gefördert, doch steht bei ersterer das quantitative und bei letzterer das qualitative Moment im Vordergrund.

---

[20] Vgl. unsere Ausführungen auf S. 174 f.

[21] Nachbehandlung inklusive Appretur, Hochveredlung.

a) Das mechanische Verfahren.

Textildruck, lediglich im technischen Sinne verstanden, ist der Allgemeinbegriff für einen Komplex textiler Musterungsverfahren, deren wichtigstes die bunte Ornamentik von Geweben ist, erzielt durch „örtliche Färbung“[22]. Ändert man das Wort „Textildruck“ dahingehend ab, daß statt des Substrates „Textil“ das jeweils verwendete typischste Musterungsinstrument genannt wird, beispielsweise der „Model“ — Modeldruck — oder die „Walze“ — Walzendruck —, so ist bereits die Art des mechanischen Verfahrens angegeben. Die Begriffe decken sich aber insofern nicht immer voll mit ihrem Inhalt, als der beibehaltene Wortbestandteil „. . . druck“ auf einen Prozeß hinweist, der manchmal gar nicht vorliegt. Da es sich jedoch eingebürgert hat, sich das topische Illuminieren schlechthin mit einem Druckakt verbunden zu denken, wird üblicherweise die Bezeichnung „Druck“, „impression“, „printing“ auch auf jene Techniken übertragen, die einen solchen Vorgang überhaupt nicht erfordern[23]. Dieser Widerspruch trifft nicht nur vielfach für die Benennung jener frühen Methoden zu[24], die sich schon vor oder dann neben der wirklichen Zeug d r u c k technik entwikkelt haben, sondern vor allem auch für diejenigen der späteren und neuen Verfahren[25], deren Anwendung ebenfalls keines „Druckes“ bedarf.

Welcher Technik man sich anfänglich bediente, ob der Handmalmanier, der Abdeckungs-[26], Unterbindungs-[26], Druck-[26] oder kombinierten[27] Methode, ist aber für die gesamte Entwicklung bei weitem nicht so entscheidend gewesen wie die Erkenntnis, daß sich vermittelst einer Druck f o r m relativ am einfachsten, regelmäßigsten und vor allem am schnellsten mustern läßt. Nur deshalb hat man diese Technik in Europa, wohin sie bereits im Mittelalter gelangt und wo sie u. a. dem Bild-, Papier-, Blockbuch- und eigentlichen Buchdruck vorangegangen ist, sofort zur Erzeugung der Indiennes-Imitationen herangezogen; und wiederum aus

---

[22] Dieser b u n t e T e x t i l druck allein interessiert uns; wir berücksichtigen im weiteren also weder den Druck von Garnen, losen Fasern (Vigoureuxdruck), Bändern, Litzen, Filzen usw., der gewöhnlich diesem Begriff ebenfalls subsumiert wird, noch die Krepponnagemethode (Laugenkrepp), die ihm logischerweise zuzuordnen ist.

[23] Dieser Tatsache entsprechend ist auch in unseren Ausführungen der Wortbestandteil „. . . druck“ gegebenenfalls in diesem weitgefaßten Sinn zu deuten.

[24] Beispielsweise das Unterbindungsverfahren (Bandana„druck“) oder das Wachsreserveverfahren (Batik- oder Wachs„druck“).

[25] Gemeint ist vornehmlich der „Pumpdruck“, der „Spritzdruck“, aber auch der in letzter Zeit immer wichtiger gewordene „Filmdruck“.

[26] Immer im Sinne verschiedener Abdeckungs-, Unterbindungs- oder Druckmöglichkeiten verstanden.

[27] Beispielsweise der früher vielfach übliche „Konturendruck“ mit anschließendem Ausmalen — „Einschildern“ — der Innenflächen.

dem gleichen Grund wurde gerade die Druckform von jenem Moment an in bemerkenswertester Weise weiterentwickelt, als sich die neuen Stoffe eingebürgert hatten, und als zur Befriedigung der zunehmenden Nachfrage der Produktionsprozeß verbessert und beschleunigt werden mußte.

Neben dem ursprünglich verwendeten Holzmodel, dessen herausgestochenes, grobes Reliefdessin bald durch eingefügte scharfe Messingbleche und spitze Metallstifte verfeinert wurde, trat schon frühzeitig[28] die Kupferplatte, die noch zartere Zeichnungen ermöglichte. Der bahnbrechende Fortschritt erfolgte aber erst mit der in England im Jahre 1785 in Betrieb genommenen Walzendruckmaschine[29]. Jetzt war an Stelle der ebenen Druckform ein Zylinder getreten und damit ein kontinuierlich arbeitendes Druckverfahren geschaffen, das ermöglichte, die Produktion sofort vielfach zu steigern. Als dann die Maschine noch für die Übertragung von zwei, drei und mehr Farben[30] hergerichtet wurde und die Gravur der Walzen eine wesentliche Verbesserung erfahren hatte, war die allgemein wachsende Verwendung dieser Druckmethode vollends gesichert. Dem Handdruck[31] blieben fortan nur noch Spezialgebiete überlassen. Weder die im Jahre 1834 in Frankreich erfundene Perrotine, noch die Konstruktionen anderer Apparate vermochten die Walzendruckmaschine zu verdrängen. Sie wurde vorherrschend und erwies sich bis heute als das produktivste Arbeitsmittel[32]. Der Modeldruck hat inzwischen im Schablonen- oder Filmdruck[33] seinen leistungsfähigeren, legitimen Nachfolger gefunden. Wie der Handdruck, ermöglicht auch der Filmdruck die Erzeugung von Artikeln, die mit der Maschine nicht herzustellen sind, und ist, was für diese kaum jemals zutrifft, ebenfalls nur an den Abdruck verhältnismäßig kleiner Mengen gebunden[34].

---

[28] Im Jahre 1685 anscheinend erstmals in Holland.

[29] Von der Anführung früherer Konstruktionen, die auf dem Kontinent vorgenommen worden waren, sei hier abgesehen, da diese nur eine primitive Form des Walzendrucks darstellten.

[30] Im letzten Viertel des 19. Jahrhunderts liefen bereits Maschinen mit sechzehn Druckwalzen, d. h. für den Druck von sechzehn Farben.

[31] Wir zählen auch den alten Plattendruck hiezu, da die Preßvorrichtung von Hand bedient und aktiviert wurde.

[32] Auf die erst kürzlich erfolgte Einführung einer nach dem Prinzip des Offsetdrucks arbeitenden Maschine kann hier nicht mehr eingegangen werden. Sie existiert vorläufig nur in ein paar wenigen Exemplaren, muß sich noch in größerem Maße über ihre Befähigung ausweisen und gehört folglich noch nicht in den Rahmen einer geschichtlichen Darstellung.

[33] Auch Rahmen- oder Siebdruck genannt, impression au cadre, screen printing. Seit Anfang der 1930er Jahre findet er in steigendem Maße Verwendung.

[34] Ergänzungshalber ist noch die neuerdings in Betrieb genommene Filmdruckmaschine zu erwähnen. Als Konstruktion der jüngsten Zeit, die ebenfalls erst relativ wenig verbreitet ist, sei auch sie in unserer Betrachtung nicht weiter berücksichtigt.

b) Das chemische Verfahren.

Durch die örtliche Befestigung des Pigments auf dem Gewebe oder durch die topische Verbindung des Farbstoffes mit ihm, werden die optischen Eigenschaften der Textur an einzelnen Stellen verändert und solcherweise der Effekt der Buntmusterung erzielt. Die Methoden, die u. a. zur Erreichung dieser „Farbengebung" angewandt werden: der direkte Aufdruck der Farbmittel sowie der Reserve- und Beizendruck, sind uralt. Nach Europa gelangte aber im Mittelalter scheinbar nur das erste Verfahren und wurde hier noch während Jahrhunderten in einem farbchemisch sehr primitiven Stadium belassen[35]. Dieser Umstand vermag denn auch zu erklären, weshalb die Indiennes sofort begeisterten, prangten sie doch in herrlich leuchtenden Farben, die zudem fast ausnahmslos waschecht und chemisch fixiert waren. Da dieses Resultat in den meisten Fällen vermittelst der Reserve- und Beizendrucktechnik sowie der in Indien heimischen Farbmittel und Hilfsstoffe erreicht wurde, ist es verständlich, daß man sich ihrer fortan auch in Europa zu bedienen suchte. Auf diese Weise konnten in der Folge nicht nur die begehrten Artikel nachgeahmt werden, sondern die hiezu notwendig gewesenen Versuche hatten auch den Anstoß zur aufmerksameren Beobachtung der chemischen Reaktionen gegeben, ein Moment, das für die weitere Entwicklung des Zeugdrucks eminent wichtig wurde.

Der im Jahre 1811 auf Grund rein wissenschaftlicher Erkenntnis entwickelte Buntätzdruck auf Türkischrot[36] war das erste markante Resultat in dieser Richtung. Mehr noch als dies bereits durch die Ergebnisse J. M. Haussmanns geschehen war, vermochte es die Abkehr von der empirischen Arbeitsweise herbeizuführen und ließ, wie R. Haller betont[37], die Zeugdrukkerei nunmehr zu einem Zweig der angewandten Chemie werden. Kann die Einführung der chemischen Schnellbleiche[38], die im Bereich der Rohwarenzurüstung vorangegangen war, als wichtiger, mittelbar förderlich gewesener Schritt gewertet werden, so sind die im zweiten Dezennium des 19. Jahrhunderts in größerem Umfang ermöglichte Farbenbefestigung durch Wasserdampf sowie die Anwendung des Chrommetalls bereits zwei gewichtige Zeugen der fortan auf farbchemischem Gebiet sel-

[35] Ausgeübt wurden hauptsächlich der Leinöl-, d. h. Firnisfarbendruck (inkl. Gold- und Silberdruck), der Tafel- oder Applikationsfarbendruck und vereinzelt auch der Wasserfarbendruck (vor allem in der Schweiz). Die Firnisfarbendrucke rochen aber übel, zudem bildete das öfters heraustretende Öl dunkle Flecken; die Wasserfarbendrucke dagegen waren unecht.

[36] Auch cuve décolorante oder Enlevage-Prozeß genannt. Urheber: Daniel Koechlin-Schouch, Mülhausen.

[37] „Die Entwicklung des Zeugdrucks" in Melliands Textilberichte, Heidelberg 1932, S. 322 ff. — Vgl. auch unsere Ausführungen auf S. 77 f.

[38] Ende des 18., anfangs des 19. Jahrhunderts.

ber voranschreitenden Forschung. Weitere, kaum minder bedeutungsvolle Neuerungen[39] folgten; keine war aber von solch umwälzender und nachhaltiger Wirkung wie das Aufkommen der Teerfarbstoffe. Anfänglich traten sie neben, allmählich aber immer mehr an Stelle der natürlichen Farbmittel[40], die bisher ausschließlich verwendet worden waren. Die Farbenskala wurde beträchtlich erweitert, das Druckverfahren vereinfacht, abgekürzt und verbilligt, das Erzeugnis schöner, in den Echtheiten verbessert, trotzdem aber wohlfeiler.

Während diese Farbmaterialien vornehmlich die äußere Erscheinungsform des Fasergutes verändern, ermöglicht die Hochveredlung[41] die permanente Umwandlung seiner inneren Struktur und, in Verbindung mit der örtlichen Illumination, die Erzeugung ganz neuartiger Artikel.

Auf dem Gebiet der Nachbehandlung endlich stellen die Entwicklungen der waschfesten, wasserabstoßenden, schrumpf- und knitterechten Ausrüstungen die neuesten Verbesserungen dar. Da sie den Gebrauchswert der Textur erhöhen, werden auch die Textildrucke in steigendem Maße mit diesen Eigenschaften ausgestattet.

V. Entwicklung der Musterung bzw. der Ornamentik.

Die örtliche Färbung verleiht der bloßen Textur ein Gepräge, das, dem gewünschten Zweck entsprechend, ziert, verbessert[42], unterscheidet[43] oder camoufliert[44]. Entstehung und Entfaltung des Zeugdrucks sind, wie wir schon an anderer Stelle hervorgehoben haben, vor allem der Tatsache zuzuschreiben, daß er zu schmücken vermag. Deshalb soll im folgenden nur die mit diesem Attribut zusammenhängende Entwicklung der Ornamentik betrachtet werden, nicht aber diejenige der Musterung schlechthin[45].

---

[39] Sie aufzuzählen geht über den Rahmen unserer Darstellung hinaus.

[40] Pigmente sowie pflanzliche und tierische Farbstoffe einheimischer als auch exotischer Herkunft.

[41] Seit dem 1. Dezennium unseres Jahrhunderts entwickelt. Vgl. die bezüglichen Ausführungen seiner Urheber Heberlein & Co. A. G., Wattwil, in: 100 Jahre Heberlein 1835—1935.

[42] Im Sinne einer äußeren Qualitätsverbesserung verstanden.

[43] Beispielsweise Berufskleiderdrucke wie „Schlosserstreifen", „Metzgerblusen", „Schwesterntupfen" (Diakonissenstoffe), aber auch „Lazarettstreifen" und in gewisser Hinsicht ebenfalls die Flaggendrucke.

[44] Tarndrucke, speziell zur Tarnung militärischer Objekte.

[45] Wir können natürlich nur die Wesensmerkmale hervorheben, die das Musterungsbild als Gesamtheit jeweils kennzeichnen, und auf die ökonomischen Erscheinungen hinweisen, die mit seinen Wandlungen zusammenhängen, nicht aber eine Beschreibung einzelner Ornamente geben.

Ein Vergleich der ältesten, noch erhaltenen Textildrucke Europas mit anderen Stoffen derselben Zeit ergibt, daß jene, von Ausnahmen abgesehen[46], keine Artikel eigener Gattung waren, wie es für ihre Vorläufer in Indien zutraf, sondern nur leinene, teilweise auch wollene und seidene Surrogate der Gold- und Silberbrokate sowie kostbaren Seiden byzantinischen, sarazenischen und später auch italienischen Ursprungs. Ihre Erzeugung wurde also nicht durch einen vorwiegend ästhetischen Faktor veranlaßt, was hingegen wiederum in Indien der Fall war, sondern auf Grund des rein wirtschaftlichen Motivs, die fremdländischen Prunkgewebe, die von den ärmeren Kirchen, Klöstern und weltlichen Herren nicht erstanden werden konnten, durch billige Imitationen zu ersetzen. Im Gegensatz zur Mehrzahl der indischen Urbilder handelte es sich bei den mittelalterlichen Zeugdrucken Europas auch nur relativ selten um weltliche Bekleidungsstücke[47], weit häufiger dagegen um kirchliche Gewand-[48] und Dekorations-[49] sowie um schwere profane Ausstattungstexturen[50], vereinzelt auch um Wappen- und Fahnenstoffe, Zeltbahnen und Pferdedecken.

Diese zumeist im ernsten Stil gehaltenen Stoffe stimmten natürlich vollkommen mit der bisher noch stark religiös gebundenen Lebensart überein; der materialistischer werdenden Weltauffassung konnten sie aber auf die Dauer nicht mehr genügen, diese forderte einen gefälligeren Aufputz.

Für die gesamte fernere Entwicklung des Textildrucks ist nun entscheidend gewesen, daß die aus Indien eingeführten „toiles peintes", die für Europa eine vollkommen neue Stoffart darstellten, diesem Verlangen entsprachen. Indem ihre Musterung, die in bezaubernden Motiven die üppige Flora und Fauna Indiens reproduzierte, den wachsenden Drang nach Luxusaufwand und sinnenfreudiger Bekleidung befriedigte, vermochten die Indiennes während relativ ungewöhnlich langer Zeit als favorisiertester Modeartikel zu herrschen. Dieses Phänomen veranlaßte aber die Begründung des modernen europäischen Zeugdrucks, d. h. die Ein-

---

[46] Beispielsweise die „Jagdlappen" oder die Marienbilder, die wir an anderer Stelle nochmals zu erwähnen haben.

[47] Meist ernste Oberbekleidungsstoffe, z. T. heraldische Gewandstoffe und Imitationen von Samt, daneben auch Futterzeuge und unter anderem Nachahmungen von Stickereien sowie Vordrucke für solche.

[48] Kaseln bzw. Hungertücher, Kelchtücher, Antependien, Lesepultbehänge. Vielfach waren es figürliche Darstellungen religiösen Inhalts, meist Heiligenbilder, von mehr oder weniger breiten Pflanzenborten, teilweise auch Spruchbändern umgeben. Außerdem wurden unter anderem auch Marienbilder als Wallfahrtsandenken gedruckt.

[49] Siehe obige Anm. 48.

[50] Stofftapeten, deren Musterung, je nach Epoche, unterschiedlich war: Gold- und Silberdrucke, heraldische Tiere, stilisierte Pflanzen, Zweiggeschlinge, Palmettenranken, Granatapfelmotiv, Bildzeugdrucke ritterlich-höfischen und mythologischen Inhalts.

führung eines neuen, gegenständlich nunmehr völlig selbständigen Gewerbezweiges[51]! Der Wettbewerb der anderen Stoffgattungen führte dann dazu, daß die westlichen Produzenten sukzessive die orientalische Ornamentik durch eine von ihr unabhängige, kaum weniger ansprechende Stilkunst ergänzten und ständig erweiterten, was sich in der Auswirkung wiederum als wirtschaftlich bedeutsam erwies[52]. Diese ununterbrochene Änderung des Musterungsbildes ließ fortan die bedruckten Gewebe nicht nur immer wieder die Gunst des Konsumenten erlangen, sondern erleichterte auch die Einhaltung des beschleunigten Schrittmaßes im Modewechsel und — gar noch! — seine Steigerung. Damit aber war der Fortbestand des erst jungen Gewerbes gesichert. Fast jede Verbesserung der mechanischen und chemischen Verfahrensweisen erlaubte dem Drucker, neue Effekte zu erzielen[53], dem eng mit ihm zusammenarbeitenden Dessinateur, raffiniertere Muster zu kreieren[53] und die Verwendungsmöglichkeit des Produktes zu erweitern. Allmählich entstand ein Ornamentenschatz, der heute jedem Bedürfnis, sei es nach modischem Aufputz oder nach heimatverbundener Bekleidung[54], nach bunter Wäsche, gegenständlicher Dekoration, phantasiereicher Innenausstattung oder nach stilgerechtem Möbelbezug, eine reiche Mannigfaltigkeit an verlockenden Mustern gegenüberstellt. Es sind vor allem die Erscheinungen der Natur, in erster Linie diejenigen der Pflanzenwelt, welche dargestellt werden, aber auch Bewegungserlebnisse, mit geometrischen Gestaltungen symbolisiert, ferner Objekte des täglichen Gebrauchs, eindrucksvolle Geschehnisse oder frei erfundene Ziergebilde. Was diese europäische Formen- und Farbenwelt von ihrem indischen Urbild und jeder artbetonten und damit statischen Musterung unterscheidet, ist der Tatbestand, daß sie sich bedenkenlos alles Fremde einverleibt, sich ständig bewegt und erneuert. Unsere Abwechslungssucht

---

[51] Wirtschaftlich gesehen waren es natürlich die überdurchschnittlichen Gewinne, die beim Absatz eines aktuellen Modeartikels erzielt werden, welche die Begründung opportun erscheinen ließen.

[52] Wohl ließ man sich noch vielfach von den asiatischen Modellen inspirieren — die Palmette des Kaschmirshawls z. B. ist eine heute noch beliebte Schmuckform; manche der „Augsburger Zitzen" Schüles, der „Indigo-Artikel" Neuenburgs, der „Kupferplattendrucke" Englands und vollends die idyllischen Szenen sowie historischen Darstellungen der Druckstoffe Oberkampfs stellten aber bereits völlig anders geartete Ziergebilde dar.

[53] Auf diese Weise entstanden schon in der ersten Hälfte des 19. Jahrhunderts u. a. der Lapisartikel, die Merinos riches, die Iris- oder Regenbogendrucke (Fondus), Genres, die seiner Zeit wesentlich zum Erfolg des Zeugdrucks europäischer Art beigetragen haben. Diese Tatsache wird dadurch nicht geändert, daß sie — vor allem die Merinos — vielfach die Kaschmirpalmette als Ziermotiv aufweisen. Entscheidend ist die Gestaltung des Musterungsbildes, und diese differierte eben von der orientalischen.

[54] Trachtenstil, Heimatstil, „ständischer Geschmack", urwüchsige, ländlich derb-naive Motive, wie sie u. a. für den Blaudruck typisch sind.

treibt sie zur unaufhörlichen Änderung des Antlitzes. Sein jeweiliger Aspekt herrscht dann relativ kurz oder lang als übernationale Mode und gibt der Strömung der Zeit sinnbildlichen Ausdruck.

VI. Begriffliche Umschreibung.

Nachdem wir das Objekt unserer Untersuchung nunmehr in den wichtigsten Daten seiner räumlichen, technischen und gegenständlichen Entwicklung kennengelernt haben, sind wir in der Lage, es begrifflich zu umschreiben.

Unter Textil-, Stoff- oder Zeugdruck verstehen wir also:

a) in gegenständlicher Hinsicht: ein örtlich illuminiertes Gewebestück zur persönlichen, sachlichen und räumlichen Bekleidung;

b) in technischer Hinsicht: die Verzierung von Texturen mit ein- oder mehrfarbigen Mustern, erzielt durch topische Färbung.

Ursprünglich geschaffen auf Grund ästhetischer, sozial-psychologischer, kultischer und magischer Motive, stellt der Textildruck auch heute noch zumeist[55] eine natürliche Äußerung der Farbenfreudigkeit und des unauslöschlichen Schönheits-, Geltungs- sowie Abwechslungstriebes des Menschen dar und will den hieraus entstehenden Drang nach Schmückung und Aufheiterung der Eintönigkeit sowie den Wunsch nach wandlungsreicher, individuell nuancierter Ornamentierung befriedigen.

Dem Streben nach Sättigung dieses Kulturbedürfnisses ist

c) wirtschaftlich gesehen, ein Gewerbezweig entsprungen, der, durch Bereitstellung eines dekorierenden und musterungsmäßig leicht zu ändernden Gebrauchsgutes, ein wichtiges Glied der kapitalistischen Wirtschaft geworden ist und wesentlich zu ihrer Entfaltung beigetragen hat.

Obwohl diese Definition in erster Linie Erkenntnisse umschließt, die in Grenzgebieten der Wirtschaftswissenschaft erlangt wurden, ist sie doch weit genug, um auch den ökonomischen Aspekt zur Geltung zu bringen. Ganz kann er aber längst nicht erfaßt werden. Dies zu erleichtern, ist die Aufgabe des nachfolgenden zweiten Teils unserer Arbeit.

Literatur.

Außer der im Text vermerkten Literatur seien noch genannt die Schriften von (für die genaue Titelangabe etc. siehe Literaturverzeichnis am Ende des zweiten Teils):

Edward Bancroft, Bd. I; Bi-Centenaire de l'impression sur étoffe en Alsace, 1746—1946; Henri Clouzot; Dollfus-Ausset, Bd. II; R. Forrer; Traugott Geering; R. Haller: Die Entwicklung des Zeugdrucks,

[55] D. h., wenn er beispielsweise nicht unterscheiden oder camouflieren soll. Vgl. S. 13, Anm. 43 und 44.

sowie Zur Technik des frühen Zeugdrucks; Heinrich Herkner; Histoire Documentaire de l' industrie de Mulhouse et de ses environs au XIX siècle, Teil I; Adolf Jenny-Trümpy, Teil II; A. Juvet-Michel; Karl Kasper; W. H. v. Kurrer; Henry Laufenburger; Henry Laufenburger et Pierre Pflimlin; William E. Rappard; Karl Reinking: Das Lehrbuch . . , sowie Die älteste Erwähnung . . ; Karl Reinking und Louis Driessen: Die ältesten Bücher . . . sowie Die Entwicklung der Technik . . ; Jean Ryhiner; G. Schaefer: Die frühesten Zeugdrucke, sowie Mittelalterlicher Zeugdruck in Europa; Werner Sombart: Der Bourgeois, Der moderne Kapitalismus, sowie Luxus und Kapitalismus; Andreas Ure.

Zweiter Teil.

Die wirtschaftliche Struktur des europäischen Textildruckgewerbes.

Vorbemerkung.

Eine Analyse, die nicht nur einen, sondern mehrere Aspekte eines Wirtschaftszweiges berücksichtigt und nicht nur den Zustand in einem Land und zu einem Zeitpunkt untersucht, sondern denjenigen in mehreren Ländern und während verschiedener Wirtschaftsepochen, muß weitgehend abstrahieren, will sie zu allgemeingültigen Aussagen kommen. Aus diesem Grunde wird sich unsere Arbeit nur mit jenen spezifischen Merkmalen befassen, die für alle Länder während der jeweils gegebenen Periode repräsentativen Charakter haben. Die minutiöse Darstellung aller Erscheinungen wäre schon deshalb nicht möglich, weil sie über den Rahmen einer gedrängten Gesamtschau, wie sie hier gegeben werden soll, hinausgehen und überdies Erhebungen benötigen würde, die heute noch nicht anzustellen sind.

Obwohl wir ein Bild konkreten wirtschaftlichen Lebens geben, erfolgt die Beschreibung auf theoretischem Hintergrund. Nur durch Anwendung ökonomischer Theorie wird es gelingen, die wirtschaftliche Wirklichkeit, die mit dem Textildruckgewerbe zusammenhängt, zu erklären und zu verstehen.

I. Betriebs- bzw. Unternehmungsformen.

1. Klösterliches und zünftiges Handwerk sowie freie Kunst.

Unsere bisherigen Ausführungen haben erkennen lassen, daß die Entwicklung des europäischen Zeugdrucks in zwei eindeutig voneinander geschiedene Phasen zerfällt. Ihre Trennung wird durch das Auftauchen der Indiennes und den Beginn ihrer Imitation vollzogen. Die Scheidung äußert sich nicht nur in einer Erweiterung bzw. Änderung des räumlichen, technischen sowie gegenständlichen Aspektes, sondern auch in einem Wandel der Unternehmungsform, wie nunmehr gezeigt werden soll.

Vergegenwärtigt man sich, daß die Mehrzahl der alten abendländischen Druckstoffe kirchlichen Zwecken diente und daß die Klöster vielfach Pflegestätten kunstgewerblicher Tätigkeit waren, so wird verständlich, wenn wir den Textildruck u. a. auch von

Mönchen und Nonnen[1] ausgeübt finden. Da aber die eingesehene Literatur meist auf ein bürgerliches Handwerk schließen läßt[2], und es dieses ist, das uns vor allem interessiert, werden wir im folgenden lediglich die hiemit verbundenen Betriebs- und Unternehmungsformen betrachten. Gleichwohl sei betont, daß die kirchlichen Institutionen der profanen Welt wahrscheinlich häufiger den Zeugdruck vermittelt haben, als urkundlich festgehalten ist oder bisher ergründet wurde.

Der europäische Textildruck der frühkapitalistischen Wirtschaftsepoche weist als Wirtschaftsform den handwerklichen Einzelbetrieb auf. Entgegen der damals üblichen Sitte waren aber die Zeugdrucker[3] weder in einer eigenen Zunft zusammengefaßt, noch einer fest bestimmten anderen Innung zugeordnet. Einerseits erklärt sich dies daraus, daß zu jener Zeit relativ wenig bedruckte Stoffe getragen wurden, die Zeugdrucker zahlenmäßig also erheblich hinter den andern Textilhandwerkern[4] zurückstanden; anderseits wurde der Stoffdruck kaum schon als selbständiges Handwerk angesehen, sondern meist mit einem zugehörigen anderen in Verbindung gebracht, größtenteils mit der Modelstecherei, Malerei oder „Illuminiererei[5]", und später mit einem verwandten, teilweise von der Zeugdrucktechnik abgeleiteten Gewerbe, beispielsweise mit dem „Karten"-, „Bild- oder Helgen"-, „Brief"- und Buchdruck[6]. Aus diesem Grund finden wir die Druk-

[1] Einen Beweis hiefür liefert das „Receptbuch" zur Anfertigung von Zeugdrucken aus dem Katharinenkloster zu Nürnberg. Es wird angenommen, daß die Nonnen dieses Klosters schon geraume Zeit vor dem 16. Jahrhundert Stoffe druckten. Vgl. Forrer: Die Kunst . . . , a. a. O., S. 15 — 22.

[2] Ausgenommen die Darstellung der Verhältnisse im Katharinenkloster zu Nürnberg, sind die Hinweise auf den Zeugdruck als klösterliches Handwerk, die wir im durchgegangenen Schrifttum gefunden haben, nur dürftig. Vgl. Jenny-Trümpy, a. a. O., S. 19 und 23; R. Forrer: Les imprimeurs de tissus dans leurs relations historiques et artistiques avec les corporations, Strasbourg 1898, S. 35 f.; R. Forrer: Die Kunst . . . , a. a. O., Vorwort; Karl Reinking: Die ältesten Bücher . . . , a. a. O., Jahrg. 1928, S. 582 ff.; Karl Kasper, a. a. O., S. 51.

[3] Anfänglich wurden sie kurzerhand „Drucker" oder „Aufdrucker" genannt, auf Grund der Herstellung der Druckformen teilweise auch „Formenschneider", in Holland und Flandern „Printer". Erst gegen Ende des 15. Jahrhunderts treten die präziseren Bezeichnungen „Tuchdrucker", „Barchentdrucker" auf, hauptsächlich zur Unterscheidung von dem sich immer stärker verbreitenden Buchdruck, später die allgemeinere Benennung „Zeugdrucker". Nach G. Schaefer sowie R. Haller, Mittelalterlicher Zeugdruck . . . , a. a. O., S. 865 resp. 875 f., und K. Kasper, a. a. O., S. 55.

[4] Wollweber, Leinenweber, Bleicher, Tuchscherer, Färber u. a. m.

[5] Auch „Schilderei" genannt.

[6] Die „Karten"-, „Helgen"- und „Brief"drucker wurden verschiedentlich als „. . . ."maler bezeichnet, so z. B. in Basel. Vgl. Paul Koelner: Die Safranzunft zu Basel, Basel 1935, S. 93 f. und 298 f. Stoffdrucker oder Stoff-„maler" werden weder hier noch in der übrigen Literatur genannt, die wir hinsichtlich der vor- und frühkapitalistischen Verhältnisse in der Schweiz eingesehen haben. Daß aber auch in der Schweiz schon im Mittelalter handwerks-

ker bald der Schreinerzunft (Modelstecherei!)[7] zugeteilt, bald derjenigen der Maler[8], der Buchdrucker[9] und verschiedentlich auch der Zunft der Tuchscherer[10]. Sofern ihr Gewerbe als „freie Kunst“ galt[11] und die Meister der bürgerlichen Rechte teilhaftig sein wollten, wandten sie sich einer gemischten Korporation zu[12]. Als im 17. Jahrhundert der Reservedruck in große Aufnahme kam, ging diese Art Zeugdruck mehrheitlich auf die Färber über. Von den betreffenden Erzeugungsweisen war es vor allem der „Blaudruck“, der noch während längerer Zeit handwerksmäßig betrieben wurde. Meist übten ihn die zünftigen „Schwarz- oder Schlechtfärber“ aus, die deshalb urkundlich auch als „Blaufärber“ festgehalten sind, später dagegen als „Blaudrucker“, zur Unterscheidung von den Glatt- oder Unifärbern[13].

Während Färber und Drucker meist in e i n e r Person vereinigt waren, verselbständigte sich der Modelstecher mit zunehmender

---

mäßig Stoffe bedruckt wurden, darf wohl auf Grund der sachlichen Funde und der urkundlichen Erwähnung der „Illuminierer“, „Formenschneider“ u. ä. Handwerker als feststehend angenommen werden.

[7] Dies trifft z. B. für die Stadt Löwen um die Mitte des 15. Jahrhunderts zu. Nach W. N., Die Stellung der Zeugdrucker innerhalb der Zünfte, in Ciba-Rundschau Nr. 24, Basel 1938, S. 884.

[8] V e n e d i g i. J. 1441. Vgl. R. F o r r e r : Die Zeugdrucke . . , a. a. O., S. 25 ff.; A n t w e r p e n im 16. Jahrhundert, nach L. A. D r i e s s e n : Ein Schutzheiligenfest der Leidener Kattundrucker vor hundert Jahren, in Ciba-Rundschau Nr. 61, a. a. O., S. 2258.

[9] R. F o r r e r führt an, daß um ca. 1500 der Textildruck vereinzelt von den Buchdruckern als Nebenbeschäftigung ausgeübt wurde. Ursprünglich scheinen sogar verschiedene Buchdrucker Zeugdrucker gewesen zu sein. Vgl. R. F o r r e r : Les imprimeurs de tissus dans leurs relations historiques et artistiques avec les corporations, a. a. O., S. 36 f. und 46.

[10] Nach R. F o r r e r, idem, S. 46 f., schlossen sich im 14. und 15. Jahrhundert die Textildrucker zumeist der Malerzunft an; von der Mitte des 16. Jahrhunderts an traten sie hauptsächlich der Zunft der Tuchscherer bei, während sie sich vom Ende des 17. Jahrhunderts an derjenigen der Färber anzugliedern hatten. Vgl. auch idem, S. 3 f., 32 ff. und 38 ff., sowie unsere nachfolgenden Anmerkungen.

[11] In Augsburg war dies beispielsweise anfänglich der Fall, denn nach v. S e i d a, a. a. O., S. 156 (vgl. auch die Anmerkung bei E. B a n c r o f t, a. a. O., S. 45 f., Anm. 23), „gab sich bis zum Jahre 1693 J e d e r, d e n d i e L u s t d a z u a n w a n d e l t e, mit der Barchent- und Leinwand- und in der Folge auch mit der Kattun- und Bombezeendruckerei ab“.

[12] So schlossen sich in Brügge im Jahre 1454 u. a. die Formenschneider, Bildermacher, Holzdrucker, Briefdrucker, Illuminatoren, Buchbinder und Buchhändler in der „Brüderschaft St. Johannis des Evangelisten“ (eine Art Gilde von ursprünglich kirchlichem Charakter) zusammen. Die Benennung dieser Zunft weist deutlich auf die Erzeugung und den Vertrieb kirchlicher Gegenstände, also wohl auch kirchlicher Stoffdrucke, hin. Nach J e n n y - T r ü m p y, a. a. O., S. 24. — In Basel waren die „Kartenmaler, Helgenmaler, Illuminierer und Formenschneider“ zu Safran, einer gemischten Zunft, zünftig. Nach P. K o e l n e r, a. a. O.

[13] Vgl. W. S c h m i t z - V e l t i n, Westfälischer Blaudruck in alter und neuer Zeit, herausgegeben von der Vereinigung Westfälischer Museen, Münster (Westf.), 1942, S. 22 ff.

Verfeinerung der Produktion. Mit diesem Hinweis auf die Tendenz zur beruflichen Spezialisierung nähern wir uns aber bereits der Zeit der Auflösung des handwerklichen Zeugdruckbetriebes. Der vor- und frühkapitalistische Drucker, der alle dispositiven und exekutiven Eigenschaften des gewerblichen Produzenten in seiner Person vereinigt hatte, vornehmlich für den lokalen Markt arbeitete und gesinnungsmäßig bedarfsdeckungswirtschaftlich ausgerichtet gewesen war, mußte vom Ende des 17. Jahrhunderts an in zunehmendem Maße dem Manufakturisten weichen. Zwar erloschen damit nicht überall die Beziehungen des Zeugdruckgewerbes zu den Zünften, doch waren sie meist nur noch mittelbarer Art, wie aus dem folgenden Abschnitt hervorgehen wird.

2. Manufaktur.

a) Die Einführung.

Untersucht man, wie sich der Übergang vom handwerklichen zum manufakturmäßigen Zeugdruck Europas vollzogen hat, so gelangt man zur frappanten Feststellung, daß nur ausnahmsweise allmählich eine Ausweitung der Werkstatt zum kapitalistischen Unternehmen stattfand. Meist erfolgte ein sprunghafter Übergang, hervorgerufen durch die uns bekannten äußeren Faktoren[14]. Der konservativen Gesinnung der Handwerker, ihrem innersten Wesen, widersprach die erwerbswirtschaftlich ausgerichtete Produktionsweise. Es fehlte ihnen die Anpassungsfähigkeit an die neue Technik und die neuen Erzeugnisse, es mangelte ihnen an notwendigem Kapital und an der Unternehmungslust, sie entbehrten, wie wir es heute begrifflich auszudrücken pflegen, des kapitalistischen Geistes, um in der Produktion und im Absatz der begehrten Druckstoffe ein lohnendes Betätigungsfeld zu sehen[15].

Wagemutige, vorwärtsdrängende Naturen, Einheimische[16], viel-

---

[14] Vgl. S. 6.

[15] Unseres Wissens existieren keine Belege, die auf eine Ausgestaltung des handwerklichen Einzeldruckbetriebes zur Manufaktur schließen lassen könnten. Auch die Fälle, in denen sich aus der handwerklichen Färberei bzw. Reservedruckerei eine Zeugdruckmanufaktur zu entwickeln vermochte, stehen nur vereinzelt da (z. B. Küpfer in Bern oder die im Jahre 1809 als Blaudruckwerkstatt gegründete Firma Habig in Herdecke, Ruhr — letzterer Hinweis nach persönlich erhaltener Auskunft und W. Schmitz-Veltin, a. a. O., S. 40), fast immer handelt es sich dann aber um Unternehmen, die in ihrer damaligen Bedeutung längst nicht an jene der repräsentativen Neugründungen heranreichten.

[16] Beispielsweise in Holland, England, Augsburg, Zürich (Familien Kitt, Esslinger, Hofmeister, Römer — letztere Familie war zwar ein Flüchtlingsgeschlecht, hatte sich aber bereits im Jahre 1622 in Zürich niedergelassen — u. a. m.), Bern (Familien Küpfer, Engelhard u. a. m.), Basel (erstmals die Familie Ryhiner), Glarus (Familien Streiff, Staub, Glarner, Tschudi, Blumer, Trümpy u. a. m.), Mülhausen (Familien Schmaltzer, Koechlin, Dollfus, Schlumberger, Risler u. a. m.).

fach aber auch Orts- und Stammfremde[17] waren es, welche Erzeugung und Vertrieb der neuartigen Artikel übernahmen. Aus wirtschaftlichen und technischen Gründen mußte jedoch die Unternehmungsbasis erweitert werden. Der wachsende Konsumentenkreis erforderte eine Großproduktion, die laufende Ergänzung der Musterungen eine beweglichere Arbeitsweise, der neue Fabrikationsprozeß größere und zusätzliche Räume, ausgedehntere Bleichgelände und Trockenanlagen. Heimarbeit war nicht möglich, der früher zumeist komplexe Produktionsprozeß zerfiel jetzt in mehrere spezialisierte Teilverrichtungen, die, durch verschiedene Arbeiterkategorien ausgeführt, des ununterbrochenen Zusammenwirkens bedurften. Die Zeugdruck-Manufaktur wurde geschaffen, diese arbeitsteilig-kooperative Betriebsform mit vorwiegend individuell-manueller Werkverrichtung. An ihrer Spitze stand der Unternehmer, alle Funktionen des Technikers, Produktionsleiters sowie betrieblichen Organisators und, sofern er nicht nur dem Lohn-, sondern auch dem Eigendruckgeschäft oblag, verschiedentlich ebenfalls diejenigen des Händlers in seiner Person vereinigend. Er umfaßte und lenkte das räumliche sowie zeitliche Nacheinanderwirken des zergliederten Arbeitsganges, traf, zumal als Eigendrucker und Kaufmann, sämtliche Dispositionen, die sowohl mit dem Einkauf der Rohware als auch mit dem Verkauf der bedruckten Gewebe verbunden waren, und erstrebte als Kapitalist die ertragreiche Verwertung des investierten Eigen- sowie Fremdkapitals. Nicht mehr bloße „Ernährung" erschien begehrenswert. Reichtum war das neue Ziel, und seine hartnäckige Verfolgung hat denn auch die Entwicklung der noch jungen kapitalistischen Unternehmungsform gefördert.

Wenn aber im Gefolge der industriellen Revolution der Übergang zum Fabrikbetrieb meist die Regel war, so trifft dies für die Zeugdruckmanufaktur nicht in vollem Umfange zu. Nicht nur vermochte sie sich aus technisch-wirtschaftlichen Gründen während relativ langer Zeit in sehr beachtlichem Maße neben der Fabrik zu behaupten, sie ist als Betriebsform überhaupt nie voll-

---

[17] Hugenotten in: England (Richmond-on-Thames: Jacques Deluze, nach John Stirling: Die geschichtliche Entwicklung des Zeugdrucks in Großbritannien, aus „The Journal of the Society of Dyers and Colourists", 1903, Nr. 2, S. 36 ff., Aufsatz übersetzt und abgedruckt in „Färber-Zeitung", Jahrgang 1903, S. 170), Berlin (Estienne Dutitre aus Sedan, Jean Lafosse aus Metz, Jean Durant aus Montpellier, nach Histoire . . ., a. a. O., Bd. I, S. 285), Genf (Familien Vasserot, Fazy, Vieux, nach Alice Dreyer, a. a. O., S. 16 u. 24, sowie Jenny-Trümpy, a. a. O., S. 86 f.), Neuenburg (Familien Deluze, Pourtalès), Zofingen und Schafisheim bei Lenzburg (Familie Brutel de la Rivière); Schweizer in: Marseille und Orange (Joh. Rud. Wetter), Montbéliard (Girtanner aus St. Gallen), Rouen (Abraham Frey aus Genf), Nantes (Gebrüder Petitpierre aus Couvet bei Neuenburg), Lörrach (Küpfer aus Bern) und der ehemalige Württemberger Oberkampf in Jouy-en-Josas bei Versailles (durch die Naturalisation seines Vaters war er Schweizer geworden), um nur ein paar wenige Beispiele aus der Anfangszeit zu nennen.

ständig überwunden worden und kommt infolge der wachsenden Aufnahme des manuell ausgeübten Filmdruckverfahrens gerade heute wieder zu neuer Geltung.

b) Gesellschaftsform: Personengesellschaften.

Nur wenige Manufakturen sind als Einzelunternehmung gegründet und in dieser Form während relativ längerer Zeit betrieben worden. Es waren und blieben dann meist kleine, unbedeutende Etablissements mit noch vorwiegend handwerklichem Charakter[18]. Lediglich die Tatsache, daß sie bereits mehrere Personen in arbeitsteiliger Werkverrichtung beschäftigten, läßt sie dem Betriebstyp der Manufaktur unterstellen. Repräsentativ für die gesamte Herrschaftsperiode der Manufaktur sind die Personal- und Kapitalvereinigungen in der Form der Stillen, Kollektiv- und Kommanditgesellschaft. Sie wurden insofern den Anforderungen des aufblühenden Gewerbezweiges am ehesten gerecht, als sie dem Fachmann den Händler und Finanzmann[19] oder letzterem den Techniker zuführten[20]. Verschiedentlich ging die Initiative zur Gründung eines Betriebes vom Drucker aus. Meist fehlten ihm aber die Kapitalien, um die geräumige Anlage erwerben oder errichten, die teuren fremden Roh- und Hilfsstoffe anschaffen und die langen Zahlungsfristen gewähren zu können, die damals üblicherweise eingeräumt werden mußten. Der Zusammenschluß mit einem Geldgeber oder mit einer Persönlichkeit, die die erforderlichen Geldmittel beschaffen konnte, erschien dann als zweckmäßigster Weg, um die Verwirklichung des Projekts zu ermöglichen[21]. War dagegen eine Handelsfirma die treibende Kraft, so verband sie sich mit einem Spezialisten, richtete einen eigenen Betrieb ein oder finanzierte den Ausbau seiner schon bestehenden

---

[18] Zu dieser Kategorie Manufakturen gehören u. a. zweifellos verschiedene jener Betriebe, deren Eigentümer weder die nötigen kommerziellen noch die nötigen technischen Qualifikationen besaßen, sondern sich vom Gründungsfieber hatten packen lassen, das sich nach den ersten Erfolgen der jungen Druckereien überall ausbreitete. In Mülhausen beispielsweise gaben Färber, Goldschmiede, Bäcker, Apotheker, ja sogar Ärzte ihren Beruf auf, um sich fortan dem — anscheinend — lukrativeren des „Indiennefabrikanten" zu widmen. Viele gerieten aber schon bald in Schwierigkeiten und mußten ihre Unternehmen wieder aufgeben. — Letzteres nach Histoire . . . , a. a. O., Bd. I, S. 288.

[19] Sofern er nicht beides in einer Person war, nämlich „Bankier, Commissionnaire et Speditor", hatte der Kaufmann gewöhnlich die notwendigen Verbindungen zum Geldgeberkreis.

[20] Clouzot, a. a. O., S. 178, resümiert für die Verhältnisse ganz Frankreichs während der Jahre 1750 — 1815: „Une société se forme entre négociants et capitalistes de l' endroit et l' on met à la tête de la manufacture un professionnel, la plupart du temps étranger".

[21] Die Gründung der ersten Druckerei Mülhausens: Koechlin, Schmaltzer & Cie. — um nur ein Beispiel zu nennen — erfolgte durch Verbindung des Fachmanns J. J. Schmaltzer und des Zeichners J. H. Dollfus mit dem Handelsmann S. Koechlin, der die nötigen Gelder beibrachte, teilweise durch Aufnahme in Basel gegen eine 5 — 6%ige Verzinsung (Histoire . . ., a. a. O., Bd. I, S. 288).

Druckerei. Dieses Handelshaus vertrieb dann die Produktion alleine oder nur zu einem Teil, je nach der Stärke der Interessenverknüpfung[22].

Wenn auch in den meisten Fällen eine vertragsmäßige Vereinigung von Techniker und Kaufmann vorliegt, der sich verschiedentlich noch ein Finanzmann als stiller Gesellschafter, Kollektivgesellschafter, Komplementär oder Kommanditär anschloß, so muß doch hervorgehoben werden, daß diese Verbindung von Techniker und Handelsherr gerade für einige der bedeutendsten Zeugdruckmanufakturisten nicht restlos zutrifft. Diese treten uns als Mischtypus entgegen. Sie waren Drucker und Kaufmann zugleich und hatten sich in dieser Eigenschaft, als sie anfänglich noch nicht über genügend Eigenkapital verfügten, lediglich mit einem Geldgeber zusammenzuschließen. Die Gesellschaft wurde jedoch wieder aufgelöst, sobald auf Grund der Erfolge eine Selbstfinanzierung seitens des Manufakturisten möglich geworden und das Vertragsverhältnis abgelaufen war[23].

Die Trennung der Funktionen, oder der Kapitalbedarf, führte natürlich dazu, nach Möglichkeit Familienmitglieder als Gesellschafter aufzunehmen[24]. Die Zeugdruckmanufaktur als Familienunternehmen verdankte aber weniger diesem Umstand

[22] Diese mehr oder weniger lockere Kapitalverflechtung zwischen Druckerei und Handelshaus, mit einer teilweisen oder gänzlichen und auch gesellschaftsmäßig in Erscheinung tretenden Funktionentrennung, ist u. a. anzutreffen in: Neuenburg im Jahre 1753 ff.: „Fabrique neuve" mit Pourtalès & Cie.; in Basel im Jahre 1753 ff.: Peter Merian & Comp. mit der „Küpferschen Cotton- und Indiennefabrique" in Lörrach; im Elsaß: Dollfus-Mieg & Cie., Mülhausen, mit Theodor von Speyr, Gesellschafter der Basler Firma Gebrüder Merian, als Teilhaber vom Jahre 1811—1814, und mit Johann Jakob sowie Christoph Merian, Gesellschafter der gleichen Basler Firma, als Kommanditisten vom Jahre 1811—1816; im Jahre 1783 ff. Risler & Co. in Wesserling mit Senn, Biedermann & Co., Genf, als Teilhaber; 1780 ff. Hartmann & Riegé bzw. 1790 ff. Hartmann & ses Fils in Münster mit Pourtalès & Cie., Neuenburg, als Kommanditisten.

[23] J. H. v. Schüle und Ch.-Ph. Oberkampf sind wohl die markantesten Vertreter dieses Mischtypus. Bez. Schüles Verbindung mit dem Bankier Johann Obwexer und später mit dem Bankier Johann Graf von Fries vgl. v. Seida, a. a. O., S. 157 f, 189, 191 und 193.

Über die Gesellschaftsverhältnisse zwischen Oberkampf und dem Seidenhändler und Finanzmann Levasseur und zwei Jahre später zwischen Oberkampf sowie J. Alexandre Sarrazin Demaraise, „ancien lieutenant des eaux et forêts à Grenoble", orientiert Clouzot, a. a. O., S. 9 f. und 17 f. — Für den finanziellen Beistand verlangte Levasseur allerdings das alleinige Verkaufsrecht in Paris, und Demaraise, der Levasseur finanziell abgelöst hatte, betätigte sich als Leiter des Pariser Verkaufshauses. Nachdem aber 25 Jahre später Oberkampf den Gesellschaftsvertrag mit Demaraise gelöst und diesen ausbezahlt hatte, scheint Oberkampf neben der technischen auch die kaufmännische Oberaufsicht allein ausgeübt zu haben.

[24] Ein charakteristisches Beispiel hiefür ist die Mülhauser Firma Nicolas Koechlin & Frères, in welcher während der Jahre 1806—1831 zeitweise bis zu zwölf Familienangehörige als Teilhaber tätig waren. Vgl. Histoire . . . , a. a. O., Bd. I, S. 405 f.

ihre Entstehung, als vielmehr jenem andern, der im Aufschwung des Unternehmens begründet liegt. Denn dieser vor allem war es, der zur Verselbständigung jeder oder zumindest der bisher aktivsten Partei und damit zur Einführung einer reinen Familiengesellschaft führte[25]. War also anfänglich die Verbindung zwischen Fremden vorherrschend, so ist es die Familiengesellschaft, der wir in der Blütezeit der Manufaktur am häufigsten begegnen. Sie hat sich insofern bestens bewährt, als sich mit der Dauer der Gemeinschaft Erfahrung und Spezialität von Generation zu Generation fortpflanzten und dadurch die Wahrung des individuellen Gepräges jedes einzelnen Unternehmens gesichert wurde.

c) Die Beziehungen zu den Zünften und die Organisation der Arbeiterschaft.

Wir haben bereits früher erwähnt[26], daß der moderne Zeugdruck als neuartiger Gewerbezweig in der Regel keinem bestehenden Zunftreglement unterworfen werden konnte. Ergänzend sei nun bemerkt, daß dennoch vereinzelte Regierungen seine Ausübung vom Besitz eines Privilegiums abhängig machten und hiezu spezielle Bestimmungen erließen[27]. Diese blieben aber nur relativ kurze Zeit in Kraft. Man wurde sich ihrer hemmenden Wirkung schon bald bewußt, insbesondere beim Vergleich mit der Entwicklung in jenen Orten, in denen sich der Zeugdruck als „freie Kunst" ungehindert entfalten konnte[28]. Doch auch hier fand noch öfters freiwillig eine

[25] Es erübrigt sich, Beispiele anzuführen, da es deren zu viele gibt. Schon die Durchsicht der „Nomenclature des Industries Cotonnières" in der Histoire . . . , Bd. I, S. 405 ff., sowie die Lektüre der Kurzmonographien, abgefaßt von Adolf Jenny-Trümpy, a. a. O., wird unsere Aussage bestätigen.

[26] Vgl. S. 6.

[27] Dies trifft beispielsweise für Augsburg vom Jahre 1693 bis über die Mitte des 18. Jahrhunderts hinaus zu. Von den Verordnungen seien folgende drei angeführt: Das „Drucker-Zeichen sive Gerechtigkeit" wurde nur einer beschränkten Zahl von Betrieben (anscheinend sechzehn) verliehen. Hinsichtlich des Färbens erhielten einige Drucker ein Privileg für eine bestimmte Ausfärbung, d. h. für ein bestimmtes Farbmittel. Die Ware unterlag der „obrigkeitlichen Geschau". Vgl. Bancroft, a. a. O., S. 45 f., Anm. 23 (Anmerkung von J. G. Dingler und W. H. v. Kurrer), sowie v. Seida, a. a. O., S. 156 und vor allem S. 161 — 164, auf welchen der Text des Privilegs abgedruckt ist, das Schüle am 3. 7. 1758 auf zwölf Jahre erteilt wurde.

[28] Hinsichtlich der Verhältnisse in der Schweiz sei erwähnt, daß z. B. Bern „ein staatliches oder berufsständisches Obligatorium der Zugehörigkeit zu einer bestimmten Zunft — wenigstens in der in Frage kommenden Zeit — nicht kannte". Im Kanton Glarus war das gesamte Zunftwesen unbekannt. „Dans la principauté de Neuchâtel, il n' y avait des corporations de métiers qu' à Neuchâtel même. Et pour en faire partie il fallait être bourgeois. — Les fabriques d' indiennes étaient toutes hors de la ville, et de ce fait les chefs de cette industrie n' avaient aucune obligation de faire partie d' une corporation, sinon de celle des marchands s' ils faisaient le commerce et s' ils étaient domiciliés en ville. Il n' existait pas de corporation spéciale pour les indien-

Einfügung in die zünftische Ordnung statt. Sie war jedoch selten mit nennenswerten Einengungen verbunden[29] und erfolgte lediglich auf Grund politischer Erwägungen, die sich auf die Teilnahme an der Regierung bezogen. Für die Wahl der Zunft stand nun aber kaum mehr der produktionstechnische Aspekt im Vordergrund, sondern fast ausschließlich der kommerzielle[30], wenn nicht gar ein erbrechtlicher Gesichtspunkt oder ein solcher der Familientradition den Ausschlag gab[31]. An anderen Orten wieder lagen die Verhältnisse derart, daß die Einführung der Kattundruckerei nur dank der politischen Stellung ihrer Befürworter möglich war[32], da sich die Handwerker zweifellos energisch einer solchen Einführung widersetzt hätten. Gleichwohl konnte es natürlich nicht ausbleiben, daß die Manufaktur wegen der Vereinigung sämtlicher Veredlungsphasen in einem Betrieb in einen Gegensatz zu einzelnen Handwerkern geriet. In erster Linie war es die Färberzunft, die ihre Rechte eifersüchtig zu wahren und den Druckereien Einschränkungen hinsichtlich der eigenen Ausfärbung aufzuerlegen trachtete[33].

---

neurs". (Nach Mitteilungen der betreffenden Herren Staatsarchivare, denen hiemit nochmals gedankt sei. — Bezüglich Neuenburg vgl. auch A. Dreyer, a. a. O., S. 22, Text sowie Anmerkungen 2 und 3.)

Über die Verhältnisse in den Niederlanden berichtet L. A. Driessen, Von der holländischen Kattundruckerei und Baumwollindustrie, a. a. O., S. 2249: „Die Kattundruckerei konnte sich in Holland sehr stark ausbreiten, weil sie als freies Gewerbe nicht an Zunftregeln gebunden war . . ".

[29] In Mülhausen hatten zwar gerade verschiedene Restriktionen dazugeführt, daß allmählich einige Unternehmer Druckereien im umliegenden französischen Gebiet errichteten. Vgl. Bulletin ... 1871, S. 239 ff., sowie H. Laufenburger et Pierre Pflimlin, a. a. O., S. 140 f.

[30] So waren beispielsweise die Zürcher Handelsherren J. Römer — v. Muralt sowie Mathias Römer und Melchior Römer-Werdmüller, die eine Indienne-Manufaktur betrieben, auf „Weggen" resp. „Safran" zünftig. (Nach Adolf S. Garnaus „Die Familie Römer von Zürich 1622 — 1932", Zürich 1932, S. 45 f. — Wir verdanken diesen Hinweis sowie weiteren Aufschluß über die Zürcher Zunftverhältnisse Herrn Dr. Werner Schnyder, Staatsarchiv Zürich). — In Basel scheinen verschiedene Glieder der Familien Ryhiner, Battier und Merian, die sich mit der Fabrikation und dem Vertrieb von Zeugdrucken befaßten, zu Safran inkorporiert gewesen zu sein. — In Mülhausen wurde beschlossen, die Zeugdrucker „wegen ihrer großen Ähnlichkeit mit den Tuchhandelsleuten auch der Zunft, der diese angehörten, der Schneiderzunft, zuzuteilen". (Nach H. Herkner, a. a. O., S. 18, auf Grund des Ratsprotokolls vom 5. 7. 1750.) Samuel Koechlin-Hofer, einer der Mitbegründer Mülhausens erster Zeugdruckerei, amtete vom Jahre 1751 bis 1753 als Sechser und im letzteren Jahr als Schöffe dieser Zunft (Tableaux généalogiques de la famille Koechlin, Mulhouse 1881).

[31] Ein Zürcher Drucker Rahn saß auf „Metzgern", weil seine Vorfahren dort inkorporiert gewesen waren. (Lt. Mitteilung von Herrn Dr. Werner Schnyder, Staatsarchiv Zürich.)

[32] Dies trifft u. a. für Biel zu (F. Schwab, a. a. O., S. 41).

[33] Vgl. hiezu u. a. Werner Schnyder, unter Mithilfe von Hans Nabholz, Quellen zur Zürcher Zunftgeschichte, Zürich 1936, Bd. II, S. 797, Nr. 1256 vom 1. 12. 1714, S. 810 f., Nr. 1279 und 1281 vom 4. resp. 15. 5. 1720, wonach das „Färben von Indienne" als „Sache der Schwarz- und

Verhinderten aber schon die merkantilistisch gesinnten Regierungen, daß „die Vermehrung der Landesindustrie“ durch innungsmäßige Schranken engherzig beeinträchtigt wurde, so war es vom Ende des 18. Jahrhunderts an die Gewerbefreiheit, welche die letzten Zunftfesseln sprengte. Der Übergang zum Fabrikbetrieb, der sich in der ersten Hälfte des 19. Jahrhunderts teilweise vollzog, brachte dann sowieso eine noch grundlegendere Änderung in den Beziehungen der Druckerei zum Handwerk, als es schon durch die Manufaktur erfolgt war. Schließlich tat ebenfalls der Industrialismus das Seine, um den Zeugdruck von verbliebenen Hemmnissen zu befreien.

Im Gegensatz zu den Fällen, in denen sich die Unternehmer aus politischen Gründen noch einer Zunft zugewandt hatten, scheinen die Zeugdruckarbeiter nirgends in einer solchen inkorporiert gewesen zu sein. Doch schlossen sie sich bereits in der zweiten Hälfte des 18. Jahrhunderts verschiedentlich zu Gesellenverbänden oder Handwerksbruderschaften zusammen zur Gründung von Kranken- resp. Reise- und Krankenkassen[34]. Ihre Statuten muten insofern etwas zunftmäßig an, als sie die Mitglieder der Kasse zu einer Gemeinschaft vereinten, ihnen neben der Beitragspflicht auch Verhaltensmaßregeln für die Arbeits- und zum Teil ebenfalls für die Freizeit vorschrieben und erkennen lassen, daß sie vor allem den Schutz des unselbständigen Handwerkers anstrebten. Da diese Einrichtungen meist auch seitens der Unternehmer gefördert wurden, sind sie im weiteren ein frühzeitiges Anzeichen einsetzender betrieblicher Sozialpolitik.

Schönfärber“ bezeichnet wird. Am 11. 6. 1789, a. a. O., S. 865, Nr. 1397, erfolgte dann die Genehmigung eines Vergleichs zwischen „den hiesigen Färbern und sämtlichen Besitzern der Indiennefabriken . . .“. — In Mülhausen war „Den Herren Fabrikanten . . . das Blaufärben zum fertig machen ihrer gedruckten Waare für sich erlaubt, für Fremde aber bey 100 Thaler Straf verboten. 17. Aug., 5. Sept. 1763“. Archivauszug, abgedruckt in Dollfus-Ausset, a. a. O., Bd. II, S. 417. — Schüle in Augsburg mußte sich 1758 ff. des „Selbstfaerbens und Mangens gaenzlich enthalten“ (v. Seida, a. a. O., S. 163). — Ein westfälisches Gutachten vom 26. 6. 1798, das die Interessen der Färber vertrat, spricht „ . . . von der ‚Blaudruckerey‘, die eigentlich zu der Blaufärberei gehöre, weil dazu eine blaurechte Küpe erforderlich und anzusetzen sei“. (W. Schmitz-Veltin, a. a. O., S. 30.)

[34] In Bern erfolgte die Einführung im Jahre 1769 auf Veranlassung der Arbeiter der Küpferschen Manufaktur im Sulgenbach. Am 25. Januar 1782 erließ der Berner „Commercienrath“ das „Reglement für die Krankenkassa der Indienne Model-Stechern und Druckern allhiesiger Haubt-Statt und dem Bezirk“. (Vgl. W. Fetscherin, a. a. O., S. 80 ff.) — In Islikon erfolgte die Gründung im Jahre 1813, in Glarus im Jahre 1816 (vgl. Jenny-Trümpy, a. a. O., S. 465 ff.), in Lörrach im Jahre 1814. — Da die Drucker und Modelstecher viel auf Wanderschaft waren, darf wohl angenommen werden, daß die Anregung zur Gründung solcher Kassen durch die herumziehenden Gesellen von Produktionsstätte zu Produktionsstätte getragen wurde.

3. Industrielle Fabrik.

a) Der manufaktur-fabrikmäßige Betrieb.

Obwohl die Mechanisierung des Druckprozesses im Jahre 1785[35] zeitlich nur kurz nach der Mechanisierung der Baumwollspinnerei einsetzte und mit der Mechanisierung der Baumwollweberei sogar zusammenfiel, haben sich diese drei Gewerbe seither in recht unterschiedlicher Weise zur Fabrik entwickelt. Schon die Anfänge wichen voneinander ab. Spinnerei und Weberei staken noch größtenteils in der handwerklich-hausindustriellen Organisationsform. Der Übergangsprozeß der Spinnerei zum geschlossenen Fabrikbetrieb ging dann aber ziemlich rasch vor sich, zumeist mit Überspringung des Stadiums der Manufaktur. Derjenige der Weberei erfolgte schon langsamer und fast durchwegs über die Manufaktur, die vielfach erst richtig entwickelt und alsdann noch während relativ geraumer Zeit neben dem mechanischen Betrieb beibehalten wurde.

Im Zeugdruck dagegen war die handwerkliche Betriebsform längst überwunden und diejenige der Manufaktur bereits auf dem Höhepunkt ihrer Ausbildung angelangt, als die Einführung der Walzendruckmaschine erfolgte. Dennoch verband sich mit dieser Einführung nicht sofort die Begründung des fabrikmäßigen Betriebstypus. Indem das einzelne Etablissement anfänglich in der Regel nur eine einzige Maschine aufstellte und diese innerhalb der alten, in Gang bleibenden Manufaktur arbeiten ließ, entstanden noch gar keine rein mechanischen Zeugdruckereien. Ja, aus Gründen wirtschaftspolitischer, ökonomischer und technischer Natur ging die Mechanisierung auf dem Kontinent anfänglich überhaupt nur sehr langsam vor sich und blieb erheblich hinter derjenigen Englands zurück. Einerseits lag dies an den englischen Erlassen, die während der Jahre 1774—1825 resp. 1843 die Ausfuhr von Maschinen, Zeichnungen und aller in der Baumwoll-, Woll-, Seiden- sowie Leinenverarbeitung verwendeter Utensilien verboten[36]. Anderseits war es die geringe Kapitalkraft mancher Unternehmer, die sehr oft die Anschaffung der ziemlich kostspieligen Maschine verhinderte[37]. Schließlich wurde von ihrer Einführung abgesehen, weil die ersten Maschinen weder den Abdruck großer, noch den Ab-

---

[35] Nach Reinking, Die Entstehung der Walzendruckmaschine, in Melliand . . . 1928, S. 498 ff., datiert das betreffende Patent, das sich „ziemlich sicher auf Thomas Bell bezieht", schon vom 12. November 1783.

[36] Durch Anwendung von List und Anwerbung englischer Mechaniker gelangte die Kenntnis der Bellschen Walzendruckmaschine gleichwohl schon Ende des 18. Jahrhunderts nach dem Kontinent. Vgl. insbesondere Dollfus-Ausset, a. a. O., Bd. II, S. 242 ff.

[37] Nach W. E. Rappard, a. a. O., S. 178, kostete die Walzendruckmaschine, die Labarthe 1805 in seiner Genfer Druckerei installierte, Fr. 40 000,—. Im Jahre 1878 waren die Anschaffungskosten allerdings schon ganz erheblich

druck bunter Muster oder abgepaßter Spezialartikel[38] zuließen. Erst die technischen Verbesserungen[39], der andauernd wachsende Absatz und die Konkurrenz Englands, das nach Aufhebung der Kontinentalsperre den europäischen Markt mit billiger, auf der Maschine gedruckter Massenware überschwemmte, veranlaßten die breitere Aufnahme. Großbritannien blieb aber weiterhin im Vorsprung; es hatte noch während geraumer Zeit eine größere Anzahl „Rouleaux" laufen als alle übrigen Länder zusammen[40].

Trotz der intensiven und extensiven Technisierung[41], die fortan in steigendem Maße um sich griff, ist für eine große Anzahl Betriebe typisch, daß sie neben dem Maschinendruck nach wie vor den Handdruck ausübten und ihn neuerdings mit wachsendem Erfolg durch den Filmdruck ersetzen. Quantitativ gesehen erscheint die betreffende Produktion allerdings zumeist verhältnismäßig gering. Dennoch ist die Tatsache ihrer Zunahme ein eindeutiger Beweis für die ökonomisch legitime Pflege des manuellen Druckverfahrens. In betriebsmorphologischer Hinsicht hat seine Anwendung neben dem Maschinendruck aber zur Folge gehabt, daß zwischen der „reinen" Manufaktur — der früheren Model bzw. heutigen Filmdruckerei — und der „reinen" Fabrik — der Maschinendruckerei — eine Zwischen-, d. h. Mischform entstanden ist: diejenige des manufaktur-fabrikmäßigen Betriebes.

Leider enthalten die uns zugänglich gewesenen Publikationen kein Zahlenmaterial, welches auf das Größenverhältnis schließen ließe, das zwischen den drei Betriebstypen besteht. Wir neigen aber zur Ansicht, daß die „reine" Manufaktur Ende des vergange-

---

niedriger. Sie beliefen sich für die Druckmaschine mit Spezialmotor, aber ohne Coursier,

für Einfarbendruck	auf	Fr.	5 500	bis	5 800
„ Dreifarbendruck	„	„	8 000	„	8 400
„ Fünffarbendruck	„	„	11 000	„	11 300
„ Achtfarbendruck	„	„	14 000	„	14 500
„ Zwölffarbendruck	„	„	25 000	„	25 500
„ Sechzehnfarbendruck	„	„	40 000	„	40 800

Die Kosten des „Coursier complet" stellten sich auf Fr. 10 000 bis 12 000. (Bulletin . . . 1878, S. 870.)

38 „Mouchoirs", Shawls u. a. m.

39 Im Jahre 1820 wurden in Mülhausen erstmals Zweifarbendruckmaschinen aufgestellt; 1830 ging England zum maschinellen Druck von drei und vier Farben über; 1868 arbeitete bei Thierry-Mieg & Cie., Mülhausen-Dornach, bereits eine Maschine für Sechzehnfarbendruck (letztere Angabe nach Histoire . . ., Bd. I, a. a. O., S. 452 und 454).

40 Siehe Tab. 2, S. 33.

41 Sie erfolgte nicht nur in die Breite — wachsendes Übergreifen auf weitere Betriebe —, sondern insofern auch in die Tiefe, als davon nach und nach ebenfalls die Gravur sowie die Antriebs-, Zu- und Ausrüstungsapparaturen erfaßt wurden. — Die Einführung der Perrotine und anderer Druckapparate sei hier lediglich der Ordnung halber noch einmal vermerkt.

nen Jahrhunderts nur noch vereinzelt anzutreffen war und erst wieder seit dem dritten Dezennium unseres Jahrhunderts eine gewisse Ausbreitung erfährt. Der Mischbetrieb dürfte dagegen zumindest während der ersten Hälfte des letzten, auf dem Kontinent, von wenigen Ausnahmen abgesehen, sogar während des gesamten 19. Jahrhunderts vorgeherrscht haben; er ist dann der Fabrik gewichen, um seit dem Aufkommen des Filmdrucks erneut zu vermehrter Bedeutung zu gelangen. Allerdings muß nochmals betont werden, daß diese Entwicklung, die der allgemeinen Tendenz einer wachsenden Verwendung produzierter Produktionsmittel zuwiderzulaufen scheint, lediglich in einem relativ kleinen Spezialgebiet des Textildruckgewerbes vor sich geht. Unsere Ausführungen dürfen nicht darüber hinwegtäuschen, daß trotzdem nicht nur im Mischbetrieb, sondern selbst in der „reinen" Filmdruckerei eine auf die Spitze getriebene Automatisierung Platz gegriffen hat, d. h. die Maschinerie und Apparaturanlage zur Abwicklung der chemischen Prozesse überwiegen auch hier die Handarbeit. Aber nicht darin sehen wir das maßgebliche Kriterium zur begrifflichen Kennzeichnung der Betriebsform; wir erblicken es vielmehr in der Art der Ausübung des Aktes, durch den die Musterung auf das Gewebe übertragen und diesem jenes Charakteristikum verliehen wird, wodurch allein es als „Druck"stoff gilt. Dieser Druckakt jedoch, den die Maschine automatisch ausübt, erfolgt beim Model- und Filmdruck von Hand.

Über das Tempo und den Grad der Automatisierung des Druckprozesses geben die nachfolgenden Tab. 1 und 2 Aufschluß. Wird hiezu noch berücksichtigt, daß dieser Automatisierung die Entwicklung der Vorbehandlungs-, Nachbehandlungs- und Antriebsapparaturen parallel lief, so dürfte die steigende Tendenz zur Mechanisierung schon deutlich genug vor Augen geführt sein.

Während Tab. 2, Spalte „Drucktische", noch auf eine recht erhebliche Handdruckproduktion im Jahre 1840 schließen läßt, ist die seither erfolgte rückläufige Anwendung dieses Verfahrens aus den Angaben für Österreich und Böhmen ersichtlich — Tab. 1, Verhältnisse in den Jahren 1840 und 1890 verglichen mit den Verhältnissen um 1880 bzw. 1907[42]. Auch das Ziffernmaterial für das Elsaß, Jahrgang 1856 im Vergleich zu Jahrgang 1869/70, läßt schon dann sehr deutlich die gleiche Entwicklung erkennen, wenn wir lediglich 10 m als durchschnittliche Länge der Drucktische annehmen, die 1856 in Betrieb standen. Betrachten wir schließlich die neueren Verhältnisse in der Schweiz, also den Zustand im Jahre

[42] Die Zunahme der Zahl der Drucktische um 89 während des Jahrzehnts 1880—1890 war wahrscheinlich konjunkturell bedingt, sofern sie überhaupt erfolgte und nicht nur einer genaueren Zählung zuzuschreiben ist.

Tab. 1. Entwicklung des Produktionsapparates einiger Länder[1].

Land	Jahr	Betriebe	Drucktische[2]	Walzendruckmaschinen insges.	Walzendruckmaschinen durchschn. je Betrieb	Perrotinen	Literaturnachweis[3]
Österreich und Böhmen	1840 (ca.)	71[4]	4 900	52	0,7	15	Kurrer, Tab. 1
	1880	82	309	167	2,0	.	Zit. bei Landauer, S. 144 f.
	1890	41	398	180	4,4	.	Zit. bei Landauer, S. 144 f.
	1907	40	154	194	4,8	.	
	1913	.	.	205 (ca.)	.	.	Kertesz, S. 212
Ungarn	1840 (ca.)	1[4]	80	2	2,0	0	Kurrer, Tab. 1
	1906	4	.	23	5,7	18	v. Holtzer, S. 95 f.
	1911	5	.	36	7,2	23	id.
	1926	.	.	43[5]	s. Anm. 5	.	id., S. 168 u. 174
Schweiz	Letzt. Viertel d. 18. Jh.	über 50[6]	3 000	0	0	0	Jenny-T., S. 134
	1840 (ca.)	36[4 u. 7]	3 000	24	0,6	3	Kurrer, Tab. 1
	1901	19	1 300 (ca.)	13 (ca.)	0,7	.	[8], J.-T., S. 652 u. 658
	1938 (ca.)	15	2 000 m H.[9] 3 350 m F.	36[10]	s. Anm. 10	.	Nach erhalt. Auskunft
Elsaß	1786	27	1 429	0	0	0	Lévy, S. 93 f., u. Bi-Cent., S. 26 f.
	1827	27	3 847	30	1,0	0	Lévy, S. 93 f., u. Bi-Cent., S. 26 f.
	1856	21	3 157	95	4,5	65	Bull. 1855/6, S. 455
	1869/70	17	14 778 (m)[11]	123	7,2	9	Hist., S. 1007
	1900	12	.	105	8,7	.	id.
	1930	8	.	160[12]	s. Anm. 12	.	Bull. 1938, S. 35, und nach erh. Auskunft

[1] Die weniger wichtigen, bzw. wenig verbreiteten Druckapparate, wie Handdruckapparate, Dischargingpressen, Plattendruckmaschinen, Rollendruckmaschinen (System Samuel), sind nicht berücksichtigt.

[2] Das angeführte Zahlenmaterial spiegelt nicht die tatsächliche Entwicklung. Diese kann durch die Darstellung der mengenmäßigen Bewegung insofern nur ungenau gegeben werden, als die Längen der einzelnen Drucktische uneinheitlich und vor allem je Zeitpunkt recht unterschiedlich waren. Im allgemeinen variieren sie zwischen ungefähr 2 m um die Mitte des 18. Jahrhunderts und 30 bis 60 m seit einigen Jahrzehnten.

[3] Für genaue Titelangabe etc. siehe Literaturverzeichnis.

[4] Betriebe mit mehr als zwanzig Drucktischen.

[5] Hievon ein Betrieb mit sechzehn Maschinen (v. Holtzer, a. a. O.).

[6] Nach Zählungen auf Grund der Angaben bei Jenny-Trümpy, Rappard, a. a. O., S. 47 ff., Dreyer sowie Fetscherin.

[7] W. E. Rappard, a. a. O., S. 204, zitiert im Text und in den Anm. 1 und 2 folgendes Zahlenmaterial:

„Rapport 1844 (Rapport de la Commission Fédérale d' experts en matière de commerce, Lucerne 1844), t. 60, et Franscini 1848, t. II., p. 172 (Neue Statistik der Schweiz, Bern 1848, 1849): environ 100 fabriques, plusieurs milliers d' ouvriers. Rapport 1858 (Rapport sur la troisième exposition de l' industrie suisse à Berne 1857, Berne 1858), p. 100, 101: près de 50 fabriques, 12 000 ouvriers. Bolley 1868 (P. Bolley, Die Betheiligung der Schweiz an der internationalen Ausstellung von 1867, Zürich 1868), p. 221, 223: 41 fabriques, 9000 ouvriers."

Der Unterschied zwischen diesen Zahlen und unserer Angabe (nach Kurrer) von nur 36 Betrieben dürfte in erster Linie daher rühren, daß in den obigen Größenordnungen auch die Betriebe mit weniger als zwanzig Drucktischen eingeschlossen sind.

[8] Nur für Baumwolldruck.

[9] 2000 m für Handdruck und 3200 bis 3500 m für Filmdruck (Schätzungen).

[10] Hievon drei Betriebe mit zusammen 26 Maschinen.

[11] Wohl Länge sämtlicher Tische in Meter.

[12] Hievon ein Betrieb mit rund 100 Maschinen, wovon aber nach Ausbruch der Weltwirtschaftskrise eine erhebliche Zahl Maschinen stillgelegt war. Vgl. unsere Ausführungen auf S. 174.

1901 und denjenigen vor Ausbruch des Zweiten Weltkrieges[43], so frappiert auch in diesem Fall die Rückbildung des Handdrucks — wiederum bei Annahme einer durchschnittlichen Drucktischlänge von bloß 10 m im Jahre 1901. Dagegen tritt uns als Novum die Einrichtung des Filmdrucks entgegen.

Wäre es möglich gewesen, ebenfalls für einige der andern Länder die neueren Daten zu erhalten, so ließe sich zweifellos auch hier die Einführung dieses technisch verbesserten „Handdruck"verfahrens nachweisen und ein entsprechender Rückschluß ziehen auf die Wiedererstarkung der Betriebsformen der „reinen" Manufaktur und des Mischtypus.

Es sei aber erneut hervorgehoben, daß es sich bei dieser Produktion immer nur um die Deckung eines verhältnismäßig beschränkten Spezialbedarfs handelt und um die Erzeugung relativ hochwertiger Individualware. Die Massenerzeugung erfolgt im Maschinendruckverfahren, und hier bzw. im Ausbau des Fabriksystems liegt das Schwergewicht der Entwicklung, wie die Ausführungen des nächsten Abschnittes zeigen werden.

---

[43] Der Wegfall von ungefähr elf Walzendruckmaschinen in der Zeit von 1840 bis 1901 ist auf die verringerte Ausfuhrmöglichkeit zurückzuführen, verursacht durch den Aufbau der Druckerei in einigen Ländern und durch die Ausweitung des Produktionsapparates in andern (vgl. S. 8).

Tab. 2. Vermutliche Zunahme der Anzahl der Walzendruckmaschinen Europas seit ungefähr 1840 bis ungefähr 1900 und Anzahl der Drucktische um ca. 1840.

Land	ca. 1840[1]					ca. 1900[2]		
	Betriebe mit mehr als 20 Drucktischen	Drucktische		Walzendruckmaschinen		Betriebe	Walzendruckmaschinen	
		insgesamt	durchschn. je Betrieb	insgesamt	durchschn. je Betrieb		insgesamt	durchschn. je Betrieb
Großbritannien	280	15 800	56	800	2,8	?[7]	975[7]	18,0[7]
Rußland	100	10 300	103	77	0,8	89	550	6,2
Polen	2	90	45	1	0,5			
Frankreich u. Elsaß	80	3 500	44	80[3]	1,0	.	.	.
Frankreich allein	.	.	.	.	.	34[8]	220	6,5[8]
Elsaß allein	27[4]	3 847[4]	142	30[4]	1,0	12[9]	105[9]	8,7
Deutschland ohne Elsaß	110	4 880	44	42[5]	0,4	13[10]	125[10]	9,6[10]
Österreich	24[6]	1 500	62	16	0,7	41[11]	180[11]	4,4
Böhmen	47	3 400	72	36	0,8			
Schweiz	36	3 000	83	24	0,6	19[12]	13[12]	0,7
Belgien	15	900	60	17	1,1	5	18[13]	3,6
Holland						6[13]	27[13]	4,5
Italien	12	1 000	83	6	0,5	25[14]	90[14]	3,6
Ungarn	1	80	80	2	2,0	4[15]	23[15]	5,7
Spanien	.	.	.	.	.	24	85	3,5
Portugal	.	.	.	.	.	8	29	3,6
Schweden	.	.	.	.	.	3	.	.
Total	707[16]	44 450[16]	63	1 101[16]	1,5	.	2 440[17]	7,0[18]

[1] Angaben nach W. H. v. Kurrer, a. a. O., S. 288 f., und Tab. Kurrer 1.

[2] Mehrheitlich zusammengestellt nach den Ausführungen in Bulletin . . . 1901, S. 359 ff., sowie Jenny-Trümpy, a. a. O., S. 651 f. Die Angaben beider Werke basieren auf dem Zahlenmaterial, das an der Internationalen Ausstellung in Paris im Jahre 1900 bekanntgegeben wurde. Sowohl bei den Anga-

ben für „ca. 1840“ als auch bei den Angaben für „ca. 1900“ handelt es sich in den meisten Fällen nur um Schätzungen. Unsere Berechnungen der durchschnittlichen Größe des Produktionsapparates je Betrieb, die deshalb hypothetischer Natur sind, vermögen trotzdem die Tendenz der tatsächlichen Entwicklung eindeutig vor Augen zu führen.

[3] Zuzüglich 210 Perrotinen.

[4] Im Jahre 1827, nach R. Lévy, a. a. O., S. 94, und Bi-Centenaire . . . , a. a. O., S. 27.

[5] Zuzüglich 43 Perrotinen.

[6] Nach den Ausführungen bei Landauer, a. a. O., S. 144 f., wurden in Österreich um die Mitte des 19. Jahrhunderts 117 Druckereien mit insgesamt 3400 Drucktischen gezählt. Meist handelte es sich aber um Betriebe kleineren Umfangs. Bei Verrechnung dieser Zahlenwerte ergibt sich eine durchschnittliche Zahl der Drucktische von 29 je Betrieb. Möglicherweise ist in den Angaben Landauers auch ein Teil des Produktionsapparates Böhmens enthalten.

[7] Der errechnete Durchschnitt ergibt sich nach Verrechnung der Angaben für die Calico Printers' Association, in der 46 Druckereien mit insgesamt 830 Maschinen zusammengeschlossen waren (vgl. unsere Ausführungen auf S. 37, Anm. 52). Die 975 Maschinen beziehen sich auf England. Für Großbritannien und das Jahr 1901 zitiert Jenny-Trümpy, nach Angabe eines „bedeutenden englischen Export- und Kommissionshauses“, 1240 Druckmaschinen (a. a. O., S. 651, Anm. 1).

[8] Die Anzahl der Betriebe („Kattundruckereien“) nach Zitat Landauer, a. a. O., S. 68. Die Zahl der Druckmaschinen für den Kattundruck wird hier mit 197 angegeben.

[9] Im Jahre 1900, nach Histoire . . . , Bd. II, a. a. O., S. 1007.

[10] Als Anzahl der „Kattundruckereien“ zitiert Landauer 25, a. a. O., S. 68; nach Berücksichtigung der Zahl der elsässischen Betriebe bleiben demnach dreizehn. Die Zahl der Druckmaschinen, die Landauer für Deutschland und das Elsaß mit insgesamt 312 angibt und für das Elsaß allein mit 152, dürfte erst für das Jahr 1912 Gültigkeit haben. Für das Jahr 1907 gibt v. Juraschek für Deutschland und das Elsaß insgesamt 267 Maschinen an (Hdw. d. St., III. Aufl., Jena 1909, Bd. 8, S. 951); vor Ausbruch des Ersten Weltkrieges standen im Elsaß „environ 160 machines à imprimer“ (Bi-Centenaire . . . , a. a. O., S. 29, linke Spalte unten).

[11] Im Jahre 1890, angeführt bei Landauer, a. a. O., S. 144 f. Für 1907 zitiert Landauer, a. a. O., 40 Betriebe mit 194 Druckmaschinen.

[12] Nur für Baumwolldruck (Jenny-Trümpy, a. a. O., S. 658 resp. 652).

[13] Zitiert bei Landauer, a. a. O., S. 68.

[14] Jenny-Trümpy, a. a. O., S. 651, zitiert 29 Betriebe mit 70 Maschinen, das Bulletin . . . 1901, S. 368, 25 Betriebe mit „fast“ 90 Maschinen, Landauer, a. a. O., S. 68, 15 Betriebe mit 87 Maschinen.

[15] Im Jahre 1906, nach H. v. Holtzer, a. a. O., S. 95 f. Außer den 23 Walzendruckmaschinen liefen noch achtzehn Perrotinen. Es ist möglich, daß sich dieser Produktionsapparat nicht nur auf die angeführten vier Betriebe verteilte, sondern noch auf einzelne der dreizehn „Blaufärbereien“, die v. Holtzer ebenfalls zitiert — d. Verf.

[16] Nach Sir Walter Crum, Glasgow, arbeiteten 1840 in „Nordamerika“ 47 „Calico-Druckereien“ mit 834 Drucktischen und 106 Walzendruckmaschinen sowie 5 „Seiden- und Wollen-Druckereien“ mit 50 Drucktischen und 3 Walzendruckmaschinen. Zitiert bei Kurrer, a. a. O. (1840), Anhang.

[17] Nach der zugänglich gewesenen Literatur lief folgende Anzahl Walzendruckmaschinen außerhalb Europas:

Ver. St. v. Amerika	450 bis 490	zitiert in Bulletin . . . 1901, S. 368, bzw. bei Jenny-Trümpy, a. a. O., S. 651;
Mexiko	27 „ 50	zitiert bei Landauer für ungefähr das Jahr 1900, a. a. O., S. 68, bzw. bei Kertesz für das Jahr 1912, a. a. O., S. 510;
Japan	3 „ 4	zitiert in Bulletin . . . 1901, S. 370;
Total	480 bis 544.	

[18] Durchschnitt von 326 Betrieben mit insgesamt 2295 Druckmaschinen.

b) Die mechanisch-chemische Zeugdruckerei: der Fabrikbetrieb.

Der Ausdruck „Indienne fabrique", der im deutschsprachigen Quellenmaterial und älteren Schrifttum fast allgemein anzutreffen ist, könnte die Meinung aufkommen lassen, es handle sich hiebei bereits um Fabriken im eigentlichen Sinne. Dem ist aber nicht so. Aus unseren vorangegangenen Ausführungen geht hervor, daß im Interesse einer begrifflich eindeutigen Terminologie nur jene Betriebe als Zeugdruck fabriken zu bezeichnen sind, die ausschließlich automatisch drucken. Dies taten aber weder die ersten Druckereien, die reine Manufakturen waren, noch manche der späteren, welche einen Mischtypus darstellen.

Dennoch sind die rein mechanischen, genauer: mechanisch-chemischen Druckereien — sofern man auch die Apparaturanlage berücksichtigt, in der sich die chemischen Prozesse abwickeln[44] — nicht erst eine Erscheinung der letzten 50 Jahre. Es ist anzunehmen, daß sie sich in England schon bald nach Einführung des „Rouleaux" relativ schnell durchsetzten. Zwei Faktoren vor allem dürften diese Entwicklung veranlaßt haben: einmal die Kontinentalsperre, die Großbritannien zur intensiven Belieferung der armen, teilweise aber volkreichen Überseegebiete abgedrängt hatte; dann der Kampf mit den kontinentalen Manufakturen, der nach Aufhebung der Blockade einsetzte und zur Rückgewinnung des verlorenen Marktes den schneller sowie billiger produzierenden Walzendruck weiter ausbauen ließ.

Gerade diese Konkurrenz und das Erwerbsstreben zwangen in der Folge aber auch die Drucker des europäischen Festlandes zur breiteren Aufnahme und ständigen Verbesserung des maschinentechnischen Verfahrens. Die Aufgabe des Handdrucks erfolgte zwar weder so schnell, noch in solch breitem Maße wie in England. Doch sind allmählich alle jene Produzenten zum integralen Maschinismus, d. h. zum reinen Fakriksystem, übergegangen, die sich ausschließlich auf die Deckung des Massenbedarfs ausrichteten, und infolge des nationalen und internationalen Wettbewerbs, der gerade in solchen Gütern am rücksichtslosesten geführt wird, die größtmögliche Verbilligung der Erzeugung durch eine tunlichst

[44] Da nach unseren früheren Darlegungen der mechanische Aspekt für die betriebsmorphologische Begriffsbestimmung entscheidend ist, liegt er allein den nachfolgenden Ausführungen zugrunde.

absolute Rationalisierung des Produktionsprozesses erlangen mußten.

Im weiteren hat die Versorgungsmöglichkeit eines räumlich und bevölkerungsmäßig großen Inlandsmarktes[45] die Umstellung auf den Maschinendruck wesentlich begünstigt. Denn die Erzielung der Kostendegression durch den Abdruck größerer Mengen je Dessin und Farbstellung resultiert hier nicht in einer Uniformierung des Angebots bzw. des Verbrauchs, wie es im dichten, der Ausdehnung nach aber kleinen Markt der Fall wäre, sondern die Weite des Raumes läßt das einzelne Muster untertauchen, so daß der sozial-psychologisch begründete Wunsch nach einer individuellen Musterung voll und ganz gewahrt bleibt.

Erst wenn neben dem ökonomischen und technischen auch dieser psychologisch-soziologische Aspekt volle Würdigung erfährt, wird ganz verständlich, weshalb sich in der Zeit des vielseitig gebundenen Außenhandels das Fabriksystem nur in den volkreichen Staaten in größerem Maße durchsetzen konnte[46]. Doch ist kaum zu bezweifeln, daß sein Auf- resp. Ausbau ebenfalls in den Kleinstaaten begünstigt wird, die für den Textildruck qualifiziert sind, sobald die zwischenstaatliche Zollpolitik die Verbreiterung der Produktionsbasis zuläßt. Erwägen wir gar, daß es gelingt, durch Kaufkraftsteigerung die potentielle Nachfrage der weiten außereuropäisch-amerikanischen Bevölkerungskreise wirksam zu machen, so dürfte im Textildruckgewerbe diese Aktivierung der Wirtschaft auch wieder primär die Entwicklung der mechanisch-chemischen Fabrik fördern. Denn nur diese wird imstande sein, die produktionstechnischen und gegenständlich-subjektiven Anforderungen zu preislich annehmbaren Bedingungen zu erfüllen.

c) Gesellschaftsform: Kapitalgesellschaften.

Auch im Textildruckgewerbe ist die Ersetzung der Personengesellschaften (vgl. S. 23 ff.) durch Kapitalgesellschaften eine typische Erscheinung der Endphase des Hochkapitalismus und besonders der spätkapitalistischen Zeit. Die Aktiengesellschaft vor allem[47] erschien nunmehr als geeignetste Gesellschaftsform zur Verfolgung des Geschäftszweckes und zur Deckung des hiezu notwendigen Kapitalbedarfs, der sich hauptsächlich wegen der Intensivierung der Produktion und Errichtung von Fabriken mit kostspieligen Erzeugungs- sowie Forschungsanlagen beträchtlich ausgeweitet hatte.

Anfänglich setzte sich der Geldgeberkreis noch maßgeblich aus den bisherigen Teilhabern zusammen, so daß manche Gesellschaft

[45] Inklusive des eigenen Kolonialmarktes oder anderer, handelspolitisch leicht zugänglich gemachter Absatzgebiete.

[46] Vgl. unsere Ausführungen auf S. 9.

[47] Die Kommanditaktiengesellschaft und Gesellschaft mit beschränkter Haftung sind verhältnismäßig selten anzutreffen.

den Charakter eines Familienunternehmens behielt. Die Entwicklung nach der Richtung des Großbetriebes und teilweise sogar nach derjenigen des Konzerns[48] hat in neuerer Zeit aber doch zu stärkerer Herbeiziehung von Fremdkapital geführt. Eine gänzliche „Loslösung des Unternehmertums vom Kapitalbesitz[49]", mit anderen Worten die „Bewegung . . vom Eigentümer-Unternehmer zum angestellten . . .[49]", finanziell unbeteiligten Direktor, zeigt sich jedoch meist nur im Falle der Neugründung[50] oder des radikalen Besitzwechsels[51]. Je nach Lagerung der Interessen sind es Bankinstitute, Vorlieferanten (Webereien in erster Linie), Handelshäuser (Großhandel und im Kleinhandel vornehmlich Warenhauskonzerne) sowie vereinzelt Druckereiunternehmen selber, die größere oder kleinere Aktienpakete bestehender Druckereien übernehmen bzw. erwerben oder die Gründung überhaupt finanzieren.

Auch die international ausgerichtete Holdinggesellschaft ist im Textildruckgewerbe keine unbekannte Erscheinung. Doch treffen wir sie nur relativ selten an und dann in einer Form, die den Tochtergesellschaften ein verhältnismäßig selbständiges Eigenleben gewährt. Die produktmäßige Vielgestaltigkeit im Stoffdruck, d. h. die weitgehende betriebliche Spezialisierung und der damit verbundene uneinheitliche Erzeugungs- sowie Verteilungsprozeß, verhindern die Ausübung allzu absolutistischer Zentralgewalt und sprechen, vom betriebswirtschaftlichen Standpunkt aus gesehen, überhaupt gegen straffe Zusammenschlüsse solcher Veredlungsunternehmen.

Auf nationalem Boden dagegen finden wir allerdings — wenigstens in einem Fall — die sehr enge Vereinigung einer großen Anzahl Druckereien zu einem Trust[52]. Der angestrebte Zweck: durch monopolistische Marktbeherrschung die „Geschäftsergebnisse" zu verbessern, „die in den letzten Geschäftsjahren infolge der scharfen Konkurrenz und Preisschleudereien ungenügend waren", konnte aber trotz der Kontrolle von 85 % der Gesamtproduktion Englands nicht erreicht werden. Die Entwicklung hat gelehrt, daß sich Outsiders selbst einem solchen Machtkomplex gegenüber durchzusetzen vermochten und wesentlich auf Grund eigenwilliger Kollektionsgestaltung und Marktpflege zum beachtlichen Konkurrenten wurden.

---

[48] Siehe Kapitel III/3, Vertikale Unternehmungsintegration und Differenzierung.

[49] Terminologie nach W. Sombart.

[50] Beispielsweise im Zuge der Industrialisierung bisheriger Importländer, wobei Finanzkreise die Gründung von Druckereien ins Werk setzen.

[51] U. a. beim Übergang auf technisch unqualifizierte Interessenten.

[52] Calico Printers' Association (CPA) in Manchester, gegründet im Jahre 1899 durch den Zusammenschluß von 46 Druckereiwerken und 13 „merchants". Aktienkapital £ sechs Millionen, Debenture Stock £ 3,2 Millionen. — Zahlenmaterial nach E. Landauer, a. a. O., S. 69 ff., der den Prospekt auszugsweise und in Übersetzung wiedergibt.

Wohl vermag auch im Zeugdruck der unternehmungsmäßige Zusammenschluß Vorteile zu bieten, die dem betrieblich ähnlich gelagerten, wirtschaftlich aber selbständigen Unternehmen entgehen. Obiger Hinweis und der letzte Abschnitt der nachfolgenden Ausführungen dürften jedoch genügend zeigen, daß weniger die Organisation über die Breite, als vielmehr diejenige in die Tiefe entscheidend ist für die Behauptung der Druckerei im Markt.

4. Betriebsgröße.

Die Herausarbeitung der repräsentativen Betriebsgrößen und ihre vergleichende Betrachtung nach Ort und Wirtschaftsepoche werden im Textildruckgewerbe von drei Seiten her erschwert. Einmal durch die Vielgestaltigkeit der Betriebsweise[53] und des Erzeugnisses, dann durch die zeitlich wachsende Variationsmöglichkeit des Produktionsverfahrens, schließlich durch die Uneinheitlichkeit der Merkmale, nach welchen im einzelnen Fall die Größe bestimmt werden muß. Während die erste Schwierigkeit dadurch zu umgehen ist, daß wir unserer Untersuchung generell die gleiche Betriebsweise — z. B. die Eigenveredlung — und eine Durchschnittsqualität zugrunde legen, vermögen wir der Verschiedenheit der angewandten Technik insofern ohne wesentliche Verminderung des Erkenntniswertes auszuweichen, als wir nur die jeweils wichtigste Produktionsmethode in Betracht ziehen, also den Handdruck für die frühkapitalistischen Verhältnisse und diejenigen während der ersten Hälfte des Hochkapitalismus, den Walzendruck dagegen für die Endphase der letzteren Wirtschaftsperiode und für die Zeit des Spätkapitalismus. Aber auch die Aufstellung der Größenordnung muß nach vereinfachten Annahmen erfolgen, und fast immer auf Grund einer Induktion. So kann ein wichtiges Merkmal: die Höhe des aufgewendeten Nominalkapitals, aus Mangel an Zahlenmaterial nicht berücksichtigt werden. Es läßt sich ganz allgemein nur so viel sagen, daß die Größe des verfügbaren Geldkapitals verschiedentlich ausschlaggebend gewesen ist für die Wahl der Betriebsweise, und daß die Lohnveredlung in der Regel auf verhältnismäßig breiterer Basis aufgezogen werden kann als die Eigenveredlung.

Bleiben der p e r s o n a l e Aspekt, die Zahl der Beschäftigten, und der r e a l e, der Umfang des Produktionsapparates sowie die Menge der erzeugten Güter[54]. Diese Merkmale sind jedoch nur dann in einwandfreier Weise aufschlußreich, wenn die Angaben von vornherein gegeben sind. In unserem Fall trifft dies aber üblicherweise bloß für die Höhe des Personalbestandes zu oder

[53] Diese kann sein: a) reine Lohnveredlung, b) reine Eigenveredlung, c) Mischtypus, d) Betriebsveredlung bei vertikaler Unternehmungsintegration.

[54] Von der Berücksichtigung der jeweils benötigten Gebäulichkeiten und beanspruchten Bodenfläche sowie von derjenigen der Zu-, Ausrüstungs- und Kraftanlagen können wir absehen, da sie nicht die entscheidenden Faktoren sind.

dann für die Intensität der Kapitalausrüstung, selten jedoch für beide Kriterien. Wollen wir dennoch Vergleiche auf einer etwas breiteren Basis anstellen, so ist dies nur mit Hilfe errechneter Proportionen möglich, die uns in den Stand setzen, die Größe des jeweils unbekannten Faktors aus derjenigen des gegebenen abzuleiten. Die dadurch erreichte Vereinheitlichung wird in ihrem zahlenmäßigen Ergebnis zwar nur bedingungsweise gelten; trotzdem dürfte das Resultat nicht allzuweit von der Wirklichkeit entfernt sein und uns solcherweise den erwünschten Aufschluß geben.

Der grundlegende Wandel der Betriebsform, hervorgerufen durch den Übergang vom primitiven zum modernen europäischen Textildruck, äußert sich auch betriebsgrößenmäßig ganz eindeutig: mit ihm wurde die Aufgabe des handwerklichen Kleinbetriebs und der Übergang zum manufakturmäßigen Mittel- sowie zum Großbetrieb vollzogen. Es nötigten nicht nur der steigende Absatz und die geringe Produktivität des Hand- und Plattendruckverfahrens zu andauernder Expansion, es trieb auch die Aussicht auf Vergrößerung des Gewinns dazu. Nichts vermag diese Tendenz besser zu beleuchten als die Tatsache, daß in den wichtigsten Produktionsgegenden selbst die mittelgroße Druckerei zumeist zurückgedrängt und der Großbetrieb der typischste Vertreter der Manufakturperiode wurde. Wohl waren weder die Manufakturen im allgemeinen noch die Zeugdruckereien im besondern die einzigen Großbetriebe des Frühkapitalismus[55]. Nach W. Sombart[56] handelt es sich bei den Kattundruckereien aber „um die größten Manufakturbetriebe" der damaligen Zeit, die „überall zu den ausgedehntesten gewerblichen Anlagen des Ortes", wenn nicht gar des Landes, gehörten.

Unser Zahlenmaterial der Tab. 3 vermag eindeutig vor Augen zu führen, daß diese Zeugdruckmanufakturen selbst bei einem Vergleich mit heutigen Verhältnissen Groß- und „Größestbetriebe" (Sombart) waren. Nicht nur der Arbeiterzahl nach trifft dies zu[57], auch hinsichtlich der Zahl der verwendeten Drucktische, des wichtigsten und typischsten Arbeitsmittels, können sie als solche

[55] Für die Schweiz traf dies allerdings zu: „L'industrie des indiennes était la seule des grandes industries suisses qui fût organisée en fabrique (d. h. en manufacture — d. Verf.) sous l'ancien régime. Pour toutes les autres, le travail à domicile, en famille et à la campagne était la règle." W. E. Rappard, a. a. O., S. 106.

[56] Der moderne Kapitalismus, a. a. O., Bd. II, 2. Halbbd., S. 762 f.

[57] Trotzdem nicht einheitlich drei Arbeiter je Drucktisch beschäftigt wurden — Druck-, Zu- und Ausrüstungspersonal zusammengerechnet —, haben wir, in Übereinstimmung mit Ryhiner, a. a. O., S. 140 ff., und Jenny-Trümpy, a. a. O., S. 108, sowie mangels genügend anderer zuverlässiger Unterlagen, diesen Koeffizienten überall dort in Ansatz gebracht, wo keine näheren Angaben vorliegen, die auf ein anderes Verhältnis schließen lassen. Wir können damit eine eventuelle personale Überschätzung vermeiden, in keiner Weise aber die Rechtfertigung obiger Behauptung beeinträchtigen.

Tab. 3. Tatsächliche und mittlere Größen einiger Zeugdruck-Manufakturen am Ende der frühkapitalistischen Wirtschaftsepoche. Groß- und Größtbetriebe.

Jahr bzw. Zeitpunkt	Ort oder Unternehmen	Anzahl der Betriebe	Zahl der Beschäftigten[1]		Anzahl der Drucktische[1]		Produktionsmenge insgesamt (i) oder je Betrieb (B)[2] während ca. 36 Wochen à 66 Stunden[3]
			insgesamt	durchschnittlich oder tatsächlich je Betrieb	insgesamt	durchschnittlich oder tatsächlich je Betrieb	
Vor 1785	Genf[4]	10	ca. 3000	300	(1000)	(100)	.
„	Fazy, Genf[5]	1	.	bis 800	.	(ca. 265)	.
1785	Kanton Neuenburg[6]	9	2160	240	(ca. 720)	(ca. 80)	.
Gegen Ende d. 18. Jahrh.	Kanton Zürich[4]	6	(1950)	(ca. 325)	600—700	ca. 110	.
„	Basel[4]	6	ca. 300	ca. 50	(ca. 100)	(ca. 17)	.
1766	S. Ryhiner, Basel[7]	1	.	144	.	48	(B) 300 000 m Schätzung
Gegen Ende d. 18. Jahrh.	Aargau[4]	8—9	(ca. 1200)	(ca. 135—150)	ca. 400	45—50	.

Gegen Ende d. 18. Jahrh.	Hünerwadel, Lenzburg[8]	1	.	(195)	.	60—70	(B) ca. 430 000 m
„	Verdan, Biel[9]	1	.	400—500	.	(ca. 150)	.
„	Kanton Glarus[10]	6	500	ca. 85	(ca. 165)	(ca. 27)	.
„	Schweiz[11]	über 50	ca. 9000	150—180	3000 mindestens	50—60	(i) ca. 18 Mill. m
Nach 1759	Wetter, Orange[12]	1	.	bis 600	.	(ca. 150)[13]	.
1786	Mülhausen und Elsaß[14]	27	(ca. 4300)	(150—165)	1429	50—55	(i) ca. 6,6 Mill. m
1786 bzw. 1788	Dollfus, Wesserling[15]	1	.	724	.	188[13]	(B) Schätzung 8—900 000 m
1795—1801	Oberkampf, Jouy[16]	1	.	(ca. 1000)	.	(ca. 200)[13]	(B) ca. 800 000 m[17]
1805	Oberkampf, Jouy[16]	1	.	1322	.	.	(B) ca. 2 Mill. m[18]
Gegen Ende d. 18. Jahrh.	Schüle, Augsburg[19]	1	.	über 1500	.	(ca. 300)[13]	(B) „beiläufig“ 70 000 Stk.[20]
18. Jahrh.	Chemnitz[21]	10	1437	144	(ca. 480)	(ca. 48)	.

[1] Die nicht eingeklammerten Zahlen sind der Literatur entnommen, die eingeklammerten dagegen mit Hilfe des Koeffizienten errechnet (drei Beschäftigte je Drucktisch, Gesamtpersonal inkl. Angestelltenschaft). Bez. Ausnahmen siehe Anm. 13.

[2] Die Differenzen, die sich ergeben, wenn die Produktionsmengen der einzelnen Fabrikationsorte miteinander verglichen werden, beruhen auf der qualitativ unterschiedlichen Erzeugung: der Produktionsumfang verringerte sich mit zunehmender Vielfarbigkeit der Muster.

[3] Im Winter ruhte üblicherweise der Betrieb, da nicht gebleicht werden konnte (nach Ryhiner, a. a. O., S. 144).

[4] Angaben nach W. E. Rappard, a. a. O., S. 48 f.

[5] Manufacture des Bergues. Nach W. E. Rappard, a. a. O., S. 106, handelt es sich hiebei um die bedeutendste Manufaktur der Schweiz.

[6] Angaben nach A. Dreyer, a. a. O., S. 47. Vgl. auch A. Dreyer, a. a. O., S. 42, Anm. 3.

[7] Angaben nach Ryhiner, a. a. O., S. 140 ff. — Die von Ryhiner geschätzte Produktionsmenge beläuft sich auf 17 208 Stück zu fünfzehn aunes (1 „aune de Paris" oder 1 „Pariserstab" = 119 cm, nach Jenny-Trümpy, a. a. O., S. 198). Der Verkauf dieses Produktionsvolumens erbrachte einen Erlös von fl. 205 380 = Fr. 451 836,—, zum alten Münzfuß gerechnet.

[8] Angaben nach Jenny-Trümpy, a. a. O., S. 117.

[9] Angaben nach F. Schwab, a. a. O., S. 46.

[10] Angaben nach Jenny-Trümpy, a. a. O., S. 173, 184 f., 187 ff., und Rappard, a. a. O., S. 49.

[11] Zahlenmaterial nach Jenny-Trümpy, a. a. O., S. 134. Nach unseren Angaben in der Übersicht, in der die zumeist kleineren Betriebe der Städte oder Kantone Bern (inkl. der damals bernischen Waadt), Solothurn, Schaffhausen, Thurgau, St. Gallen, Appenzell usw. fehlen, dürften die angeführten Größenordnungen für die Zahl der Beschäftigten (ca. 9000) und der Drucktische (mindestens 3000) zweifellos unter der Wirklichkeit liegen.

[12] Angaben nach Juvet-Michel, a. a. O., S. 1022.

[13] Da Wetter, Oberkampf und Schüle verhältnismäßig viel feine und bunte Ware lieferten und hiezu relativ viele Schilderinnen (Einmalerinnen) beschäftigten, können wohl vier bis fünf Arbeitskräfte je Tisch in Ansatz gebracht werden und nicht nur drei. Dollfus beipielsweise beschäftigte 400 „filles au pinceau".

[14] Angaben nach R. Lévy, a. a. O., S. 93, und Bi-Centenaire . . ., a. a. O., S. 26.

[15] Angaben nach Histoire . . . , a. a. O., Bd. I, S. 414, und Bd. II, S. 1006.

[16] Angaben nach Clouzot, a. a. O., S. 23 und 58 f.

[17] Model- und Kupferplattendruck. Die angeführte Produktionsmenge stellt den Jahresdurchschnitt dar.

[18] Ungefähr 1,2 Millionen Meter Walzendruckware, 600 000 Meter Model- und 200 000 Meter Kupferplattendruckware.

[19] Angaben nach K. Kasper, a. a. O., S. 67, und v. Seida, a. a. O., S. 191.

[20] Wohl zumindest 1 Million Meter Model- und Kupferplattendruckware. Durch die Produktion dieser 70 000 Stück wurde „ein Kapital von 1 Million 3 bis 400 000 Gulden (Fr. 2 727 000) in Umlauf gebracht". Nach v. Seida, a. a. O., S. 191.

[21] Angaben nach W. Sombart, Der moderne Kapitalismus, a. a. O., Bd. II/2, S. 764. — In Wirklichkeit beschäftigten ein Betrieb 263 und vier andere Betriebe 260 bzw. 256, 251 sowie 197 Arbeiter.

gelten. Auf Grund des erzielten Produktionsvolumens dagegen schon nicht mehr in gleich hohem Maße, insbesondere nicht bei Berücksichtigung der hiezu notwendig gewesenen Arbeitskräfte. Immerhin stellen die umgeschlagenen Mengen und die entsprechenden wertmäßigen Umsätze[58] Größen dar, die auch für heutige Begriffe bereits recht beachtlich sind.

Die errechneten Durchschnittsgrößen der Personal- und Drucktischbestände je Betrieb stimmen natürlich nur selten mit den tatsächlichen Verhältnissen überein. Schon der Vergleich der Angaben für alle Betriebe Genfs und Mülhausens mit denjenigen für das einzelne Unternehmen Fazy resp. Dollfus in Wesserling, läßt die beträchtlichen Unterschiede deutlich erkennen, die teilweise bestanden haben. In Wirklichkeit waren die Größtbetriebe (mit über 800 Beschäftigten) die Ausnahme, die Großbetriebe[59] (51 bis 800 Beschäftigte) die Regel, wiesen jedoch unter sich teilweise recht erhebliche Schwankungen auf, was sich ja auch aus der breiten Spanne zwischen der oberen und unteren Grenze ohne weiteres ergibt. Daneben existierten noch eine ganze Anzahl Mittelbetriebe (6 bis 50 Beschäftigte) und zum Teil auch Kleinbetriebe (bis fünf Beschäftigte). Wie wir schon oben erwähnten, vermochten sie sich aber mancherorts nicht zu halten; insbesondere die kleinsten, im Gründungsfieber errichteten Einzelunternehmen gingen zumeist sehr schnell wieder ein.

Wenn wir, zur Betrachtung der Verhältnisse während der Periode des manufaktur-fabrikmäßigen und reinen Fabrikbetriebs übergehend, die Betriebsgröße weiterhin nach der Zahl der Beschäftigten unterscheiden würden, dann müßte jene Druckerei schon als Großbetrieb gelten, die mit zwei oder gar nur mit einer Walzendruckmaschine arbeitete. Dies deshalb, weil je nach Art der Erzeugung[60] und je nach Grad der Rationalisierung[61] pro Maschine und Schicht in neuerer Zeit insgesamt[62] rund 25 bis 35 Personen Beschäftigung fanden[63], zu Beginn der Mechanisierung aber wesentlich mehr.

---

[58] Vgl. Tab. 3, Anm. 7 und 20.

[59] Einteilung auf Grund der statistischen Größenordnung für das Gewerbe:

bis 5 Beschäftigte	Kleinbetrieb,
6 — 50 Beschäftigte	Mittelbetrieb,
über 50 Beschäftigte	Großbetrieb.

[60] Die billigen Massenartikel (Stapelware) werden relativ schnell und in großen Mengen je Muster abgedruckt, die hochwertigen Individualartikel dagegen verhältnismäßig langsam und in kleineren Mengen je Produkteinheit. Die Großproduktion erfordert relativ weniger Arbeitskräfte als die Kleinproduktion. Mit zunehmender Uniformierung der Erzeugung steigt sowohl der Leistungseffekt je Maschine als auch der Leistungseffekt je Arbeitskraft.

[61] Dieser Grad variiert natürlich nicht nur nach der Zeit, sondern auch nach dem Betrieb zu ein und demselben Zeitpunkt.

[62] Gemeint ist die Zahl des Druck-, Zu- und Ausrüstungspersonals sowie der Angestelltenschaft.

[63] Nach erhaltener Auskunft und errechnet nach den Angaben bei R. Lévy,

Urteilen wir nach der Menge der produzierten Güter, so trifft dieses Prädikat nur noch in begrenztem Maße zu. Gleichwohl ist das Erzeugungsvolumen nicht unbeachtlich, schwankt doch die Jahresproduktion je Maschine[64] zwischen rund 500 000 und rund 1 000 000 Meter[65, 66].

Um dieser neuen Situation, d. h. dem nunmehr ausschlaggebend gewordenen Grad der technischen Ausrüstung gebührend Rechnung zu tragen, scheint es uns angebracht, die Betriebsgrößen fortan primär nach diesem Kriterium zu gliedern. Wir klassifizieren deshalb

Druckereien mit	1 bis 3	Walzendruckmaschinen	Kleinbetrieb,
„ „	4 „ 15	„	Mittelbetrieb,
„ „	16 „ 30	„	Großbetrieb,
„ „	über 30	„	Größtbetrieb

und erhalten jetzt durch die Tab. 1 und 2 folgendes Bild vermittelt:

Wenn wir die Durchschnittsverhältnisse betrachten, so existierten im Jahre 1840 in technischer Hinsicht weder ein Mittel- noch ein Großbetrieb. In personaler Hinsicht gelten die einzelnen Druckereien allerdings insofern weiterhin durchwegs als Großbetriebe, als jeweils noch mit einer beträchtlichen Anzahl Drucktische und damit auch mit einer entsprechend ansehnlichen Beschäftigtenzahl gearbeitet wurde[67]. Bis zum Jahre 1900 entwickelten sich — nunmehr wiederum maschinenmäßig gesehen und weiterhin unter Berücksichtigung der Durchschnittsverhältnisse — die Mehrheit der Druckereien zum Mittel-, die Druckereien Englands sogar zum Großbetrieb. In den meisten der älteren Produktionsländer war eine relativ beachtliche Anzahl Unternehmen eingegangen, Manufakturen in erster Linie. Eine Konzentration hatte stattgefunden, entweder durch Kapitalakkumulation oder durch betrieblichen Zusammenschluß.

---

a. a. O., S. 196 f. (Ziffernmaterial für das Elsaß und das Jahr 1910), sowie Landauer, a. a. O., S. 160 (Ziffernmaterial für ca. 1900 und die Vereinigten Staaten von Amerika). Nach den Angaben in „Bi-Centenaire . . .“, a. a. O., S. 36, werden im Elsaß seit Ende der 1920er Jahre ca. 25 — 27 Arbeitskräfte Gesamtpersonal je Maschine beschäftigt.

[64] Die effektive Erzeugung — nicht die potentielle Leistung! — bei achtstündiger Arbeitszeit während 300 Tagen.

[65] Für die Erklärung dieser großen Unterschiede siehe S. 43, Anm. 60.

[66] Diese Produktionsziffern stellen weder das Minimum noch das Maximum dar und haben nicht nur für die Gegenwart, sondern teilweise auch schon für die Zeit vor Ausbruch des Ersten Weltkrieges Gültigkeit.

[67] Wegen der rückläufigen Ausnutzung des Handdruck-Produktionsapparates zugunsten des Walzendruck-Produktionsapparates muß jedoch angenommen werden, daß je Drucktisch im Mittel nur noch zwei Arbeitskräfte Gesamtpersonal Beschäftigung fanden statt drei wie bisher. Vgl. Tab. 10 a, S. 63.

Während uns diese beiden Tabellen (1 und 2) die realen durchschnittlichen Betriebsgrößen vor Augen führen, geht aus Tab. 4 der reale tatsächliche Umfang einzelner Großdruckereien hervor. In erster Linie fällt der Umfang des größten englischen Betriebes im Jahre 1873 auf, dann aber auch derjenige der beiden Unternehmen des Elsasses und Italiens mit ca. 100 resp. 70 Maschinen. Hiebei dürfte es sich um die beiden bedeutendsten Unternehmen der Gegenwart und Europas handeln[68], von der Trustbildung in England abgesehen. Sonst gilt im allgemeinen, daß selbst Betriebe mit 30 Maschinen noch verhältnismäßig selten sind. Auf dem Kontinent am häufigsten vertreten ist anscheinend der Mittelbetrieb mit vier bis fünfzehn „Rouleaux".

Die theoretisch errechneten Größen der Beschäftigtenzahl und des Produktionsvolumens weichen von Fall zu Fall mehr oder weniger von der Wirklichkeit ab, wie aus den Anmerkungen zu Tab. 4 hervorgeht. Trotzdem vermögen sie einigen Aufschluß zu geben über die wirtschaftliche Bedeutung dieser Unternehmen, sei es für die Vorlieferanten im allgemeinen, sei es für den Standort im besonderen.

Fragen wir nun noch nach den Ursachen der unterschiedlichen Betriebsgrößen, so scheint es, daß sie vor allem in vier Momenten zu suchen sind: im zeitlichen Moment, im wirtschaftspolitischen, im örtlichen sowie im gegenständlichen. Keine der schweizerischen Manufakturen, und u. a. auch nicht Schüle in Augsburg, hätte sich im 18. Jahrhundert in der bekannten Weise entfalten können (vgl. Tab. 3), wenn nicht eine beachtliche Ausfuhr möglich gewesen wäre. Als dann im 19. Jahrhundert die Industrialisierung und Zollerhöhungen einen grundlegenden Wandel der bisherigen Verhältnisse schufen, wuchsen in erster Linie die Druckereien jener Länder in die Breite, denen ein ausgedehnter Markt mit großer Kaufkraft gesichert war. Mit dieser Expansion lief aber zugleich eine Arbeitsteilung parallel und damit eine Entwicklung, die auch den Mittel- und Kleinbetrieben zum Vorteil gereichte. Indem sich mit der Kapitalakkumulation üblicherweise die Ausrichtung auf die Massenfabrikation verband, wurde den mittleren und kleinen Betrieben das weite Feld der Spezialisierung und der Erzeugung relativ hochwertiger Artikel zugewiesen. Nur so wird die Blüte der glarnerischen Druckerei zu einer Zeit erklärlich, als bereits billige und billigste Walzendruckware das orientalische Absatzgebiet überschwemmt hatte, und auch nur so findet das Vordringen des arbeitsintensiven Filmdrucks seine Begründung und die Erhaltung der Kleindruckerei ihre Legitimierung, als Mechanisierung und Konzentration zeitgemäßer schienen.

[68] Der elsässische Betrieb arbeitete vor Ausbruch des Zweiten Weltkrieges nur noch mit einer stark reduzierten Anzahl Maschinen. Die andern Maschinen waren stillgelegt.

Tab. 4. Anzahl der Walzendruckmaschinen einiger Groß- und Größtbetriebe der hoch- und spätkapitalistischen Wirtschaftsepoche und hypothetische Zahl der Arbeitskräfte sowie hypothetischer Umfang der Jahresproduktion.

Land	Zeitpunkt	Betrieb[1]	Anzahl der Walzendruckmaschinen	Theoretische Zahl der Arbeitskräfte bei Einschichtenbetrieb[2]	Theoretische Jahresproduktion bei Einschichtenbetrieb Insgesamt[2] m, ca.	Literaturnachweis bzw. Quelle
England	1873 (!)	mehrere	je ca. 21[3]	je 630	je 15 750 000	Jenny-T., S. 621
	„	1	42[4]	1260	31 500 000	
Rußland	1900	1	21	630	15 750 000	Bull. 1901, S. 374 f.
	„	1	18	540	13 500 000	
Deutschland	1881	1	18	540	13 500 000	Nach erh. Auskunft
	1900		25	750	18 750 000	
	Gegenwart	mehrere	zwischen 15 und 30 je B.	450 bis 900	11 250 000 bis 22 500 000	
Italien	1907	1	36[5]	1080	27 000 000	Bull. 1907, S. 137
	1939		70	2100	52 500 000	Nach erh. Auskunft
Elsaß	1842	1	2	60	1 500 000	Histoire, S. 466 f.
	1869		10	300	7 500 000	
	1894		22	660	16 500 000	
	1870	1	4	120	3 000 000	Histoire, S. 450
	1899		28	840	21 000 000	
	1930		ca. 100	ca. 3000	ca. 75 000 000	Nach erh. Auskunft

[1] Zweigbetriebe sind mit dem Stammbetrieb zu einer Einheit zusammengefaßt. Die Trustbildungen wurden nicht berücksichtigt.

[2] Die Zahl der Arbeitskräfte umfaßt das Druck-, Zu- und Ausrüstungspersonal sowie die Angestelltenschaft.

Um einen einheitlichen Überblick zu erhalten, haben wir vereinfacht. Ungeachtet der zeitlich, produkt- und absatzmäßig bedingten Unterschiede in der Erzeugung brachten wir durchwegs 30 Arbeitskräfte Gesamtpersonal je Druckmaschine und Achtstundentag in Ansatz sowie eine Jahresproduktion von 750 000 Metern. Wie aus den nachfolgenden Fußnoten 3, 4 und 5 hervorgeht, weichen unsere Berechnungen der Produktionsvolumina von Fall zu Fall mehr oder weniger von der Wirklichkeit ab. Sie sind also keineswegs als Versuch zu betrachten, die tatsächliche personale Betriebsgröße oder den tatsächlichen Produktionsumfang zu ermitteln. Im Gegensatz zu den englischen, italienischen und russischen Erzeugungsmengen, die in Wirklichkeit die theoretisch errechneten Produktionsumfänge überstiegen, lagen insbesondere im letzten Jahrhundert die Produktionsmengen der elsässischen und teilweise auch der deutschen Betriebe effektiv wesentlich tiefer.

[3] Von uns errechnet auf Grund der Angabe, daß jeder dieser Betriebe jährlich „über 500 000 Stücke à 50 yards" lieferte und (vgl. Anm. 4) mit 42 Maschinen mindestens 1 Million Stücke à 50 Yards erzeugt wurden.

[4] Größter Betrieb Englands im Jahre 1873. Er produzierte damals „mindestens 1 Million Stücke à 50 yards". Nach Jenny-Trümpy, a. a. O.

[5] Mit diesen 36 Walzendruckmaschinen und zwölf Perrotinen wurden jährlich 50 Millionen Meter gedruckt (a. a. O.).

Der Produktionszweck zwingt zur Anwendung eines spezifischen Verfahrens und erfordert eine adäquate Betriebsgestaltung. Aus technischen und organisatorischen Gründen ist eine bestimmte Mindest-, aus kalkulatorischen Rücksichten die Respektierung der relativen Optimalgröße notwendig. Diese wie jene schwanken aber nicht nur nach Ort und Zeit, sie schwanken auch nach der Fabrikationsmethode und dem Produkt. Das Optimum, und damit die Betriebsgröße ganz allgemein, werden also einerseits von der Produkt- und Produktionsseite her bestimmt, anderseits aber sind sie weitgehend abhängig von der Absatzmöglichkeit. Deshalb die erheblichen Unterschiede innerhalb eines Landes und zwischen verschiedenen Ländern, und deshalb auch die ausgeprägte Individualisierung, die in Verbindung mit dem einzelnen Betrieb und seiner Größe anzutreffen ist.

II. Arbeitsweise und berufliche Differenzierung.

Abgrenzung des Gegenstandes.

Im folgenden wird versucht, die Formen der Wirtschaftsführung und der Technik herauszuarbeiten, die während der Perioden des handwerklichen, des Manufaktur- und des Fabrikbetriebs jeweils vorgeherrscht haben. Gleichzeitig sollen die Art und die Wirkung der Revolutionierung der Produktionsverfahren aufgewiesen und alsdann die Zusammensetzung der Arbeiterschaft ermittelt werden sowie die Bedeutung der einzelnen Arbeiterkategorien. Von der näheren Beschreibung des Produktionsapparates und des Arbeitsganges sehen wir ab und verweisen auf die einschlägige Literatur[69]. Für den Nationalökonomen ist es wichtiger, die

---

[69] Von den auf S. 16 f. angeführten Werken kommen vor allem in Frage die Schriften von: Bi-Centenaire . ., R. Haller, Histoire documentaire . ., Adolf Jenny-Trümpy, Karl Kasper (populär-wissenschaftliche Darstellung mit vielen Illustrationen), Jean Ryhiner, ferner u. a.: E. Grandmougin, Artikel „Druckerei" in Enzyklopädie der technischen Chemie, herausgegeben von Prof. Dr. F. Ullmann, Berlin und Wien 1916, Bd. IV, S. 91 — 208, sowie Handbuch des Zeugdrucks, herausgegeben von Prof. Dr. Georgievics, Prof. Dr. R. Haller und Dr. L. Lichtenstein, Leipzig 1930. — Im weiteren sei auf unsere vorangegangenen Ausführungen: Entwicklung der Produktionstechnik (Erster Teil, Kapitel IV) verwiesen.

personalen und sachlichen Charakteristika zu beleuchten, die mit einer Produktionsmethode und ihrer Veränderung verbunden sind, als technische Einzelheiten aufzuzählen. Auch die Steigerung des Produktionsumfanges und die Senkung der Preise, ermöglicht durch den technischen Fortschritt, werden nur gestreift. Da wir uns aber insbesondere mit dem ersten Sachverhalt an anderer Stelle eingehender befassen werden, ist die vorläufige Abstraktion lediglich als methodisch bedingt aufzufassen, vorgenommen im Interesse einer gedanklich faßlicheren Darstellung.

1. Die Arbeitsweise.

a) Die Arbeitsweise im Handwerks- und primitiven Manufakturbetrieb.

Was für das Handwerk des Vor- und Frühkapitalismus im allgemeinen gilt, trifft auch für den Zeugdruck dieser Periode im besonderen zu. Er war traditionalistisch eingestellt und darum neuerungsfeindlich. Ja, man kann sogar sagen, daß die Technik während dieser großen, viele Jahrhunderte umfassenden Zeitspanne im Prinzip stationär geblieben ist. Seit dem Aufkommen dieses Gewerbes in Europa und bis zur Übernahme des Indiennedruckverfahrens sind weder entscheidende Änderungen eingeführt noch bemerkenswerte Fortschritte erzielt worden. Selbst der Übergang zur Indiennes-Imitation im primitiven Manufakturbetrieb brachte noch während eines ganzen Jahrhunderts keinen umwälzenden Wandel der Erzeugungstechnik. Wohl wurde das chemische Verfahren durch Aufnahme der indischen Reserve- und Beizmethode wesentlich bereichert, erfuhr die mechanische Fabrikationsweise durch Verschärfung der Modelgravur und Benutzung gravierter Kupferplatten eine Verfeinerung, wurde die Vor- und Nachbehandlung durch Einführung der Mangel und Glänzpresse erleichtert. Trotzdem waren und blieben der Drucktisch, der Model und der Pinsel die wichtigsten Arbeitsmittel. Die Zurüstung der Stoffe: waschen, klopfen, stärken, glätten bzw. mangeln[70] erfolgte nach wie vor von Hand bzw. vermittels Handantrieb oder Handbedienung, desgleichen die Herstellung der Druckformen sowie der Illuminationsprozeß selber und ebenfalls die sich anschließende Nachbehandlung: waschen, stampfen, spülen, glätten bzw. mangeln und glänzen[70], sofern die vorgenommene Musterung überhaupt diese oder auch nur einzelne dieser Operationen schon zuließ. Die Roh- und Farbmaterialien gehörten weiterhin fast ausschließlich dem Tier- und Pflanzenreich an; die Bleiche überließ man der Natur — der Mensch, das Wasser, die Sonnenstrahlen und der Wind waren noch immer die Kräfte, die bei der Herstellung genutzt wurden.

---

[70] Um nur die allgemeinen und wichtigsten Operationen zu nennen.

„Empirisch-organisch" nennt Sombart die Technik jener Zeit, und empirisch-organisch kann in der Tat auch das damalige Verfahren des Zeugdrucks bezeichnet werden. Organisch, weil zur Erreichung des technischen Zweckes vorwiegend natürliche Produkte und die Hilfe der lebendigen Natur herangezogen wurden; empirisch, weil allein für wahr galt, was die Praxis gelehrt und die Wiederholung bestätigt hatte. Die überkommenen Regeln dienten als Richtschnur, die subjektiv erworbenen Sonderkenntnisse waren sorgfältig behütetes Gut, das wie ein kostbares Besitztum nur dem Nahestehenden anvertraut wurde.

Im Arbeitsgang hatte allerdings eine bedeutungsvolle Umgestaltung Platz gegriffen. Was bisher komplexe, von einer Person besorgte Werkverrichtung war, zerfiel nun in eine Vielheit von Teilverrichtungen, verteilt auf verschiedene, spezialisierte Berufsarten. Sie wurden aus der Einzelwerkstatt des handwerklichen Druckers herausgenommen und in die aufgelockerte Betriebsanlage des Manufakturisten verlegt, ins Wasch- oder Panschhaus, auf die Bleichmatten, in die Walkmühle, an die Mangel, Kattunrolle und Glänzpresse[71], in die Tischlerwerkstatt und Modelstecherei, in die Farbküche mit den Drogenlagern und dem Experimentierraum, ins Druckereigebäude mit den Druck- und Malstuben, ins Färbehaus mit den eingelassenen Farbbassins oder kupfernen Farbkesseln, in die Hänge und ins Lager- sowie Versandhaus.

Der Automatisierung des mechanischen und der „Verwissenschaftlichung" des chemischen Verfahrens, die wir nunmehr betrachten werden, war die technische Arbeitsteilung vorangegangen und hatte die Einführung und Entwicklung der neuen Produktionsmethoden wesentlich begünstigt.

b) Die Umgestaltung der Arbeitsweise durch die technische Revolution.

Die Relevanz des technischen Fortschritts für die Wirtschaft geht aus der Tatsache hervor, daß er „dem Kapitalismus nicht nur seinen dynamischen Charakter verleiht, sondern auch die Sachgestalt seiner Produktionsordnung erklärt[72]". Diese weist sowohl in der Konsum- als auch in der Produktivgütererzeugung die Verlängerung der Produktionsumwege als hervorstechendes Merkmal auf, jener äußert sich in beiden Sphären der Erzeugung durch die dauernde Verbesserung der Verfahren.

Nach unseren vorangegangenen Ausführungen muß die bisherige Technik des Zeugdrucks als stationär angesehen werden. Nun wurde sie revolutionär, womit der Übergang zur dynamischen Wirtschaftsweise vollzogen wird. Es änderte sich nicht nur das mechanische Verfahren und vervollkommnete sich fortwäh-

[71] Dieser Vorrichtung bediente man sich erst in der Nachbehandlung.
[72] V. F. Wagner, Geschichte der Kredittheorien, Wien 1937, S. 439.

rend, es änderte sich auch die chemische Fabrikationsmethode und verbesserte sich ununterbrochen.

Worin bestand diese Umwälzung, die sowohl einen Wandel der Arbeitsweise als auch einen solchen der ökonomischen Verfassung herbeigeführt hatte?

Stellen wir zunächst das Wesensmerkmal der Änderung im Bereich der Zeugdruckmechanik fest. Merken wir uns alsdann, daß die gleiche Erscheinung auch in anderen Gewerben auftrat. Vergegenwärtigen wir uns schließlich, welches Ereignis sich an diese Umgestaltung knüpfte, wieweit es mit dem Aufkommen des Zeugdrucks in Verbindung zu bringen ist und weshalb es sich so wirkungsvoll offenbart.

aa) Die Revolutionierung des mechanischen Verfahrens. Der grundlegende Wandel, d. h. die Mechanisierung im Zeugdruck, trat mit der Einführung der Arbeitsmaschine ein. Im Textildruck wurde nicht nur die vor- und nachbehandelnde Arbeit in vermehrtem Maße mechanisiert, auch die eigentliche gestaltende, bisher nur manuell ausgeübte Arbeit: der Druckprozeß und zum Teil ebenfalls die Gravur konnten bald automatisch ausgeführt werden. Parallel liefen die Mechanisierung des Spinn- und Webaktes sowie die Erfindung der Bewegungsmaschine, also die Automatisierung des Triebwerks. Wohl hatten die Produktionsumwege eine Verlängerung erfahren; der direkte Erzeugungsprozeß des Konsumgutes war aber wesentlich beschleunigt worden. Energien hatten sich entfaltet, welche die materielle Existenz zu verbessern, ein höheres Wirtschaftssystem zu bereiten suchten. In England begann diese Entwicklung um die Mitte, in ausgeprägterer Weise im letzten Viertel des 18. Jahrhunderts, auf dem Kontinent zu Beginn des 19. Jahrhunderts.

Geht nun die „gesamte industrielle Revolution", also die Anfangsphase der eben angedeuteten neuen Wirtschaft, von der Textilindustrie und innerhalb dieser vom Zeugdruck aus, wie Werner Sombart pointierend hervorgehoben hat[73]? Fast scheint, daß er mit dieser These seine früher geäußerte Ansicht revidierte[74], die nach ihrem universalgeschichtlichen Gehalt eher der Wirklichkeit entsprechen dürfte[75].

---

[73] Vgl. unsere einführenden Andeutungen auf S. 2 f. und 7 bzw. Der moderne Kapitalismus, a. a. O., Bd. II/2, S. 884 ff. und Bd. III/1, S. 505 ff.

[74] „Nun soll gewiß nicht geleugnet werden, daß die technischen Umwälzungen, die die Textilindustrie im 18. Jahrhundert erlebte, von entscheidender Bedeutung für den Verlauf des Wirtschaftslebens geworden sind. Aber sie sind doch immer nur im Zusammenhange mit den andern grundstürzenden Neuerungen in jener Zeit zu betrachten und demgemäß zu bewerten." (Der moderne Kapitalismus, a. a. O., Bd. I, S. 497.)

[75] Die Konzeption, die Sombarts Werk, Der moderne Kapitalismus, zugrunde liegt, berechtigt wohl zur Annahme, daß Sombart unter den „grundstürzenden Neuerungen" — siehe obige Anm. 74 — auch die Umwälzungen in der außerökonomischen Sphäre verstanden haben will, allerdings mit einer Einschränkung hinsichtlich der politischen Ereignisse.

Was hat Sombart bewogen, gerade dem Zeugdruck nunmehr diese dynamische Wirkung zuzuschreiben?

Einmal ist festzustellen, daß die Errichtung von Zeugdrukkereien für manche Gegend ganz unbestreitbar den Ausgangspunkt der Industrialisierung gebildet hatte[76]. Dann muß berücksichtigt werden, daß die bisherige Verarbeitung von Baumwolle ebenfalls ganz unstreitig durch das Aufkommen der bedruckten Stoffe kräftig gefördert worden war. Wenn aber die Mechanisierung der Spinn- und Weberei, die Rationalisierung des Bleichverfahrens[77] und der Ausbau der vorgelagerten Industrien[78], der auf Grund des technologischen Zusammenhangs der einzelnen Wirtschaftszweige erfolgte, ausschließlich auf die „Spinner- und Bleichnot" bzw. auf die große Nachfrage nach Druckböden und letzlich gar auf „. . eine Modelaune . . : die Vorliebe für . . . die Indiennes . . .[79]", zurückgeführt werden, so erhebt sich unwillkürlich die Frage, ob dies nicht eine überspitzte Behauptung ist. Hierauf kann geantwortet werden, daß zweifellos eine starke Vereinfachung vorliegt. Doch ist zu beachten, daß es Sombart daran lag, den Faktor resp. das Gewerbe aufzuweisen, von welchem jene „erste nachhaltige Nachfrage[80]" ausgegangen war, welche die Entwicklung der Baumwollindustrie wesentlich vorangetrieben hatte. Auch ist offensichtlich, daß die Untersuchung in der Baumwollindustrie angesetzt werden mußte, denn diese stand zu Beginn der hochkapitalistischen Wirtschaftsepoche im Vordergrund der technischen Revolution, und sie war es auch, die durch ihre staunenswerte Entfaltung in erheblichem Maße die Entwicklung der Produktionsmittel- und Basisindustrien sowie der gesamten Wirtschaft überhaupt veranlaßt hatte.

Von einem Ursachenmonismus kann selbstverständlich nicht die Rede sein; auch Sombarts Gesamtwerk zeigt dies zur Genüge. Seine These ist nur nicht zu eng zu interpretieren, sondern im historischen Zusammenhang. Es darf ohne weiteres angenommen werden, daß auch der Konsum anderer als bedruckter Baumwollstoffe[81] erheblich zur Beschleunigung der Spinn- und Webprozesse beigetragen hatte. Ebenso ist u. a. die Erfindung der Dampfmaschine für die Entwicklung des Maschinenbaus, folglich — wiederum auf Grund der Interdependenz der Gewerbe — auch für die Steigerung der Eisenproduktion, die Ausdehnung der Ver-

---

[76] Für nähere Ausführungen siehe Kapitel III/2: Standortsorientierung.

[77] Zur Wahrung des Gesamtzusammenhangs führen wir diese Erscheinung schon an dieser Stelle kurz an, kommen hierauf aber im nächsten Abschnitt: „Die Revolutionierung des chemischen Verfahrens" nochmals zurück.

[78] Maschinenbau, Eisenproduktion, Verhüttung, Bergbau.

[79] A. a. O.

[80] A a O., Bd. II/2, S. 876; vgl. alsdann wiederum id., S. 884 ff.

[81] Die Umschichtung des Verbrauchs an Textilien zugunsten der Baumwolle, die mit den großen Bezügen aus Ostindien einsetzte, war damals in vollem Gang.

hüttung und die Ausweitung des Bergbaus, eminent wichtig gewesen.

Die Technisierung, dieses tragende Element der industriellen Revolution, war, um den ganzen Sachverhalt mit wenig Worten zu skizzieren, dem regsamer gewordenen kapitalistischen Geist entsprungen[82], gleich wie auch ihm die Einfuhr der Indiennes und großenteils ebenfalls ihre Imitation in der Manufaktur zu verdanken sind[83]. Dem technologischen Zusammenhang der verschiedenen Gewerbezweige und vor allem der Verlängerung der Produktionsumwege ist es aber zuzuschreiben, daß sich der Wandel des sachlichen Aspekts, der den Übergang vom Früh- zum Hochkapitalismus charakterisiert, so eindrucksvoll abzeichnet.

bb) Die Revolutionierung des chemischen Verfahrens. Ging die Revolutionierung der Zeugdruckmechanik von England aus, so diejenige der Zeugdruck c h e m i e zur Hauptsache vom Kontinent. Die Umwälzung setzte aber erst ein Menschenalter später ein als beim mechanischen Verfahren und vollzog sich wegen der schwierigen Erforschung der theoretischen Grundlagen wesentlich langsamer.

Der Auftakt erfolgte noch Ende des 18. Jahrhunderts auf der Veredlungsstufe der Bleiche. Die wachsende Nachfrage nach baumwollenen Druckböden hatte neben der Spinnernot auch die Bleichnot wenn nicht hervorgerufen, wie es S o m b a r t vereinfachend darstellte, so doch verschärft und das künstliche Bleichverfahren[84] „erzwungen", die — wiederum nach S o m b a r t[85] — Grundlage der „gesamten modernen chemischen Großindustrie".

Mangels der nötigen chemischen Kenntnisse sind wir nicht in der Lage, auch diese These näher zu prüfen. Es kann jedoch kaum bezweifelt werden, daß der Zeugdruck auf diesem Wege indirekt zur Entwicklung der chemischen Industrie beigetragen hat. Direkt und vielseitiger war aber nach unserer Meinung sein Einfluß auf f a r b chemischem Gebiet.

Betrachten wir zunächst die Arbeitsweise und die Umwälzung, die sie erfuhr, und erst nachher die markantesten ökonomischen Auswirkungen.

Gleich wie der manuellen Ausübung des Druckaktes, hatte bisher auch der Durchführung der Illumination und Fixation der

[82] Seine Quellen auch nur andeutungweise anzugeben, würde zu weit führen und gehört nicht hieher.

[83] Auf die Mitwirkung des psychologisch-soziologischen Phänomens und anderer Faktoren sei hier nicht mehr eingegangen. Siehe dieserhalb S. 6 und 14 ff.

[84] Nach A. J u v e t - M i c h e l (Von der Technik des französischen Zeugdrucks, in Ciba-Rundschau 28, a. a. O., S. 1034) hat Berthollet, der gelehrt hatte, das Chlor zum Bleichen der Gewebe anzuwenden, mit seinem Schüler Samuel Widmer die Schnellbleiche experimentell erprobt. — Samuel Widmer war Neffe und chemischer Mitarbeiter Oberkampfs in Jouy, der seinerseits selber wieder in regem Verkehr mit Berthollet stand!

[85] A. a. O., Bd. II/2, S. 886.

Farbmittel „une routine aveugle[86]" zugrunde gelegen. Von den chemischen Prinzipien, auf welchen die praktische örtliche Färbung in all ihren Teilen beruht, wußten die meisten Drucker resp. Koloristen, denen in der arbeitsteiligen Manufaktur der färbetechnische Bereich der Produktion anvertraut war, noch nichts. „Das Recept beherrschte die damals koloristische Welt[87]". Es fußte auf der Erfahrung, die — wir erinnern uns — allein galt.

Mit der Begründung der modernen Chemie im letzten Viertel des 18. Jahrhunderts war nun der Anfang zu einer allmählichen Abkehr von dieser Arbeitsweise gegeben. Das auf wissenschaftlicher Erkenntnis aufgebaute Verfahren setzte sich immer mehr durch und verdrängte schließlich die vom alten Koloristen empirisch abgeleiteten Regeln[88].

Auf den ersten Blick dünkt einen diese Umstellung wenig wichtig. Ihre Bedeutung wird aber sofort offenbar, wenn man sich vergegenwärtigt, daß die örtliche Färbung nunmehr von einer Geheimkunst, die in der Volksphantasie sogar etwas vom Schimmer der Alchemie umgeben war, zu einem sowohl öffentlich diskutierten Gegenstand[89] als auch öffentlich gelehrten Unterrichtsfach[90] wurde und erst durch Anwendung chemischer Theorie eine wesentliche Förderung erfahren konnte.

Wie hat sich nun diese Entwicklung letztlich ausgewirkt?

Abgesehen von der Befruchtung der allgemeinen farbchemischen Forschung — die hier nicht weiter interessiert — sind vor allem nachstehende drei Erscheinungen ökonomisch relevant.

Erstens erfolgte eine Rationalisierung der Fabrikationsmethode, verbunden mit einer Steigerung der Ergiebigkeit. Auch wurde eine qualitative Verbesserung des Erzeugnisses und eine Erweiterung seines Musterungsbildes erzielt und, als Folge hievon, eine Ausweitung der Produktion, ermöglicht durch die Gewinnung neuer Absatzmärkte. Manifestierten sich diese Änderungen kaum außerhalb des Bereiches des Zeugdruckgewerbes, so fanden die folgenden auch in den vorgelagerten Industriezweigen ihren Niederschlag.

Um die Abwicklung der chemischen Prozesse zu ermöglichen, mußte eine Apparaturanlage[91] eingerichtet werden. Dadurch wurde

---

[86] Histoire . . . , Bd. I, S. 300.

[87] R. Haller in Melliand . . . , 1935, S. 505 f.; vgl. auch R. Haller, Rückblick auf die Vergangenheit der Textilveredlung, in Melliand . . . , 1938, S. 186 ff.

[88] Bezüglich der Stellung des Chemiker-Koloristen, dem diese Entwicklung zu verdanken ist, siehe Abschnitt 2: Qualifikation der Arbeit . . .

[89] In Fachwerken, „Journalen", „Magazinen" und periodisch erscheinenden Zeitschriften. Von letzteren ist vor allem das von uns häufig zitierte „Bulletin . " zu nennen, das seit 1828 monatlich herausgegeben wird.

[90] Beispielsweise in Mülhausen und Straßburg (nach v. Kurrer, 1844, a. a. O., S. 106 f.).

[91] Wir denken hiebei in erster Linie an die verschiedenen Dämpfapparate zur Entwicklung und Fixierung der Farbmittel und an die Naphtholklotzerei.

in zweiter Linie die metallverarbeitende Industrie von einer neuen Seite her alimentiert, ihr Produktionsvolumen also ausgedehnt.

Bisher waren die einzelnen Druckereien gezwungen gewesen, die Herstellung bzw. Zubereitung der meisten Farb- und Hilfsmittel in langwieriger Arbeit selber vorzunehmen. Mit dem Aufkommen der synthetischen Farbstoffe hatten aber mehr und mehr eigentliche Farben- und Chemikalienfabriken diese Tätigkeiten an sich gezogen. Auch wußten sie mit ihrem Stab hochqualifizierter, wissenschaftlich gebildeter Chemiker allmählich ebenfalls die experimentierende und erfinderische Betätigung fast vollkommen an sich zu reißen. Eine gesellschaftliche Arbeitsteilung hatte sich vollzogen, und damit ist das dritte und volkswirtschaflich wichtigste Phänomen genannt. Ehemalige Teilverrichtungen und Funktionen der Druckereien waren auf neue, selbständige Unternehmen übergegangen. Der Textildruck wurde zugunsten der reinen Veredlungsarbeit entlastet, die junge chemische Industrie aber zum Vorteil der Fabrikation der Farb- und Hilfsmaterialien in ihrer Entwicklung wesentlich begünstigt[92].

cc) **Die Steigerung der Produktivität.** Unsere nachfolgende Darstellung, mit der die Steigerung der Leistungsfähigkeit als Resultat der eben skizzierten Umgestaltung der Arbeitsweise herausgearbeitet werden soll, erfährt von zwei Seiten her eine Einschränkung.

Hinsichtlich des chemischen Verfahrens sehen wir uns gezwungen, von einer näheren Analyse abzusehen. Es ist zwar ohne weiteres möglich, aufzuweisen, daß die Ersetzung der Rasenbleiche durch die chemische Schnellbleiche den Bleichprozeß von — je nach Witterung — mehreren Wochen oder gar Monaten auf ein paar Tage reduzierte. Welche Ersparnis an Arbeitskraft und Zeit die chemisch-technischen Verbesserungen aber auf dem Gebiet der örtlichen Färbung selber bewirkten, können wir nicht ermitteln. Ein Problemkomplex, der mit so vielen technischen Komponenten und Aspekten durchsetzt ist, vermag nur vom Chemiker entwirrt zu werden. Wir müssen uns mit der allgemeinen Feststellung begnügen, daß sowohl die Rationalisierung der Gewebeillumination und Fixation der Farbmittel, als auch die Änderung in deren Herstellung in einer Hebung der Arbeitsproduktivität resultierte. Zu diesem Ergebnis, das auf Grund einiger Induktionen gewonnen wurde, dürfte zweifellos ebenfalls eine Spezialstudie des Chemikers gelangen. Vielleicht vermöchte eine technische Untersuchung das Resultat sogar größenmäßig auszudrücken. Wir hegen

---

92 Zur Orientierung über die Bedeutung der chemischen Industrie für die Entwicklung der Wirtschaft im allgemeinen, sei verwiesen auf: A. Wilhelm, Die chemische Industrie im Rahmen der modernen Wirtschaftsentwicklung, Vortrag, abgedruckt in Zeitschrift für Schweizerische Statistik und Volkswirtschaft, 72. Jahrgang, Heft 1, 1936.

jedoch in dieser Beziehung insofern einigen Zweifel, als es nur schwer gelingen dürfte, jenen Mehraufwand zu eruieren und proportional einzurechnen, der durch Verlängerung der vorgelagerten Teilprozesse des Gesamtproduktionsprozesses entstand, und der berücksichtigt werden muß, also z. B. der erhöhte Aufwand im Apparatebau, in der Herstellung der Farb- und Hilfsmaterialien usw. sowie u. a. auch derjenige des Forschers im Laboratorium.

Der zuletzt genannten Schwierigkeit begegnen wir ebenfalls, sobald wir die Verhältnisse in der Sphäre des mechanischen Verfahrens untersuchen. Sie äußert sich hier sogar noch offensichtlicher. Betrachten wir aber zunächst die Auswirkungen des mechanisch-technischen Fortschritts hinsichtlich der unmittelbaren Leistungssteigerung und untersuchen wir erst nachher, inwieweit das Ergebnis Anspruch auf Gültigkeit haben kann.

Es steht fest, daß der Druckprozeß nicht nur durch die Automatisierung beschleunigt wurde, sondern auch durch die Rationalisierung der einzelnen Techniken. Der Automatisierung kommt zwar, wenn nur der reine Druckprozeß berücksichtigt wird, die weitaus größere Bedeutung zu, die Rationalisierungen haben aber ebenfalls die Leistungsfähigkeit in nicht unerheblichem Maße zu erhöhen vermocht. Einerseits wurde dadurch eine Steigerung der Arbeitsintensität[93] ermöglicht oder gar erzwungen; anderseits erfuhr auch die Produktivität der Arbeit eine Erhöhung; im Handdruck beispielsweise durch Verwendung längerer Tische und größerer Model sowie durch bessere Aufteilung der Muster in die einzelnen Modelpartien; im Walzen- und Perrotinedruck dagegen durch maschinentechnische Verbesserungen.

Über das Ausmaß der Hebung der Arbeitsleistung geben die Tab. 5 und 6 Aufschluß[94]. Während Tab. 5 über die Fortschritte orientiert, die aus der Rationalisierung der einzelnen Verfahren resultierten, geht aus Tab. 6 die Leistungssteigerung hervor, welche die Automatisierung mit sich brachte, also die Einführung des Walzendrucks[95]. Aus dem Vergleich der Leistungen je

---

[93] Aufwand an Energie je Arbeitskraft während einer bestimmten Zeit.

[94] Das Ziffernmaterial dieser und der folgenden Tabellen 7, 8 und 9 stellt durchschnittliche Größen dar und weicht von der Wirklichkeit von Fall zu Fall mehr oder weniger ab. Auch ist zu beachten, daß es sich um mittlere Zahlenwerte handelt, die auf Grund der Jahresproduktion errechnet sind. Wenn nur auf die Leistung abgestellt würde, die während einer Stunde ununterbrochenen Druckens erzielt wird, so ergäben sich insbesondere bei Walzendruck wesentlich höhere Größenordnungen, können doch heute auf einer Walzendruckmachine neuester Konstruktion in einer Minute bis zu 200 Meter gedruckt werden! (Letztere Angabe nach Bi-Centenaire . . . , S. 48, linke Spalte, oben.)

[95] Von der Berücksichtigung der Perrotine sei hier und in den Tabellen 7 bis 9 abgesehen, da sich dieses Arbeitsmittel nur ganz vereinzelt über das 19. Jahrhundert hinaus zu halten vermochte und vorher lediglich eine relativ beschränkte Verbreitung gefunden hatte. Vgl. dieserhalb Tab. 10 a, Anm. 3, S. 63.

Tab. 5. **Ungefähre Steigerung der Arbeitsleistung im Druckprozeß, erzielt durch Rationalisierung.**

Produktionsapparat und Artikel (Kleiderstoff-Ware)	Mittlere Leistung in Fertigmetern je Stunde (Jahresdurchschnitte)				Leistungssteigerung Verhältnis Früh- bzw. Anfangsperiode	
	1770 bis 1790 ca.	1830er Jahre[1] ca.	Ende des 19. Jahrh. ca.	Gegenwart ca.	zu Ende des 19. Jahrh. ca.	zur Gegenwart ca.
Handdruck 1 Drucktisch mit 2 Arbeitskräften Druckpersonal[2]. Ein- bis mehrfarbig, mehrheitl. aber wenigfarbig	2,5[3]		6—7[4]	6—7[5]	1 : 2,6	1 : 2,6
Gleiche Leistung, auf 1 Arbeitskraft reduziert	1,25		3—3,5	3—3,5	1 : 2,6	1 : 2,6
Walzendruck 1 Maschine mit 6[6a] (bis gegen Ende d. 19. Jahrh.) bzw. 3 1/3[6b] (Gegenwart) Arbeitskräften Druckpersonal. Ein- bis mehrfarbig, mehrheitl. aber wenigfarbig		270[7]	350[4]	400—450[5]	1 : 1,3	1 : 1,6
Gleiche Leistung, auf 1 Arbeitskraft reduziert		45	58	130	1 : 1,3	1 : 3
Perrotinedruck 1 Maschine mit mechanischem Antrieb und 1 Drucker sowie 1/3 Hilfskräften bzw. anfänglich 2 jugendl. Streichern Druckpersonal. Drei- bis fünffarbig		85—90[8]				
Gleiche Leistung, auf 1 Arbeitskraft reduziert		28—30	66[9]		1 : 2,3	
					verglichen mit Handdruck	
					1770/90 zur Gegenwart	Gegenwart z. Gegenwart[10]
Filmdruck 1 Drucktisch von ca. 40 m Länge mit 2 Arbeitskräften Druckpersonal. Ein- bis mehrfarbig, mehrheitl. aber wenigfarbig				20—25[5]	1 : 9	1 : 3,5
Gleiche Leistung, auf 1 Arbeitskraft reduziert				10—12,5	1 : 9	1 : 3,5

1 Anfangsperiode des mechanischen Mehrfarbendrucks.

2 Bei diesen Arbeitskräften handelt es sich um den Vordrucker, den Bödmer und die Rentrierer, zu denen in der alten Manufaktur noch das Streicherkind trat. Obwohl sich beim Mehrfarbendruck drei oder manchmal sogar vier verschiedene Arbeitskräfte am einzelnen Druckprozeß beteiligen, sind im Durchschnitt doch nur je zwei Personen je Tisch und Stunde beschäftigt.

3 Berechnet nach den Angaben bei Ryhiner, a. a. O., S. 140 ff., und R. Lévy, a. a. O., S. 93.

4 Berechnet nach den Angaben für das Jahr 1900 bei Jenny-Trümpy, a. a. O., S. 557.

5 Angaben nach erhaltener Auskunft.

6a Ein „Meister", zwei Erwachsene und drei jugendliche Arbeiter. Nach Jenny-Trümpy, a. a. O., S. 557.

6b Ein Drucker, ein Nebenmann, ein Hintermann und ein Mansardenmann (letzterer für drei Maschinen). Nach erhaltener Auskunft.

7 Schätzung nach den Angaben für Einfarbendruck in Histoire ..., a. a. O., S. 310, und bei Clouzot, a. a. O., S. 59, sowie nach den Angaben für Mehrfarbendruck bei Kurrer (1840), a. a. O., S. 114, und (1844), S. 224.

8 Berechnet nach den Angaben bei Kurrer (1840), a. a. O., S. 121, und (1844), S. 232 f., sowie bei Jenny-Trümpy, a. a. O., S. 505 f.

9 Durch die Einführung des mechanischen Selbststreichers, die bereits auf das Ende der 1830er Jahre zurückgeht, wurde die Zahl des Druckpersonals auf den Drucker und eine Hilfskraft für zwei bis drei Maschinen reduziert. Nach Jenny-Trümpy, a. a. O., S. 506.

10 Bei diesem Vergleich ist zu beachten, daß im Handdruck gelernte Drukker eingesetzt werden müssen, während im Filmdruck angelernte Arbeitskräfte und Hilfskräfte beschäftigt werden können.

Tab. 6. Leistungsvergleich zwischen dem Handdruck- und dem Walzendruck-Druckprozeß.

Verhältnis zur Zeit der Einführung des Mehrfarben-Walzendrucks. — Schätzung.

Artikel	Mittlere Stundenleistung (Jahresdurchschnitte)				Leistungssteigerung	
Kleiderstoff-Ware	Handdruck 1830er Jahre Leistung je Drucktisch mit 2 Arbeitskräften Fertigmeter, ca.		Walzendruck 1830er Jahre Leistung einer Maschine mit 6 Arbeitskräften Fertigmeter, ca.		Verhältnis Handdruck verglichen mit Walzendruck	
	insgesamt	durchschn. je Arbeitskraft	insgesamt	durchschn. je Arbeitskraft	insgesamt	durchschn. je Arbeitskraft
Ein- bis mehrfarbig, mehrheitlich aber wenigfarbig	3[1]	1,5	270	45	1 : 90	1 : 30

1 Schätzung nach den Angaben bei Jenny-Trümpy, a. a. O., S. 532

Druckapparat (Handdruck, Walzendruck), insbesondere aber aus dem Vergleich der Leistungen je Arbeitskraft und Verfahren, wird die Steigerung der Produktivität ersichtlich. Dieser Vergleich ist natürlich der entscheidende, denn die Größenordnung, die ohne Berücksichtigung der Zahl der jeweils beschäftigten Personen, d. h. des tatsächlichen Aufwands an Arbeit, zustande kommt, verdeckt den wirklichen Sachverhalt. Ermittelt ist das Verhältnis des Handdrucks zum Walzendruck, das zur Zeit der Einführung des letzteren bestanden hat[96], also das Verhältnis in den 1830er Jahren für den Mehrfarbendruck.

Nun ist aber zu beachten, daß diese Ziffern nur für den Druckprozeß gelten. Letztlich interessieren jedoch nicht die Verhältnisse in einem Teilbereich des Produktionsprozesses, sondern die Verhältnisse im Gesamtproduktionsprozeß. Außer dem Druckpersonal müssen also auch die Arbeitskräfte der Vor- und Nachbehandlung sowie des Warenein- und -ausgangs berücksichtigt werden, was natürlich dazu führt, daß das sich alsdann ergebende Resultat ebenfalls die Leistungssteigerungen einschließen wird, die hier und damit auch im Bereich des chemischen Verfahrens erzielt wurden[97]. Diese — betriebswirtschaftlich gesehen — gesamtheitlich ausgerichtete Untersuchung findet ihren Niederschlag in den Tab. 7 und 8. Das maßgebliche Verhältnis — nämlich dasjenige der durchschnittlichen Stundenleistung je Arbeitskraft im Handdruck zur durchschnittlichen Stundenleistung je Arbeitskraft im Walzendruck — ist nun nicht mehr 1 : 30 (Tab. 6), sondern nur noch 1 : 3,5 (Tab. 7 und 8, letztes Fach). Durch die Automatisierung wurde also wohl der Druckprozeß, d. h. die Druckproduktion — beispielsweise bei mehrfarbiger Ware — um das 90fache gesteigert (Tab. 6, Kolonne rechts, vorletztes Fach), wenn die Druckverfahren, oder um das 30fache, wenn der relative Aufwand an Arbeitskraft des Druckpersonals miteinander verglichen werden. Berücksichtigt man aber noch, was unumgänglich ist, die zur Bewältigung dieser enorm gesteigerten Druckerzeugung notwendig gewordene Erhöhung des Personals der vor- und nachgelagerten Teilverrichtungen, die bei weitem nicht im entsprechenden Maße vereinfacht worden waren und denen überdies meist auch die Handdruckware in unveränderter Weise unterzogen werden konnte[98], so ergibt sich lediglich eine Zunahme der

[96] Gemeint ist die Einführung auf dem Kontinent.

[97] Da die Verbesserungen des chemischen Verfahrens und der Arbeitsmittel der Vor- und Nachbehandlung nicht nur dem Walzendruck zugute kamen, sondern ebenfalls dem Handdruck, ist unter der angedeuteten Steigerung der Produktivität in diesen Teilbereichen des Produktionsprozesses natürlich nur die Erhöhung des Leistungseffekts gemeint, die sich aus der Veredlung größerer zusammenhängender Druckpartien ergab. Vgl. Tab. 8, Anm. 2, S. 60.

[98] Vgl. Tab. 8, Kolonne 2, S. 60.

Tab. 7. Schätzungsweiser Leistungsvergleich zwischen dem Hand- und dem Walzendruckverfahren.

Verhältnis in den 1830er Jahren, also zur Zeit der Einführung des Mehrfarben-Walzendrucks. — Gesamtproduktionsprozeß: Wareneingang, Vorbehandlung, Druck, Nachbehandlung und Warenausgang.

Artikel	Mittlere Stundenleistung (Jahresdurchschnitte)				Leistungssteigerung	
Kleiderstoff-Ware	Handdruck Leistung insgesamt und je Arbeitskraft bei insgesamt 3 Arbeitskräften je Drucktisch Fertigmeter, ca.		Walzendruck Leistung insgesamt und je Arbeitskraft bei insgesamt mutmaßlich 76 Arbeitskräften je Druckmaschine[1] Fertigmeter, ca.		Verhältnis Handdruck verglichen mit Walzendruck	
	insgesamt	durchschn. je Arbeitskraft	insgesamt	durchschn. je Arbeitskraft	insgesamt	durchschn. je Arbeitskraft
Ein- bis mehrfarbig, mehrheitlich aber wenigfarbig	3	1	270	3,5	1 : 90	1 : 3,5

[1] Zur Orientierung über die Errechnung der Zahl der Arbeitskräfte sei verwiesen auf Anm. 2 zu Tab. 8 sowie auf unsere Ausführungen im Haupttext.

Stundenleistung je Arbeitskraft um das 3,5fache. Im Endeffekt ist demnach die Steigerung der Produktivität sehr viel geringer, als auf den ersten Blick und gemeinhin angenommen wird.

Durch die bereits erwähnten Rationalisierungen, die sowohl der Hand- als auch der Walzendruck erfuhr, gelang es allerdings, die Produktivität weiterhin zu steigern. Wie aus den Tab. 9 a und 9 b hervorgeht, dürfte das Verhältnis gegenwärtig 1 : 6,5 sein.

Sowohl die ziffernmäßig ausgedrückten Resultate als auch die daran geknüpften Aussagen sind natürlich nur bedingungsweise gültig. Während aber das Verhältnis 1 : 6,5 ungefähr der Wirklichkeit entspricht, ist das Verhältnis 1 : 3,5 mehr oder weniger hypothetischer Natur. Nach Anm. 2 zu Tab. 8 war in den 1830er Jahren im Walzendruck die Leistung je Arbeitskraft möglicherweise höher, als unserer Berechnung unterstellt ist. Da wir einerseits nicht in Erfahrung bringen konnten, wieviel Arbeitskräfte insgesamt durchschnittlich beschäftigt wurden, anderseits aber

Tab. 8. Schätzungweiser Leistungsvergleich zwischen dem Hand- und dem Walzendruckverfahren.

Verhältnis in den 1830er Jahren, also zur Zeit der Einführung des Mehrfarben-Walzendrucks. — Gesamtproduktionsprozeß: Wareneingang, Vorbehandlung, Druck, Nachbehandlung und Warenausgang.

Druckverfahren	Ein- bis mehrfarbige, mehrheitlich aber wenigfarbige Ware Leistung je Arbeitskraft und Stunde (Jahresdurchschnitte)		
	des Druckpersonals (2 bzw. 6 Arbeitskräfte) Fertigmeter, ca.	des übrigen Personals (1[1] bzw. 70 Arbeitskräfte) Fertigmeter, ca.	des Gesamtpersonals (3 bzw. 76 Arbeitskräfte) Fertigmeter, ca.
Handdruck	1,5	3,0	1,0
Walzendruck	45,0	3,8 bis 4,0[2]	3,5
Verhältnis	1 : 30	1 : 1,3	1 : 3,5

[1] Nach den Angaben von Ryhiner, a. a. O., S. 140 ff., und bei Jenny-Trümpy, a. a. O., S. 388, belief sich die Zahl der Arbeitskräfte, die nicht unmittelbar mit dem Druckprozeß in Berührung kamen, also außerhalb des Drucksaales arbeiteten, auf rund ein Drittel aller Arbeitskräfte.

[2] Schätzung. Wegen der größeren Uniformität der einzelnen Walzendruckposten im Vergleich zu den Handdruckposten kann in der Vor- und Nachbehandlung mehr Ware je Arbeitskraft und Zeiteinheit verarbeitet werden.

Möglicherweise war der Leistungseffekt noch höher, so daß weniger Arbeitskräfte benötigt wurden. Um Überschätzungen zu vermeiden, belassen wir es aber bei der supponierten Größenordnung (siehe dieserhalb ebenfalls unsere Ausführungen im Haupttext).

Auch wenn wir vereinfachend annehmen, man habe im Handdruck das gleiche Produkt erzeugt wie im Walzendruck, also ebenfalls relativ große Posten einheitlicher Ware, so muß bei Walzendruck ein höherer Leistungseffekt je Arbeitskraft des „übrigen Personals" in Ansatz gebracht werden als bei Handdruck, weil bei Walzendruck der Anfall verhältnismäßig größerer zusammenhängender Druckpartien ein rationelleres Arbeiten in der Vor- und Nachbehandlung gestattet.

eine Überschätzung der Leistungssteigerung vermeiden wollten, haben wir uns einer Hilfszahl bedient (Leistung je Arbeitskraft und Stunde des „übrigen" Personals — siehe Tab. 8, mittleres Fach), die auf Mutmaßungen beruht und eher zu niedrig angesetzt ist als zu hoch. Die errechnete Größenordnung ist also nur dann eine Wirklichkeitsaussage, wenn die unterschobene Voraussetzung tatsächlich gegeben war.

Mit Hilfe statistischer Angaben aus der gleichen Zeit wollen wir nun eine weitere Auswirkung der Technisierung betrachten. Es sei aber schon jetzt betont, daß auch die nachfolgenden Zah-

Tab. 9a und 9b. Schätzungsweiser Leistungsvergleich zwischen dem Hand- und dem Walzendruckverfahren, Gegenwartsverhältnis.

Gesamtproduktionsprozeß: Wareneingang, Vorbehandlung, Druck, Nachbehandlung und Warenausgang.

Tab. 9a.

Artikel	Mittlere Stundenleistung (Jahresdurchschnitte)				Leistungssteigerung	
Kleiderstoff-Ware	Handdruck Leistung insgesamt und je Arbeitskraft bei insgesamt 3 Arbeitskräften je Drucktisch Fertigmeter, ca.		Walzendruck Leistung insgesamt und je Arbeitskraft bei insgesamt durchschnittlich 30 Arbeitskräften je Druckmaschine Fertigmeter, ca.		Verhältnis Handdruck verglichen mit Walzendruck	
	insgesamt	durchschn. je Arbeitskraft	insgesamt	durchsch. je Arbeitskraft	insgesamt	durchschn. je Arbeitskraft
Ein- bis mehrfarbig, mehrheitlich aber wenigfarbig	6—7	2,2	400—450	14,..	1 : 65	1 : 6,5

Tab. 9b.

Druckverfahren	Leistung je Arbeitskraft und Stunde (Jahresdurchschnitte)		
	des Druckpersonals (2 bzw. 3 1/3[1] Arbeitskräfte) Fertigmeter, ca.	des übrigen Personals (1 bzw. 26 2/3 Arbeitskräfte) Fertigmeter, ca.	des Gesamtpersonals (3 bzw. 30 Arbeitskräfte) Fertigmeter, ca.
Handdruck	3—3,5	6—7	2,2
Walzendruck	130	16	14,..
Verhältnis	1 : 40	1 : 2,5	1 : 6,5

[1] Vgl. Tab. 5, Anm. 6b.

lenwerte nur bedingungsweise gültig sind und aus dem oben erwähnten Grund mehr oder weniger von der Realität abweichen.

Die Kurrersche Berechnung des Produktionsumfangs der europäischen Kattundruckerei um ca. 1840[99] orientiert u. a. ebenfalls über die Größe und Zusammensetzung des Produktionsapparates der verschiedenen Länder[100]. Wenn wir nun annehmen, sämtliche Betriebe hätten das gleiche Produkt erzeugt, unter den gleichen Bedingungen gearbeitet und den gleichen Leistungseffekt erzielt, so wird es uns möglich, das von Kurrer ermittelte Volumen der gesamteuropäischen Produktion in die verschiedenen Verfahren aufzuteilen und die ungefähre Zahl der beschäftigten Arbeitskräfte sowie die Kopfquoten der Erzeugung zu errechnen[101].

Das Ergebnis zeigen die Tab. 10 a und 10 b. Gesamthaft und durchschnittlich gesehen kommt es der Wirklichkeit wohl ziemlich nahe, im Detail dagegen nicht, die einzelnen Betriebe, ihre Fabrikate, die Maße, Arbeitszeit usw. waren zu unterschiedlich. Auch weichen die eingesetzten Mengeneinheiten der Stundenproduktion von Betrieb zu Betrieb mehr oder weniger von der mittleren Erzeugung je Land oder gesamtheitlich gesehen ab[102]. Ebenfalls variierte die Ausnutzung des Produktionsapparates von Staat zu Staat sehr stark — aus den Angaben in untenstehender Fußnote 102 geht dies schon deutlich hervor —, zudem wurde zumeist nie ununterbrochen produziert und vor allem nicht während

[99] W. H. v. Kurrer (1844), a. a. O., Tab. Kurrer 1. — Kurrer bemerkt hiezu (S. 288 f.): „Die in der Tab. 1 enthaltenen Zahlen gründen sich auf verläßliche Angaben der unterrichtetsten Fabrikanten in den verschiedenen Ländern oder auf sorgfältige Zählungen und Berechnungen der Herausgeber; vollkommene Genauigkeit war hier zu erlangen unmöglich, jedoch sind Überschätzungen sorgfältig vermieden worden und die hier gegebenen Zahlen sind durchgehends als Minimum zu betrachten . . .“

[100] Zur Orientierung über die länderweise Aufgliederung des Produktionsapparates siehe unsere Tab. 2, S. 33; zur Orientierung über die Aufgliederung des Produktionsumfangs siehe Anm. 12 zu Tab. 25, S. 202.

[101] Die Berechnungsweise der Zahl der Arbeitskräfte geht aus den Anmerkungen zu Tab. 10 a hervor.

[102] So mußte z. B. die englische Stundenproduktion der einzelnen Walzendruckmaschine von den gesamtdurchschnittlichen 115 m auf 126,3 m gesteigert werden, damit die von Kurrer angeführte Jahreserzeugung dieses Landes erreicht werden konnte. Das gleiche Resultat konnte man aber auch mittelst einer Erhöhung der Stundenproduktion je Handdrucktisch von 2 m auf 2,57 m herausholen. In Preußen wäre eine Steigerung um gar 135 m auf 250 m resp. 120 cm auf 3,2 m nötig gewesen, in Rußland dagegen eine Senkung um 88 m auf 27 m resp. 66 cm auf 1,34 m, und in der Schweiz um 85 m auf 30 m resp. 68 cm auf 1,32 m, während — die Beispiele ließen sich weiterführen — die Erzeugung Italiens schon bei einer Handdruckproduktion von 1,36 m je Tisch und Stunde und ohne Beanspruchung des Maschinendruckapparates (sechs Walzendruckmaschinen und drei Perrotinen) erzielt worden wäre. — Diese Berechnungen ergeben sich auf Grund der Kurrerschen Angaben, die wir in Tab. 2, S. 33, und in Anm. 12 zu Tab. 25, S. 202, detailliert zitieren.

Tab. 10a und 10b. Hypothetische Aufteilung der Produktion der europäischen Kattundruckerei um ca. 1840 in die verschiedenen Druckverfahren, und Zahl der Arbeitskräfte sowie Leistungseffekt je Arbeitskraft und Stunde.

Tab. 10 a.

Druckverfahren	Anzahl der Tische bzw. Masch.[1]	Produktion		Arbeitskräfte					
				Druckpersonal		übriges Personal		Gesamtpersonal	
		in 1 Stunde je Tisch bzw. je Maschine m, ca.	in 1 Jahr, d. h. in 300 Tagen zu je 11 Stunden, insgesamt m, ca.	je Drucktisch bzw. Druckmaschine	insgesamt rund	je Drucktisch bzw. Druckmaschine	insgesamt rund	je Drucktisch bzw. Druckmaschine	insgesamt rund
Handdruck	44 450	2,0[2]	293 000 000	1 1/3[2]	59 300	2/3[2]	29 700	2[2]	89 000
Perrotine u. andere Druckapparate[3]	577	17,..[3]	33 000 000	1[4]	600	6[5]	3 400	7	4 000
Walzendruck	1 101	115,0[6]	418 000 000	6	6 600	28—30[7]	32 400	35	39 000
Insgesamt			744 000 000[8]		66 500		65 500		132 000

[1] Angaben nach Kurrer, a. a. O., S. 288 f., und Tab. Kurrer 1.

[2] Bezüglich der Größe dieser Leistungseinheit und der Zahl der Arbeitskräfte je Drucktisch siehe Anm. 67 zu S. 44 und vgl. Tab. 8, Anm. 1, S. 60.

[3] Perrotinen = 298 (210 allein in Frankreich), andere Druckapparate = 279. Aus dem Betrieb letzterer erklärt sich zum Teil die niedere Durchschnittserzeugung.

[4] Perrotine mit Selbststreicher.

[5] Bei Annahme, daß in der Vor- und Nachbehandlung der gleiche Leistungseffekt je Arbeitskraft erzielt wurde wie im Handdruckbetrieb (vgl. Tab. 10 b).

[6] Bezüglich der Größe dieses durchschnittlichen Leistungseffekts vgl. unsere Ausführungen im Haupttext.

[7] Berechnet auf Grund der Annahme, daß in der Vor- und Nachbehandlung ein Leistungseffekt von 3,8 bis 4 m je Arbeitskraft und Stunde erzielt wurde. Vgl. Anm. 2 zu Tab. 8 und unsere Ausführungen im Haupttext.

[8] Nach Umrechnung des von Kurrer, S. 288 f., und Tab. Kurrer 1 ermittelten Produktionsumfangs in der Höhe von schätzungsweise 24 809 000 Stükken zu 40 bis 50 Ellen (1 Stück zu 45 Ellen = ca. 30 m).

aller 300 Arbeitstage[103]. Aus diesen Gründen mußten wir unseren Berechnungen denn auch Leistungsgrößen zugrunde legen, die er-

[103] Hiefür zeugen besonders unsere Angaben hinsichtlich Rußlands, der Schweiz und Italiens in vorstehender Anm. 102.

heblich unter der möglich gewesenen Kapazität liegen; als Mittelwerte, die den Unterschieden zwischen den einzelnen Fabrikationsmethoden in angemessener Weise Rechnung tragen, dürften sie aber den damaligen produktionsmäßigen Tatbestand annähernd repräsentieren und ein brauchbares Richtmaß darstellen.

Tab. 10 a gewährt aber nicht nur Aufschluß über Art, Größe und Leistung des gesamteuropäischen Produktionsapparates zu Beginn der 1840er Jahre, sondern sie läßt auch die Auswirkungen erkennen, welche die Automatisierung im Bereich des Produktionsfaktors Arbeit zur Folge hatte[104].

Tab. 10 b.

Druckverfahren	Produktion je Arbeitskraft und Stunde			Verhältnis des Handdrucks zu den anderen Druckverfahren
	des Druckpersonals	des übrigen Personals	des Gesamtpersonals	
	m, ca.	m, ca.	m, ca.	ca.
Handdruck	1,5	3,0	1,0	.
Perrotine u. andere Druckapparate	17,..	3,0	2,5	1 : 2,5
Walzendruck	19,..	3,8—4,0[1]	3,3	1 : 3,3

[1] Siehe Anm. 2 zu Tab. 8, S. 60.

1. Hätte nämlich keine Automatisierung stattgefunden, so wären 225 000 bis 226 000 Arbeitskräfte notwendig gewesen, um im Handdruckverfahren bei voller Leistung[105] die 744 000 000 m baumwollener Druckware zu erzeugen. Man hätte demnach 93 000 bis 94 000 Arbeitskräfte mehr beschäftigen können und rund 31 000 Tische neu errichten müssen.

2. Wären dagegen sämtliche 744 000 000 m auf dem „Rouleau“ erzeugt worden, so hätte man, unter sonst gleichbleibenden Produktionsverhältnissen, 1961 Walzendruckmaschinen benötigt mit insgesamt 68 000 bis 69 000 Arbeitern. Es wären also 860 Maschinen neu aufzustellen und rund 30 000 Arbeitskräfte zusätzliches Walzendruck-Gesamtpersonal einzugliedern gewesen; im Endeffekt hätte man aber 63 000 bis 64 000 Arbeitskräfte ausschalten müssen.

3. Durch intensivere Ausnutzung der Walzendruckmaschine, d. h. durch Erhöhung der durchschnittlichen Stundenleistung von

[104] Bei der nachfolgenden Betrachtung bleibt der Produktionsapparat der „Perrotine und andere Druckapparate“ unberücksichtigt, da ihm zumeist nur eine relativ geringe Bedeutung zukam.

[105] Das heißt bei 3 m Stundenproduktion und drei Arbeitskräften Gesamtpersonal je Drucktisch — zwei Arbeitskräfte Druckpersonal und eine Arbeitskraft „übriges“ Personal.

115 m auf 204 m — was ohne weiteres möglich gewesen wäre —, hätte man aber eine Ausweitung des Produktionsapparates umgehen können. Bei gleichbleibendem Leistungseffekt je Arbeitskraft in den übrigen Teilverrichtungen hätte man allerdings 58 Arbeitskräfte Gesamtpersonal je Maschine beschäftigen müssen statt nur 35, im Total jedoch lediglich rund 64 000. Es wären also 4000 bis 5000 Arbeiter weniger beschäftigt worden als bei einer Stundenproduktion von 115 m, und rund 68 000 weniger, als tatsächlich in Arbeit standen.

4. Die Spanne zwischen den beiden Extremen wird durch 225 000 bis 226 000 (Ziffer 1) minus rund 64 000 (Ziffer 3) = 161 000 bis 162 000 Arbeitskräfte gebildet.

Untersuchen wir noch, welche Kategorien von Arbeitern durch die Mechanisierung in Mitleidenschaft gezogen worden waren, so müssen wir feststellen, daß sich die im ersten Fall betroffenen 93 000 bis 94 000 Arbeiter, i. e. rund 40 % des ursprünglichen Handdruck-Gesamtpersonals, mehrheitlich aus gelerntem, relativ gut entlöhntem Personal (70 %) zusammensetzten[106].

Bei einem Übergang zur uneingeschränkten Mechanisierung[107] war zu erwarten, daß, mit den Verhältnissen um 1840 verglichen, weitere Arbeitskräfte in der Zahl von rund 68 000 verdrängt oder deklassiert würden[108], also ungefähr die Hälfte des Gesamtpersonalbestands bei gemischtem Produktionsapparat (siehe oben Ziffer 3). Und wiederum mußte diese Entwicklung zumeist gelerntes Personal treffen, also in erster Linie Drucker und Stecher[109].

Sowohl der Übergang zum gemischten Verfahren und alsdann zum supponierten reinen Maschinendruck[110] als auch die hiemit verbundene Verdrängung von Arbeitskräften vollzogen sich natürlich nicht spontan. In beiden Fällen spielte selbstverständlich der Zeitfaktor eine teilweise beachtliche Rolle, so daß die Auswirkungen der Mechanisierung nie so kraß waren, wie unsere Beispiele glauben machen könnten. Trotzdem sind sie insofern nicht allzu wirklichkeitsfremd, als sie zumindest die Tendenz der Entwicklung spiegeln und den sozialen Aspekt deutlich zum Ausdruck bringen, was wir vor allem herausarbeiten wollten.

---

106 Näheren Aufschluß vermittelt Tab. 16, S. 87.

107 Wie wir wissen, wurde diese aus technisch-wirtschaftlichen und musterungsmäßigen Gründen in einigen Ländern selbst bis heute nie restlos verwirklicht. Diese Erscheinung braucht aber insofern nicht berücksichtigt zu werden, als sie das Ergebnis unserer vereinfachten Analyse im Prinzip doch nicht ändern würde.

108 Das heißt Deklassierung von der Kategorie des gelernten in diejenige des an- und ungelernten Personals und Ausschaltung der betreffenden Zahl Hilfsarbeiter, die seit jeher dieser Gruppe angehört hatten und als maßgeblicher Teil der flottierenden Bevölkerung leichter abgestoßen werden konnten.

109 Siehe vorstehende Anm. 106.

110 Siehe vorstehende Anm. 107.

Erst solche ziffernmäßige Schätzungen lassen einen die Animosität der Handdrucker und Modelstecher zur Zeit der aufkommenden und um sich greifenden Mechanisierung verständlich werden, lassen einen erkennen, warum sie diese Maschinen als „Übel" und gar „Höllenmaschinen" bezeichneten und forderten, „daß der Fabrikant Walzendruckmaschinen . . . (und) Perrotinen . . . nur dann . . . gehen lassen darf, wenn er neben denselben auf je eine 40 (resp.) 30 gelernte Drucker beschäftigt[111]". Obgleich schon seit geraumer Zeit in geschlossenen Betrieben tätig, waren die Arbeiter in ihrer geistigen Einstellung doch noch handwerksmäßig ausgerichtet. Sie erkannten kaum die Bedeutung der verbilligten, Kaufkraft freisetzenden Großproduktion, die durch die Mechanisierung der Spinn- und Webprozesse und die Einführung der chemischen Schnellbleiche ermöglicht worden war. Auch waren sie sich in der Regel weder des zunehmenden Bevölkerungswachstums bewußt noch der eingetretenen Nachfragesteigerung und der erfolgten Ausweitung des Marktes durch die Erschließung neuer Absatzgebiete. Die Konstruktion der Maschinen, Apparate und Druckwalzen schuf natürlich neue Arbeitsplätze. Beim eventuellen Übertritt in die Maschinenfabriken und — auf Grund des technologischen Zusammenhangs der einzelnen Industriezweige — in die vorgelagerten Produktionsstufen konnte sich der freigesetzte Handdrucker oder Modelstecher trotzdem insofern betroffen gefühlt haben, als er in den meisten Fällen vom bisher individuell arbeitenden, selbstbewußten Kunsthandwerker zum entpersönlichten, proletarischen Industriearbeiter herabsank.

Mit dem Hinweis auf die Ausdehnung der Erzeugung der Produktionsmittel sind wir nun zu jenem Faktor vorgedrungen, der bei der Errechnung der Leistungssteigerung ebenfalls berücksichtigt werden muß, dessen Wirkung wir aber größenmäßig nicht eindeutig bestimmen können. Aus diesem Grund sehen wir uns denn auch gezwungen, die Gültigkeit unserer früheren Aussage über das Ausmaß der Steigerung der Produktivität zu beschränken. Der Sachverhalt ist folgender:

---

[111] Nach „Petition an die deutsche Nationalversammlung in Frankfurt am Main, die Beschwerden der Drucker und Modelstecher von Deutschland betreffend", mit denen sich die „Gewerbsgenossen" Österreichs und Böhmens solidarisch erklärten. (Abdruck dieser Petition im Besitze der Manufaktur Koechlin, Baumgartner & Cie., A. G., Lörrach i. Baden). — Diese Dokumentation betrifft zwar nur die Verhältnisse Deutschlands, Österreichs und Böhmens; auch wurde die Eingabe zu einem Zeitpunkt abgefaßt, als das Wirtschaftsleben Europas wegen der politischen Ereignisse darniederlag und die Gemüter allgemein ziemlich erregt waren. Die Stimmung, die aus der Bittschrift hervorgeht, dürfte jedoch auch die Berufskollegen all jener andern Länder mehr oder weniger stark beherrscht haben, in denen allmählich der alteingesessene Handdruck dem vordringenden Maschinendruck weichen mußte.

Durch die Erhöhung der Leistung je Arbeitskraft im Verhältnis von 1 : 2,5 und 1 : 3,3, Handdruck zum Perrotinedruckverfahren und demjenigen anderer Druckapparate resp. Handdruck zum Walzendruck (siehe Tab. 10 b, äußerste Kolonne), wurden, wie wir festgestellt haben, 93 000 bis 94 000 Arbeitskräfte aus dem Zeugdruck-Produktionsprozeß ausgeschaltet. Nun ist aber anzunehmen, daß eine mehr oder weniger große Zahl dieser ausgeschiedenen Elemente sowie verschiedene jener Handwerker, die durch den Ausfall der Produktion von rund 31 000 Handdrucktischen (vgl. S. 64, Ziffer 1) ebenfalls freigesetzt worden waren, von jenen Zweigen der Ur-[112] und Kapitalgüterproduktion übernommen worden sind, die sich indirekt bzw. direkt mit dem Bau der 577 Perrotinen und anderer Druckapparate sowie der 1101 Walzendruckmaschinen befaßt hatten.

Doch geht es uns hier weniger um dieses spezifische Moment, so wichtig es auch ist, als vielmehr um jenes andere, wieviel Arbeitskräfte insgesamt notwendig gewesen sind, um diesen mechanisierten Produktionsapparat bereitzustellen, d. h. die Hilfsmittel zum nunmehr verbesserten, arbeitersetzenden Erzeugungsprozeß. Denn erst nach Kenntnis dieser Zahl läßt sich die wirkliche, volkswirtschaftlich richtige Leistungssteigerung feststellen, jene nämlich, die der eben erwähnten Tatsache Rechnung trägt, daß — volkswirtschaftlich gesehen — keine Verminderung des Arbeitsaufwandes um sämtliche Arbeitskräfte eingetreten ist, die im unmittelbaren Veredlungsprozeß ausgeschaltet wurden, sondern z. T. nur eine Verschiebung von Leistung aus dem konsumnahen in das konsumferne Stadium des Gesamtproduktionsprozesses. Diese volkswirtschaftliche Steigerung der Produktivität ergibt sich, wenn das bisher errechnete Leistungsverhältnis zwischen Hand- und Maschinendruck um jenen Aufwand gekürzt wird, den die Verlängerung der Produktionsumwege verursachte. Das Verhältnis des Handdrucks zum Walzendruck wird dann für die Zeit um ca. 1840 unter der Größenordnung 1 : 3,3 liegen[113] und für die Gegenwart (siehe Tab. 9 b) unter der Größenordnung 1 : 6,5.

---

[112] Bergbau, Verhüttung.

[113] Auch wenn wir die Jahreskosten des Mehraufwandes je Druckmaschine (vgl. S. 91) mit dem Arbeitswert verrechnen, also

$$\frac{\text{Amortisation}}{\text{durchschnittlicher Jahreslohn des einzelnen Zeugdruckarbeiters}} = \text{X Arbeiter}$$

je Walzendruckmaschine in der Produktionsmittelerzeugung, und die so gewonnene Zahl der Arbeitskräfte der Gesamtarbeiterschaft je Druckmaschine im Zeugdruckbetrieb hinzuzählen, so kommen wir noch zu keinem genauen Ergebnis. Einmal ist der Mehraufwand nicht genau festzustellen, dann bezieht sich dieser Mehraufwand nur auf den Bereich der Mechanik, schließt also die Veränderungen nicht ein, die ebenfalls in der Sphäre der chemischen Produktionsmittelerzeugung stattgefunden haben, und schließlich weichen die Lohnverhältnisse im Maschinenbau und in den vorgelagerten Industriezweigen von denjenigen im Zeugdruckgewerbe ab.

c) Die Arbeitsweise im modernen Betrieb[114].

Der eben untersuchten Leistungssteigerung liegt, wie wir vorher festgestellt haben, ein völliger Wandel der mechanischen und chemischen Arbeitsweise zugrunde. Zur Abkürzung der Produktionsperiode und Senkung des hohen Kostenfaktors Arbeit wurde der Erzeugungsprozeß weitgehend auf ein „System von Arbeitsmitteln" (Sombart) überführt. Die Funktion der Kraftspende und Kraftzufuhr ging auf die Antriebs- und Bewegungsmaschine über, vom Menschen, Göpelwerk oder Wasser auf die Dampfmaschine, den Elektromotor und die Transmission, die Funktion der Stoffbehandlung auf die hochspezialisierte Arbeitsmaschine und den Apparat. Statt der vielen gestaltenden Arbeitskräfte, die das Charakteristikum der Handdruckerei bildeten, dominiert jetzt die Mechanik. Mit Ausnahme des Graveurs, der mehrheitlich weiterhin gestaltende Werkverrichtung ausübt[115], und des Filmdruckers, der die Musterung eigenhändig „aufstreicht", obliegt der Arbeiter im allgemeinen nur noch einer Tätigkeit, die sich auf die Bedienung, Verbindung und Überwachung der Arbeitsmittel erstreckt sowie auf die Prüfung des Produkts. Eine Sonderstellung nimmt allerdings der Maschinendrucker ein. Aber auch diese gelernte Arbeitskraft gestaltet das Erzeugnis nicht mehr selber. Man kann höchstens insofern noch von einer indirekten Gestaltung sprechen, als der Maschinendrucker Gang und Druckstärke des „Rouleaus" bestimmt und durch ununterbrochene Kontrolle des auslaufenden Produkts den Druckakt ständig beaufsichtigt und reguliert.

Statt der Tischlerei hält nun eine mechanische Werkstätte das Instrumentarium in Stand, während eine Betriebsstatistik die tägliche Leistung der einzelnen Arbeitsmittel verfolgt. Neben dem technischen Büro, dieser unentbehrlich gewordenen Einrichtung für den gesamten Bereich der Mechanik, hat sich, hervorgegangen aus der alten Koloristenkammer, das Laboratorium entwickelt, das Zentrum des Arbeitsfeldes der Chemie und des ganzen Betriebes überhaupt. Von hier aus werden die Direktiven für die einzelnen Stadien des Veredlungsprozesses gegeben, von hier aus erfolgen auch die Anregungen zu den verschiedenartigsten Verbesserungen; hier wird geforscht, experimentiert, ein neues Verfahren erprobt, ein neues Erzeugnis ausgetüftelt.

Betrachten wir schließlich den Betrieb als Gesamtheit, so bemerken wir an Stelle der ehemals aufgelockerten, aus mehreren

---

[114] Insoweit sich unsere Ausführungen nicht auf den unmittelbaren Druckprozeß beziehen, treffen sie nicht nur für den reinen Fabrik-, sondern auch für den manufaktur-fabrikmäßigen Betrieb zu sowie ebenfalls für die Filmdruckerei.

[115] Für die Photogravur, die auf photochemischem Weg arbeitet, trifft diese Aussage natürlich nicht zu.

Gebäuden bestehenden, weitläufigen und teilweise gar systemlosen Anlage einen konzentrierten, planmäßig angelegten Abteilungskomplex. Die einzelnen Operationen der Veredlung reihen sich kettenartig aneinander; der Arbeitsgang ist kontinuierlich geworden, zum Unterschied von früher, als das reifende Produkt zumeist noch von einem Gebäude ins andere geschafft werden mußte.

Äußerster Rationalismus und Wissenschaftlichkeit beherrschen die moderne Textildruckerei. Verwundern kann es nicht, ist doch gerade diese Art Betrieb eine der ersten gewesen, die durch den akademisch geschulten Chemiker in die Bahn wissenschaftlicher Betriebsführung gedrängt wurde. Im weiteren sorgen Gewinnstreben und Konkurrenz dafür, daß die technischen und organisatorischen Produktionsmethoden einer permanenten Verbesserung unterworfen bleiben.

2. Qualifikation der Arbeit und Einkommensverhältnisse.

a) Die Qualifikation des Produktionsfaktors Arbeit.

Bei unseren bisherigen Erörterungen ist der personale Aspekt der Erzeugung bedruckter Stoffe gegenüber dem sachlichen zumeist zurückgetreten. Nun soll er in den Vordergrund gerückt werden, ist er doch letztlich der entscheidende. Selbst die technisch fortschrittlichste Kapitalausrüstung stellt ein unproduktives Agglomerat von Werkzeugen, Maschinen und Apparaten dar, wenn es nicht vom wirtschaftenden Menschen genutzt wird.

Nach unseren Ausführungen auf S. 21 f. und 49 war der Übergang vom Handwerksbetrieb zur Manufaktur von einer Zerschlagung der bisher komplexen Arbeitsweise in eine Fülle von Teilverrichtungen begleitet. Diese technische Arbeitsteilung äußerte sich im Bereich des Produktionsfaktors Arbeit in der beruflichen Spezialisierung, also in der Ausrichtung der einzelnen Arbeitskraft auf die angemessenste Betätigung. Parallel zur Vertikalzerlegung lief die Zerlegung in horizontaler Richtung: die Spaltung in a) gelernte, qualifizierte und b) an- sowie ungelernte oder wenig- bzw. unqualifizierte Werktätigkeit, mit der Trennung der ersten Arbeitsgruppe von der zweiten. Hiedurch kommt, wie uns scheint, der berufstechnisch und soziologisch wichtigste Akt der Entwicklung zum Ausdruck. Unsere nachfolgende Betrachtung der verschiedenen Arbeiterkategorien sei deshalb in erster Linie von hier aus angestellt.

Werden die einzelnen Elemente der Arbeiterschaft nach der Bedeutung geordnet, die ihnen im Rahmen des Gesamtproduktionsprozesses zukommt, so ergibt sich, daß die Spitze der Hierarchie der Arbeitskräfte durch die Stecher oder Graveure sowie die

Drucker gebildet wird. Sie repräsentieren die gelernte, je nach Verfahren handwerksmäßig oder maschinentechnisch ausgebildete Arbeiterschaft und damit ihre Elite[116]. Dies trifft für die alte Manufaktur zu und hat auch für den modernen Betrieb unverändert Gültigkeit. Da die empirische Technik an der lebendigen Person haftet, die Einführung eines neuen Gewerbes also die Verfügung über die hierin Kundigen bedingt, mußten diese Arbeitskräfte in der Gründungszeit zumeist von auswärts herangezogen werden, sei es aus einem naheliegenden Druckort, sei es aus einer entfernteren Gegend oder auch aus dem Ausland[117]. Manchmal war man sogar genötigt, zum Mittel der Anwerbung zu greifen und sich zu diesem Zweck der sogenannten Embaucheurs zu bedienen[118]. Später wurde es allerdings Usus, daß die regsameren Elemente der Drucker und Stecher aus eigener Initiative für einige Jahre in die Fremde zogen, nicht nur um Neues zu sehen und zu lernen, sondern auch im Hinblick auf die relativ gute

---

[116] Die Walzenstecher haben sich mit der Zeit teilweise verselbständigt. Da aber in der Regel keine bedeutende Walzendruckerei ohne eigene Gravuranstalt auskommt, bilden diese und ihre Arbeitskräfte nach wie vor integrierende Organe des Textildruckbetriebs.

[117] „Schmaltzer (Mitbegründer der 1746 gegründeten ersten Mülhausener Druckerei Koechlin, Schmaltzer & Cie. — d. Verf.) fit venir, pour monter la fabrication, un certain nombre d' ouvriers neuchâtelois; la maison s' organisa alors rapidement et avec succès". (Histoire . . . , Bd. I., S. 287.)

„Mulhouse tira d' abord de la Suisse, de Neuchâtel, Genève, Bâle, ses graveurs, imprimeurs, pinceauteuses et en général tous ses ouvriers" (Histoire . . ., Bd. I, S. 294 und 296). Vgl. auch R. Lévy, a. a. O., S. 8, Anm. 2, sowie Bi-Centenaire . . ., S. 22. — Oberkampf in Jouy hatte sich bald nach der Gründung seiner Manufaktur (1759) „Hafner excellent imprimeur, envoyé par le père d' Oberkampf" (der in Othmarsingen bei Lenzburg, Kanton Aargau, eine Druckerei betrieb — d. Verf.) zugezogen „et Ulrich Bossert, habile graveur venu d' Aarau", sowie 1763 „le graveur Ludwig Rordorf et l' imprimeur Jean Schramm, son (Oberkampfs) ancien compagnon au Petit-Bâle" (Klein-Basel) (Clouzot, a. a. O., S. 9). Küpfer aus Bern, der Begründer der Druckerei Lörrachs in Baden, forderte von der markgräflichen Regierung für seine fremden Arbeiter: „vollkommene Frohn-Freyheit, . . . freyen Zug ohne Abrechnung des Abzugs und Abzug Pfund Zolls (und Befreiung) von Schutzgeldt- und anderer Praestationenerlegung . . . zumahlen anfänglich verschiedene fremde Manufacturiers und Arbeiter von differenten Religionen, bey der von ihm neu anzulegenden Fabrique benöthiget ist". Schreiben Johann Friedrich Küpfers an den Markgrafen Karl Friederich von Baden vom 26. Juni 1753, Absatz 11 und 12. Vergleiche auch das hierauf erteilte Privilegium vom 27. August 1753. Wortlaut beider Dokumente in Karl Herbster, Zur Geschichte der Lörracher Industrie von ihren Anfängen bis zur Mitte des 18. Jahrhunderts, Lörrach 1926, S. 20 ff. bzw. 26 ff.

[118] So wurden beispielsweise die Indiennearbeiter Berns „in alle möglichen Länder gelockt, besonders aber nach Frankreich, Österreich und Rußland. Das Embauchieren nahm in der zweiten Hälfte des 18. Jahrhunderts derart überhand, daß sich der Staat infolge der fortwährend einlaufenden Klagen schließlich genötigt sah, strenge Verbote gegen dieses Unwesen aufzustellen". Fetscherin, a. a. O., S. 87.

Entlöhnung, der sich ausländische Arbeiter an einzelnen der bekanntesten Druckorte gewöhnlich erfreuten[119].

Unter diesen gelernten Arbeitskräften, denen die Ausbildung der Lehrlinge weitgehend unterstellt war und es teilweise weiterhin ist[120], stehen die an- und ungelernten Werktätigen. Sie verrichten in den verschiedenen Abteilungen vor- und nachbehandelnde Arbeit, vereinzelt überhaupt nur Handlangerdienste. In der alten Manufaktur zählten zu dieser Arbeiterklasse vor allem die Wasch-, Bleich-, Walk-, Färber-, Mangel- und Glänzknechte, die Schilderinnen — auch Malermaydlein, Pinceauteuses oder Rentreuses genannt —, die Näherinnen, Anknüpferinnen, Kräuslerinnen und Staberinnen sowie die Streichkinder, Farbküchen- und Bleichmattenknaben[121]; im modernen Betrieb gehört hauptsächlich jenes männliche und weibliche Personal hiezu, das die Maschinen und Apparate der Zurüstung inkl. der Bleiche bedient, der Farbküche, Färberei, Wäscherei, Dämpfe, Appretur, Rauherei, des Rahmens und der Legerei, und die Warenprüfung durchführt.

---

[119] Dem ausgeprägten Wandertrieb der alten Drucker und Stecher ist es zuzuschreiben, daß ihren Krankenkassen gewöhnlich noch eine Reisekasse angegliedert war (siehe S. 27). Aus ihr wurde den ankommenden und Arbeit suchenden Handwerkern ein Zehrgeld für die Weiterwanderung mitgegeben, sofern sie am Orte selber keine Beschäftigung gefunden hatten.

[120] In der frühkapitalistischen Manufaktur betrug die Lehrzeit des Druckers sechs Jahre (nach Ryhiner, a. a. O., S. 146); im modernen Betrieb beträgt sie noch drei.

[121] Ryhiner in Basel beschäftigte 1766: 10 Vordrucker, 14 andere gelernte Drucker, 24 Rentrierer und angehende Drucker (Lehrlinge), 42 Streichkinder, 1 Bleicher, 2 Farbköche, 3 Farbküchenknaben, 20 Handlanger in der Wäscherei und Bleiche, 14 Hilfsarbeiter in der Zu- und Ausrüstung, 2 Schreiner und ungefähr 12 weitere Arbeitskräfte, wie Stecher, Schreiber, Fuhrknechte; insgesamt 144 Personen. Nach Ryhiner, S. 140 ff., und Jenny-Trümpy, S. 107 f.

Für die Druckerei Pierre Dollfus & Cie. in Wesserling/Elsaß und das Jahr 1788 werden angeführt: „4 dessinateurs, 20 graveurs, 100 imprimeurs, 100 tireurs (Streicher), 100 satineurs et bouilleurs, 400 filles au pinceau", in allem 724 Arbeitskräfte. Nach Histoire . . . , Bd. I, S. 414.

Das Personal der Oberkampfschen Manufaktur in Jouy setzte sich 1805 zusammen aus: „175 imprimeurs, rentreurs et rentreuses, 190 tireurs et tireuses, 10 imprimeurs en planches de cuivre et en cylindres gravés, 570 pinceauteuses (was unter anderem auf die Erzeugung meist vielfarbiger Ware schließen läßt — dies trifft übrigens auch für die oben angeführte Druckerei Pierre Dollfus & Cie. zu. — der Verfasser), 3 dessinateurs, 5 graveurs en cuivre, 40 graveurs en bois, 30 picoteuses, 15 commis de bureaux et de magasins, sans compter les 20 couturières, les 6 coloristes, les 3 emballeurs, les 36 teinturiers, les 48 tourneurs de rouleaux à laver, les 10 hommes travaillant sur les prés, les 54 gamins épingleurs sur les prés, 4 marqueurs et auneurs de toiles blanches, les 4 auneurs et plieurs de toiles finies, les 18 gamins aides aux teinturiers, les 4 apprêteurs, 4 menuisiers, 3 serruriers, 2 forgerons, 3 voituriers, 2 gardes nuit suisses, 1 portier chargé de sonner la cloche des ouvriers etc., un total de 1322 personnes." Nach Clouzot, a. a. O., S. 23 u. 58.

Über diesen mehr oder weniger an- und ungelernten Hilfskräften, wie auch über den vorher erwähnten gelernten Arbeitskräften, stehen die Meister. Es sind die technisch ausgebildeten Aufsichtspersonen, denen die jeweils zugewiesene Abteilung unterstellt ist. Sie haben mit deren Funktion, Maschinen- und Apparaturanlage restlos vertraut zu sein und tragen dem Betriebsleiter gegenüber die Verantwortung für pünktliche und sorgfältige Werkverrichtung innerhalb ihres Wirkungskreises.

Eine Sondergruppe bilden die Packer, Fuhrleute (heute zumeist Chauffeure), Heizer, Schreiner, Mechaniker, die Betriebsbeamten der Arbeitsvorbereitung und -kontrolle, die Maschinen-, Apparate- und Motorentechniker, die Elektriker, Konstrukteure und der Ingenieur. Da diese Werktätigen nicht nur in der Textildruckerei, sondern in jedem größeren Werkbetrieb schlechthin anzutreffen sind, brauchen wir uns nicht speziell mit ihnen zu befassen. Dagegen sei noch etwas näher auf die Verwendung der Arbeitskraft des weiblichen und jugendlichen Personals eingegangen.

Unseren vorstehenden Ausführungen ist zu entnehmen, daß die Zeugdruckereien seit jeher Frauen beschäftigten. Deren zahlenmäßiger Anteil an der Gesamtarbeiterschaft war sogar teilweise recht erheblich, mehrheitlich sind es aber an- und ungelernte Elemente, die als Folge der Auflösung des vielgliedrigen, zum Teil physisch beschwerlichen Arbeitskomplexes in eine Fülle einfacher, körperlich müheloser Teilverrichtungen zu gewerblicher Betätigung herangezogen werden können. Früher stellten vor allem die Schilderinnen einen größenmäßig wichtigen Teil der Arbeiterschaft dar[122]. Sie hatten die gedruckte Ware mit dem Pinsel auszubessern und die in Konturen vorgedruckten Muster auszumalen. Als dann diese Arbeiten mechanisch ausführbar wurden, betätigte sich das Gros der weiblichen Arbeitskräfte mit der Näherei, Anknüpferei, dem Breiten, Fransen[123], der Kontrolle und dem Legen der Stücke, verrichtete leichte Maschinenarbeit und besorgte viele der Handreichungen, deren es in einem solch weitschichtigen Betrieb die Menge gibt[124]. Heute liegen die Frauen zumeist gleicher oder ähnlicher Arbeit ob und stellen zahlenmäßig nach wie vor eine relativ beträchtliche Größe dar[125].

---

[122] Vgl. dieserhalb unsere Angaben auf S. 71, Anm. 121, hinsichtlich der Verhältnisse in den Manufakturen Pierre Dollfus & Cie. sowie Oberkampf, woraus hervorgeht, daß diese Pinceauteuses 55 % bzw. 43 % der Belegschaft ausmachten.

[123] Beispielsweise Fransen der Shawls.

[124] In den oberelsässischen Bleicherei-, Färberei-, Druckerei- und Appreturbetrieben belief sich 1882 die Zahl der weiblichen Arbeitskräfte auf 26 % der Gesamtarbeiterschaft. (Berechnet nach den Angaben bei Herkner, a. a. O., S. 296.)

[125] Die qualifizierten Frauen wurden früher teilweise zu einfachen Gravurarbeiten (Picotieren) und zum Druck mit den relativ kleinen, leichten Ren-

Auch Kinder wurden in den alten Manufakturen beschäftigt, wie wir bereits verschiedentlich feststellen konnten. Ihr Anteil an der Gesamtarbeiterschaft ist ebenfalls recht beachtlich[126]. Meist standen sie den Druckern als sogenannte Streichkinder zur Seite. Sie hatten die Farbmasse im „Chassis" zu verstreichen und außerdem noch andere kleine Dienstleistungen zu erfüllen. Diese Heranziehung von Knaben und Mädchen, die vielfach kaum das fünfte Altersjahr zurückgelegt hatten, wurde bis gegen die Mitte des 19. Jahrhunderts meist nicht nur in keiner Weise begrenzt, sondern vielerorts noch behördlicherseits gefördert, hoffte man doch hiedurch der Bettelei und dem Elend steuern und die Lebenshaltung der bedürftigen Familien verbessern zu können. Erst als die Nachteile in der Entwicklung dieser Jugendlichen immer offensichtlicher hervortraten, schritt der Staat zum Kinderschutz. Welcher Art die Reglementierung war, zeigt Tab. 11. Sie macht vor allem deutlich, daß wesentliche Einschränkungen nicht vor der zweiten Hälfte des letzten Jahrhunderts erlassen wurden. Vorher konnte man die Kinder fast durchwegs gleich lange beschäftigen wie die Erwachsenen, also, je nach Land und Jahreszeit, elf bis vierzehn Stunden, und zwar zumeist ohne Rücksicht auf die Altersklasse. Nun wurden Mindestalter und entsprechende Höchstarbeitszeiten festgelegt und der Schulunterricht als obligatorisch erklärt. Zur Arbeitszeit, die von den Erwachsenen einzuhalten war, konnten nur noch Jugendliche mit vollendetem 15. resp. 16. oder gar erst 18. Altersjahr beschäftigt werden. Aber auch diese Arbeitszeit hatte inzwischen eine gesetzliche Regelung erfahren und wurde im letzten Viertel des 19. Jahrhunderts größtenteils auf zehn bis elf Stunden, nach dem Ersten Weltkrieg auf acht Stunden begrenzt, notwendige und höher entlöhnte Überstunden ausgenommen[127].

---

truremodeln herangezogen. — Da heute beim Filmdruck die Handhabung des Druckinstruments überhaupt keine besondere körperliche Anstrengung mehr verursacht, ist diese Tätigkeit in letzter Zeit mancherorts fast ganz in die Hände hiefür angelernter Frauen übergegangen.

[126] Bei Ryhiner waren ungefähr 30 % der gesamten Arbeiterschaft Werktätige im Kindesalter, bei Oberkampf ca. 20 %, in den Druckereien des Kantons Glarus um 1840/45 23 %, um 1864 noch 18 % (Berechnung nach den Angaben bei Jenny-Trümpy, a. a. O., S. 388 und 530) und in denjenigen des Oberelsasses um 1882 ca. 11 % (berechnet nach dem Zahlenmaterial für die Bleicherei-, Färberei-, Druckerei- und Appreturbetriebe, angeführt bei Herkner, a. a. O., S. 296).

[127] England, das bereits 1847 den Zehnstundentag eingeführt hatte, war vorangegangen. Das Elsaß hinkte dagegen nach, denn noch um 1880 wurde hier bis zu zwölfeinhalb Stunden gearbeitet. Während der Saison — Oktober bis April — erfuhr diese Arbeitszeit eine weitere Verlängerung, indem an Samstagen der Betrieb oft erst von 22 oder gar 24 Uhr an ruhte und in Stoßzeiten schon wieder Sonntag nachts in Gang kam. Durch die Kürzungen während der flauen Periode wurden diese Überstunden allerdings teilweise wieder ausgeglichen. Nach Herkner, a. a. O., S. 301 f.

Tab. 11. Arbeitszeit der Kinder.

Zeitpunkt	Land	Alter (Jahre)	Tägliche Arbeitszeit (Stunden)	Literaturnachweis[1]
18. Jahrh.	Schweiz und allgemein	5 und ff.	11 bis 14	s. Anm. 2
19. Jahrh.				
bis 1833	England	6 und ff.	„oft" 14 bis 16	Fr. Engels, S. 154
1834	„	unter 9 9 bis 13 14 „ 18	0 9 (48 wöchentlich) 12 (69 „)	id. S. 174, nach Fabrikges. v. 1834
bis ca. 1837	Schweiz	8 bis 16	11 bis 14	s. Anm. 3
1839	Preußen	9 bis 16	10	
1847	England	9 bis 15	6	s. Anm. 4
	Frankreich	8 bis 12 13 „ 16	8 12	
ca. 1837 bis 1877	Schweiz	12/13—14/16	10 bis 13	s. Anm. 5
1877 bis 1914	„	bis 14 15 bis 16	0 11[6]	s. Anm. 7
1878	England	10 bis 13 14 „ 18	4 bis 5 (28 wöchentl.) 9 „ 10 (56½ „)	nach Herkner, S. 386
1878/79	Deutschland	12 bis 14 15 „ 16	6 10	id. S. 381
1884	Elsaß	13 bis 14 15 „ 16	9 bis 11½ 11 „ 12½	Herkner, S. 371 und 382 id. S. 302 u. 371
1885	Österreich	bis 14	0	id. S. 385
20. Jahrh.				
1914	Schweiz	15 bis 16	10	s. Anm. 8
1919	„	15 bis 16	8	s. Anm. 9
1940	„	unter 16	0	s. Anm. 10

[1] Für genaue Titelangaben siehe Literaturverzeichnis.

[2] W. E. Rappard, a. a. O., S. 231 ff. (Schweiz), Herkner, a. a. O., S. 63 (Elsaß), Herbster, a. a. O., S. 50 ff. (Wiesental in Baden, Süddeutschland), Fr. Engels, a. a. O., S. 153 (England). — Im Winter wurde teilweise nicht gearbeitet, da nicht gebleicht werden konnte.

[3] Unterschiedlich nach Kantonen. Siehe W. E. Rappard, a. a. O., S. 280, Jenny-Trümpy, a. a. O., S. 391, sowie F. Schwab, a. a. O., S. 66 f.

[4] Nach Daniel Legrands Appel Respectueux von 1848 mit beigefügten Kopien der Schreiben vom 5. 12. 1840 an die Regierungen Deutschlands und der Schweiz, resp. vom 24. 12. 1847 an den Ministerpräsidenten und Außenminister Frankreichs; Faksimileabdruck in: Die Zukunft der Arbeit, Bulletin der

Internationalen Vereinigung für gesetzlichen Arbeiterschutz, Jena 1925, 3. Band, Heft 1 — 2.

[5] Unterschiedlich nach Kantonen und teilweise mit Einschluß des Schulunterrichts. Siehe W. E. Rappard, a. a. O., S. 280, und Jenny-Trümpy, a. a. O., S. 391.

[6] Inklusive des Schul- und Religionsunterrichts.

[7] Bundesgesetz vom 23. März 1877, betr. die Arbeit in den Fabriken.

[8] Inklusive des Schul- und Religionsunterrichts. Bundesgesetz vom 18. Juni 1914, betr. die Arbeit in den Fabriken.

[9] Inklusive des Schul- und Religionsunterrichts. Bundesgesetz vom 29. April 1919, betr. die Arbeitszeit in den Fabriken.

[10] Bundesgesetz über das Mindestalter der Arbeitnehmer vom 24. Juni 1938, das am 1. März 1940 in Kraft trat.

Nachdem wir die hauptsächlichsten Arbeiterkategorien[128] und Betriebsbeamten kennengelernt haben, sind noch zwei Organe zu erwähnen, die als die tragenden Elemente des Zeugdruckbetriebs bezeichnet werden müssen, sofern vom Unternehmer oder seinem Vertreter abgesehen wird. Es sind der Dessinateur und der Chemiker-Kolorist.

Dem Dessinateur oder Musterzeichner[129] fällt die Aufgabe zu, dem Textildruck in ununterbrochener Folge geeignete Dessins zu liefern. Rufen wir uns in Erinnerung, daß das Ornament in entscheidender Weise mit der Entstehung und Entwicklung des modernen europäischen Zeugdrucks verknüpft ist, so werden wir uns der Bedeutung bewußt, die seinem Schöpfer zukommt. Sein Rang in der Hierarchie der Arbeitskräfte läßt sich auch dann kaum weniger deutlich erkennen, wenn wir uns vergegenwärtigen, wie sehr der Geschäftsgang einer Textildruckerei von der Art der Musterung abhängt, die sie herausbringt[130].

Sofern man sich anfänglich nicht nur mit der Imitation der Indiennes und kostbaren Webstoffe begnügte, wurden die Druckmuster zumeist von Malern und Dekorationszeichnern bezogen. Mit dem Aufschwung des Zeugdruckgewerbes bildete sich aber allmählich ein eigener Berufsstand von Textildruck-Dessinateuren heraus. Entweder waren sie selbständig oder sie wurden von den

[128] Eine Analyse der kaufmännischen Angestelltenschaft erübrigt sich, da hier kaum Funktionen auftreten, die in der Regel nicht auch in den meisten andern Gewerben anzutreffen sind.

[129] Die nachfolgenden Ausführungen befassen sich nur mit den schöpferischen Elementen, also mit den Entwerfern und Mitgestaltern der Kollektion. Der große Stab der sowohl männlichen als auch weiblichen Rapportzeichner, Kopierer und Farbskizzenmaler bleibt unberücksichtigt. Teilweise handelt es sich hier zwar ebenfalls um hochqualifizierte Organe. In dieser Berufskategorie kommt jedoch nicht den exekutiven, sondern den direktiven Arbeitskräften besondere Bedeutung zu.

[130] Gemeint ist natürlich die große Masse jener Druckereien, die auf die Erzeugung modischer und dekorativer Artikel ausgerichtet ist, und nicht die relativ kleine Zahl jener andern, die Standardware (Futter- und Berufskleiderstoffe, Flaggen und ähnliches mehr) herstellt.

Druckereien in eigens unterhaltenen Zeichenateliers in festem Angestelltenverhältnis beschäftigt, was in erster Linie für die größeren Unternehmen zutraf. Je nach Talent und produktivem Schaffen bestimmten sie dann mehr oder weniger autonom die künstlerische Gestaltung der Kollektion[131].

Die Trennung in unabhängige und abhängige Dessinateure hat sich bis heute erhalten, jedoch mit dem Unterschied, daß die selbständigen Ateliers der Modezentren — Paris, Lyon, in einzelnen Fällen auch Wien — allmählich die eigentlichen Lieferanten der Entwürfe von Neuheiten geworden sind. Diese Entwicklung vermochte aber die Position des Betriebsdessinateurs keineswegs zu schwächen. Ihm ist die kaum weniger wichtige und ebenfalls kaum weniger schöpferische Aufgabe verblieben, die empfangenen modischen Anregungen in den verschiedensten Variationen von Form und Farbe zu gestalten, ihnen in Übereinstimmung mit den Wünschen der kaufmännischen und dem Können der technischen Leitung das individuelle Gepräge zu geben, für welches die Erzeugnisse seines Hauses bekannt und gesucht sind.

Hat also der Zeichner die Dessins bereitzustellen, so obliegt es dem Koloristen, sie im chemisch-technischen Verfahren auf das Gewebe zu übertragen. Arbeitstechnisch gesehen kommt dieser Funktion die größere Bedeutung zu, denn ohne mustergetreue Reproduktion gehen nicht nur Charakter und Effekt des Ziergebildes verloren, sondern ebenfalls die ökonomische Wirkung, was wirtschaftlich entscheidend ist.

Wir haben bereits früher (vgl. S. 53) darauf hingewiesen, daß praktische Erfahrung und Rezeptbuch das einzige Rüstzeug bildeten, mit dem der Kolorist[132] alten Schlages an die Illumination herantrat. Die Vorschriften hütete er „als wichtige Geheimnisse, weil er dieselben als solche zum Theil von Vater und Großvater ererbt, zum Theil . . . von wandernden Handwerksgenossen mit schwerem Geld erkauft[133]“, zum Teil aber auch auf den eigenen, absichtlich häufig gewechselten Arbeitsplätzen zusammengerafft

[131] Als bekannteste Betriebsdessinateure, die durch ihr fruchtbares Schaffen Wesentliches zum Erfolg ihrer Häuser beigetragen haben, seien erwähnt: Madame Friederich bei Schüle in Augsburg (vgl. Tab. 17, S. 90), J. B. Huet bei Oberkampf in Jouy (vgl. A. Juvet-Michel: Die Formenwelt der Toiles de Jouy, in Ciba-Rundschau 28, a. a. O., S. 1041 und 1043), L. J. A. Malaine — Sohn des aus Paris ins Elsaß geflüchteten J. L. Malaine, „peintre du roi Louis XVI à la manufacture des Gobelins“ und zeitweiliger Textildruckzeichner — bei Nicolas Koechlin & Frères in Mülhausen. — Für weitere Angaben siehe u. a. Histoire . . . , a. a. O., Bd. II, S. 635 ff.

[132] Vereinzelt wurde er „Farbkoch“ genannt, doch handelt es sich hier um eine Bezeichnung, die nicht dem vollen Umfang seiner Tätigkeit Ausdruck verleiht.

[133] Neues Journal für die Indiennen- oder Baumwolldruckerei . . . In Verbindung mit K. W. Juch . . . und W. H. Kurrer . . . herausgegeben von J. G. Dingler, Augsburg und Leipzig (vermutlich 1816), Bd. II, S. 155. Vgl. insbesondere auch Bd. III, S. 444 f.

oder gar erschlichen[134] hatte. Obgleich man unter diesen Koloristen manchen traf, der nicht einmal den Sinn der einzelnen Anweisungen verstand und sich nur auf Grund seiner beeindruckenden Rezeptsammlung beim technisch unerfahrenen Unternehmer eine Position erschwatzen konnte, gab es doch auch wieder eine nicht unbeträchtliche Zahl, die schon sehr befähigt war und, an den Verhältnissen jener Zeit gemessen, mit den ziemlich beschränkten Mitteln Erstaunliches leistete[135]. Von diesen qualifizierten Koloristen sind denn auch vielfach jene Betriebe gegründet oder geleitet worden[136], die am angesehensten wurden. Aus ihrer Reihe sind aber meist auch die Elemente hervorgegangen, die der wissenschaftlichen Verfahrensweise Eingang in die Zeugdruckerei verschafft haben. Die einen mag hiezu die Drogenkunde oder Ausbildung im Apothekerwesen bewogen haben, denn verschiedene Koloristen kamen von diesem Berufszweig her, die andern das Studium chemisch-medizinischer Publikationen — damals die verbreitetsten, wenn nicht gar einzigen, wissenschaftlich fundierten Werke, die die Geheimnisse der Chemie etwas lüfteten —, sind doch durch diese wie jene das Verständnis und Interesse für praktische Anwendung chemischer Kenntnisse geweckt worden. Diese Techniker waren nun nicht mehr bloße Empiriker-Koloristen, sondern recht eigentlich die ersten Chemiker-Koloristen, und zwar um so ausgeprägter, je bewußter und häufiger sie ihrer Arbeit die Erkenntnisse der jungen textil- und farbchemischen Forschung zugrunde legten.

Der Anfang in dieser Richtung ist vorwiegend in Frankreich gemacht worden. Während Jean-Michel Haussmann, der chemisch gebildete Apotheker aus Colmar und Mitbegründer

---

[134] Vgl. dieserhalb beispielsweise R. Forrer: Die Kunst . . . , a. a. O., S. 32; Ryhiner, a. a. O., S. 73 f.; Jenny-Trümpy, a. a. O., S. 127; Histoire . . . , a. a. O., Bd. I, S. 288.

[135] Ryhiner scheint zwar mit den Koloristen recht schlechte Erfahrungen gemacht zu haben, schreibt er doch u. a.: „Nos coloristes pour la plûpart sont des manoeuvres ignorants qui font tout à l' aventure, sans savoir pourquoi; ils sont avec cela des charlatans détestables, qui cherchent à cacher leur ignorance sous les voiles d' un galimatias de recettes qu' ils n' entendent pas. . ." — A. a. O., S. 34. R. Haller, der bereits auf diese Quelle hingewiesen hat, zitiert den Passus in extenso; vgl. Der Kolorist, Heidelberg 1939, S. 12. — Auch M. Delormois: Dessinateur du Roi & Coloriste, ein anderer Mann vom Fache jener Zeit, bestätigt gewissermaßen diese Ansicht durch folgende Aussage: „La plûpart des entrepreneurs n' ayant aucune connaissance dans la fabrication d' indienne, étoient obligés de s' en rapporter à ce que leur disoit un soi-disant coloriste, qui n' avoit été dans son pays qu' un pileur de drogues et un chauffeur de chaudière." (L' Art de faire les Indiennes, Paris 1780, S. 2.) Dennoch kann kein Zweifel bestehen, daß Ryhiner wie Delormois etwas übertreiben. Es gab manche Ausnahme, ihre noch erhaltenen Erzeugnisse bezeugen es zur Genüge! — Die Lektüre des aufschlußreichen und seltenen Büchleins von Delormois verdanken wir der Anregung von Herrn Prof. Dr. R. Haller.

[136] Vgl. S. 23.

(im Jahre 1775) der Stoffdruckerei „au Logelbach", den Fabrikanten des Elsasses durch seine Erfolge, die er auf Grund wissenschaftlichen Vorgehens erzielt hatte, den neuen Weg wies[137], zeigte in Jouy Oberkampfs Neffe Widmer[138], der Schüler von Berthollet und Chaptal, durch nicht weniger frappierende Resultate, was wissenschaftliche Arbeit in der Praxis hervorzubringen vermag[139]. Nun begannen alle bedeutenden Druckfabrikanten des Elsasses, ihre Zöglinge nach Paris zu schicken, um sie in theoretischer und praktischer Chemie ausbilden zu lassen[140]. Fourcroy, Vauquelin, Thénard, Gay-Lussac und Chevreul waren die aufgesuchten Lehrer, und Daniel Koechlin (-Schouch) der erste berühmt gewordene Schüler[141]. Seine vier farbchemischen Neuerungen[142], die in Verbindung mit nunmehr möglich gewordenen neuartigen Musterungen dem elsässischen Zeugdruck den Weg in die Welt bahnten und den Ausgangspunkt des erstaunlichen Aufschwungs der oberrheinischen Veredlungsindustrie bildeten[143], hatten ausschließlich mit Hilfe wissenschaftlich fundierter Überlegung geschaffen werden können.

Nur wenn man sich diese Tatsache vor Augen hält, wird ersichtlich, welche Bedeutung der wissenschaftlichen Verfahrensweise fortan beizumessen war. Im weiteren wird erklärlich, weshalb in der Folge gerade das Elsaß vorwiegend der chemisch-koloristischen und geschmacklichen Seite der Zeugdrucktechnik seine Aufmerksamkeit zuwandte, und zugleich verständlich, warum die oberrheinischen Drucke in koloristischer und musterungsmäßiger

---

137 Vgl. Kurrer (1840), a. a. O., S. 51; Dollfus-Ausset, Bd. II, S. 199 ff.; Bulletin . . . , 1871, S. 244; Histoire . . . , Bd. I, S. 308 f. und 430, sowie Jenny-Trümpy, S. 143 und 208 f.

138 Dieser stammte aus dem Kanton Aargau.

139 Vgl. S. 52, Anm. 84, sowie Ciba-Rundschau 28, a. a. O., S. 1024, und Dollfus-Ausset, Bd. II, S. 233 f.

140 Kurrer (1844), a. a. O., S. 106 f.

141 Von 1800—1802 hatte er die Vorlesungen von Fourcroy besucht und bleibenden Kontakt mit Vauquelin und Chevreul hergestellt. Sein als Chemiker-Kolorist ebenso berühmt gewordener Sohn Camille (Vater des nicht weniger fruchtbaren Chemiker-Koloristen Horace!) war Ende der 1820er Jahre Schüler von Thénard und Gay-Lussac gewesen. Nach Bulletin . . . , 1934, S. 350, 352 und 355.

142 1. 1809: Entwicklung des aus England stammenden Erzeugnisses Lapis und Kreation des Artikels Lapis riche;

2. 1810: Erstmalige Stückfärbung von Baumwolltüchern in Türkischrot und Aufdruck von Applikationsschwarz;

3. 1811: Einführung des Buntätzdruckverfahrens auf Türkischrot (Artikel Merinos);

4. 1820: Erstmalige Anwendung des Chromgelb, d. h. Chromgelb-Applikation und Ätzdruck.

143 Bulletin . . . 1829, Bd. II, S. 73; Dollfus-Ausset, Bd. I, S. 198; Bulletin . . . 1871, S. 247 f., 250 f., 252 f. — Vgl. auch „Neues Journal . . . ", herausgegeben von J. G. Dingler, a. a. O., Bd. III, S. 3 ff.

Hinsicht tonangebend werden konnten. Schließlich wird auch offenbar, aus welchem Grund im vergangenen Jahrhundert ausländische Unternehmer vorzugsweise elsässische Chemiker-Koloristen an die Spitze ihrer Betriebe gestellt haben.

Vom Empiriker zum Wissenschafter, das heißt von der gedankenlos übernommenen oder zufällig gefundenen zur kausal abgeleiteten bzw. heuristisch gewonnenen Methode, war ein langer Weg. An die Stelle der Lehre in der Farbküche — der Zutritt in die Koloristenkammer kam sowieso nicht in Frage — ist das Studium an der technischen Hoch- oder Fachschule getreten. Die Wanderschaft ist durch die Praktikantenzeit abgelöst worden und das Ausspionieren neuer Verfahren durch die Ergründung der Patente. Aus dem Gesellen wurde der Assistent und aus dem Abteilungsmeister der Betriebsvorsteher. Denn der erste Chemiker-Kolorist amtet heute zugleich als technischer Leiter. Ihm unterstehen nicht nur die Farbküche und die Sphäre der chemischen Illumination, wie dies bei seinem Vorläufer der Fall war, sondern der Gesamtproduktionsprozeß schlechthin, mit all seinen Teilverrichtungen. Ist er im weitern noch Mitglied der Zentralverwaltung — was verschiedentlich zutrifft —, so reicht das Wirken des Chemiker-Koloristen außerdem in den Bereich der Unternehmungsführung hinüber. Arbeitstechnisch gesehen nimmt er aber damit die Stelle des alten Techniker-Unternehmers ein. Wenn nicht generell, so trifft dies in der Regel doch zumindest für die Lohndruckerei zu. Für die Eigendruckerei deshalb weniger, weil hier meist eine scharfe Funktionentrennung zwischen dem technischen und kommerziellen Leiter durchgeführt und letzterer, als das üblicherweise übergeordnete Organ, mit dem Unternehmertyp identisch ist.

Da wir uns mit dieser Funktionentrennung und den Aufgabenkreisen des technischen und kommerziellen Unternehmers noch in einem anderen Zusammenhang näher zu befassen haben werden, können wir unsere Betrachtung hier abbrechen. Der Kolorist dürfte uns auch so schon als eines der tragenden Elemente des Textildruckbetriebes entgegengetreten sein, wie oben erwähnt wurde[144].

b) Die Lohn- und Gehaltsstruktur.

Nichts vermag die eben vorgenommene Rangordnung der Arbeitskräfte besser zu belegen und besonders einprägsam vor Augen zu führen als ein Blick auf die Lohnsätze. Deshalb seien nunmehr die Einkommensverhältnisse betrachtet.

---

[144] Für noch nähere, in erster Linie den Chemiker-Koloristen selber interessierende Ausführungen sei vor allem auf folgende Veröffentlichungen von R. Haller verwiesen: Der Kolorist, a. a. O.; Der Chemiker-Kolorist, in Melliand ... 1931, S. 393 ff., und: Rückblick auf die Vergangenheit der Textilveredlung, in Melliand . . . 1938, S. 186 ff.

Tab. 12. **Mittlere Löhne in Mülhausen/Elsaß von 1780 bis 1900 für zwölf Arbeitstage.**

Arbeiterkategorien	1780[1] franz. Fr. (frs.)	1842[2] frs.	1876[1] frs.	1900[1] frs.
Handdruck				
Modelstecher	20,— bis 24,—	36,— bis 48,—	36,— bis 56,—	
Drucker	12,— „ 16,—	27,60 „ 33,60	45,— „ 52,—	
Druckerinnen		15,60 „ 21,60	25,— „ 30,—	
Streichkinder	2,65[3]		9,— „ 12,—	
Walzendruck				
Graveure		60,— „ 120,—	86,—	65,— bis 100,—
Moletteure		36,— „ 48,—	62,—	65,— „ 80,—
Druckermeister			70,— bis 80,—	100,— „ 150,—
Drucker 1 bis 3 Farb.		36,—	40,—	55,—
„ 4 „ 5 „			48,—	65,—
„ 6 „ 8 „			64,—	80,—
„ 8 „ 16 „				80,— und mehr
Hintermänner (Hilfsarbeiter)			26,—	36,—
Perrotine-Drucker		36,—		
Gemeinsames Personal[4]				
Angelernte Arbeiter			30,— bis 40,—	36,— bis 45,—
Ungelernte „ und Handlanger	8,— bis 12,—	14,40 bis 18,—	20,— „ 29,—	34,— „ 40,—
Frauen u. Mädchen über 15 Jahre			16,— „ 26,—	21,— „ 36,—
Knaben von 16 bis 19 Jahren			16,— „ 24,—	20,— „ 35,—
Knaben u. Mädchen von 12 bis 15 Jahren		9,— bis 12,—	9,— „ 16,—	18,— „ 20,—
Fuhrleute, Heizer Packer		24,—	33,— „ 45,—	45,— „ 55,—

[1] Nach A. Penot, Recherches statistiques sur Mulhouse, in Bulletin ... 1842, Bd. XVI, S. 430, bzw. Histoire . . . , Bd. I, a. a. O., S. 393 f.

[2] Nach A. Penot, a. a. O., S. 414 und 430.

[3] Nach Ryhiner, a. a. O., S. 140.

[4] Im Rohwarenmagazin, in der Bleiche, Farbküche, Färberei, Wäscherei, Hänge, Appretur, Rauherei, am Rahmen (Breiten der Ware), in der Warenprüfung, Legerei u. a. m.

Tab. 12 zeigt die mittleren Löhne, die im Elsaß von 1780 bis 1900 jeder einzelnen Arbeiterkategorie für eine zweiwöchige Arbeitsleistung ausbezahlt wurden. Die Stufenleiter der Arbeitergruppen wird nun deutlich ersichtlich: die höchsten Löhne beziehen die gelernten Arbeiter, also die Stecher oder Graveure und die Drucker, wobei sich die ersteren günstiger stellen, weil ihre Arbeit verhältnismäßig mehr Handfertigkeit, Präzision und Sorgfalt erfordert und Vorbedingung ist für das Gelingen eines sauberen Drucks. In relativ beträchtlichem Abstand folgen die angelernten Werktätigen und diesen, in schon kleinerer Distanz, die

Tab. 13. Mittleres Lohneinkommen für zwölf Arbeitstage der Drucker um ca. 1840 in verschiedenen Ländern.

Ort	Lohnsatz nach Kurrer[1]	Lohn in frs. (franz. Fr.)
Rouen	frs. 3,— bis 7,— täglich	60,—
England	16 bis 24 s.[2] wöchentlich	48,40
Bayern	6 fl. 40 kr.[3] „	32,26
Mülhausen	höchstens Hälfte des Lohnsatzes von Rouen	30,—
Schweiz	1/6 unter dem Mülhausener Lohnsatz	25,—[4] (bis 30,—[5])

[1] A. a. O., S. 290 f.

[2] Wechselkurs nach Kurrer = frs. 1,21.

[3] Wechselkurs nach Kurrer = frs. 2,42.

[4] Die Umrechnung der von Jenny-Trümpy auf S. 392 angegebenen Lohnsätze ergibt Fr. 24,— im Durchschnitt sämtlicher Druckerkategorien.

[5] Rappard, a. a. O., S. 292, zitiert für die Mitte des 19. Jahrhunderts und die Ostschweiz einen Taglohn von Fr. 2,— bis 3,—, für geschickteste Arbeiter einen solchen von Fr. 4,—. In der Westschweiz, deren Zeugdruckgewerbe damals im Niedergang begriffen war, dürften, seiner Ansicht nach, die Löhne mit dem Auflösungsprozeß gesunken sein und tiefer gestanden haben.

ungelernten. Die vorletzte Gruppe wird durch die Frauen und Jugendlichen gebildet, die Handdruckerinnen ausgenommen, während die Kinder (bis zum fünfzehnten Altersjahr) zumeist als Streicher und Handreicher auf der untersten Stufe stehen. Als Schwerarbeiter stellen die Fuhrleute, Heizer und Packer eine Spezialkategorie dar mit verhältnismäßig hoher Entlöhnung.

Die mehr oder weniger starke Schwankung innerhalb einer Verdienstkategorie erklärt sich aus dem Grad der Qualifikation des Arbeiters und seiner Leistung. So wurde beispielsweise in der Manufaktur der Stecher von Vordruckmodeln besser entlöhnt als der Stecher von Boden- und Rentruremodeln, der Vordrucker besser als der Bödmer und dieser besser als die Rentrierer. Letztere waren gewöhnlich noch in erste und zweite Rentrierer untergeteilt, entsprechend der schwereren oder leichteren Rentrurearbeit, wobei die leichtere vielfach von den Frauen ausgeführt wurde, in unserer Liste unter der Bezeichnung „Druckerinnen" erwähnt. Die entsprechende Abstufung finden wir auch beim Walzendruck; die für 1876 und 1900 vermerkten Löhne der verschiedenen Druckerklassen lassen die Rangordnung deutlich erkennen. — Während man die Handdrucker im allgemeinen nach dem Stücklohnsystem entlöhnte, wurde für den Walzendruck zumeist das Zeitlohnsystem angewandt, teilweise verbunden mit einem Prämiensystem, um den Drucker zu einer scharfen Überwachung der Maschine anzuhalten und Fehldruck soweit als möglich auszuschalten.

Diese Einkommensstaffelung ist in ihrem Aufbau repräsentativ; sie gilt also nicht nur für das Elsaß, sondern ebenfalls für die Druckereien der anderen Länder. Dagegen sind die Lohnsätze örtlich verschieden, entsprechend der Verschiedenheit der Verbrauchsstruktur und der unterschiedlichen Lebenshaltungskosten. Diese örtlich bedingte Diskrepanz wird durch Tab. 13 deutlich gemacht, welche die mittleren Löhne der Drucker verschiedener Staaten um 1840 aufweist. Nach Rappard[145] lag damals das schweizerische Preisniveau erheblich unter dem englischen, doch kaum unter dem französischen und vor allem nicht unter dem deutschen, so daß hieraus die Differenz zwischen den englischen und kontinentalen Lohnsätzen, Rouen ausgenommen, ohne weiteres verständlich wird. Bei den Druckern Rouens dürfte es sich größtenteils um Perrotinedrucker gehandelt haben[146]. Sie erzeugten wohl vorwiegend vielfarbige, handdruckähnliche Ware und konnten wegen der relativ hohen Preise dieser Artikel besser entlöhnt werden als einerseits die Handdrucker, die — mengenmäßig gesehen — weniger produktiv arbeiteten, und als anderseits die Walzendrucker, die mehrheitlich verhältnismäßig billige Stapelware druckten. Anders läßt sich, wie uns scheint, die große Spanne nicht erklären.

Wie war nun die Kaufkraft dieser Arbeitereinkommen vor und nach der industriellen Revolution, mit anderen Worten: konnte 1. aus dem Erwerb in der Manufaktur die Lebenshaltung bestritten werden, und hat 2. die Technisierung den Reallohn erhöht?

---

[145] A. a. O., S. 295.

[146] Perrot, der Erfinder der Perrotine, hatte in Rouen nicht nur die erste solche Maschine aufgestellt (1834), sondern in der Folge hier auch die meisten placiert.

Tab. 14. Lebenshaltungskosten einer Arbeiterfamilie mit drei Kindern in Mülhausen während zwei Wochen um ca. 1780 und 1842.

	ca. 1780 frs. rund	ca. 1842 frs. rund[5]
Nahrung[1]	.	21,—
Wohnung	2,—[2]	5,40[3]
Bekleidung	.	5,60
Physiologisches Existenzminimum	19,—[4]	32,—[6]

[1] Um ca. 1842 wurde gegessen: zum Frühstück Brot, in Milchkaffee getaucht; um 9 Uhr trockenes Brot; mittags Kartoffeln mit Butter, Speck oder Schweinefett und Brot, statt Kartoffeln teilweise Gemüse oder Mehlspeisen; um 15 Uhr trockenes Brot; zur Abendmahlzeit Brot und Kaffee. Fleisch (nicht Speck) kam nur Sonntags auf den Tisch. Für einen erwachsenen Mann rechnete man pro Tag mindestens mit 1 kg Brotkonsum. Um 1780 kostete 1 kg Brot 25 cts., 1 kg Fleisch 50 cts., um ca 1842 30 cts. resp. frs. 1,—. (Nach Dr. A. Penot: Recherches statistiques sur Mulhouse, in Bulletin . . . 1842, Bd. XVI, S. 417 f. bzw. 430.) Über die Ernährungsweise der englischen Arbeiter in den 1840er Jahren, die im allgemeinen kaum besser war, orientiert Friedrich Engels: Die Lage der arbeitenden Klasse in England, 2. Auflage, Stuttgart 1892, S. 74.

[2] Frs. 50,— jährlich für „chambre (also nur 1 Zimmer — d. Verf.), cuisine, etc." (Histoire . . . , Bd. I, S. 393, und A. Penot, a. a. O., S. 430.)

[3] Bezüglich der Wohnverhältnisse der Arbeiterklasse in Mülhausen und England, die um ca. 1840 sehr schlecht waren, sei verwiesen auf Herkner, a. a. O., S. 152 f., bzw. F. Engels, a. a. O., S. 75.

[4] Berechnet auf Grund des Existenzminimums von 1842 (siehe nachfolgende Anm. 5) und der Hanauerschen Meßzahlen zur Ermittlung der Kaufkraft des Geldes. Abbé A. Hanauer (Etudes économiques sur l' Alsace ancienne et moderne, Paris & Strasbourg 1878, Bd. II, S. 607) setzt die Kaufkraft des Geldes während der Periode 1851—1875 gleich 1. Für die Zeit von 1826—1850 ermittelte er eine Kaufkraft von 1,21, für die Jahre 1776—1800 und 1751—1775 eine solche von 1,66 resp. 2,45, also von 2,05 als Mittelwert der fünfzigjährigen Periode von 1751—1800. Die Verrechnung dieser Meßzahlen mit dem Existenzminimum von 1842 $\left(\frac{32{,}0 \cdot 1{,}21}{2{,}05}\right)$ und die — vereinfachte — Annahme eines gleichgebliebenen Bedarfsschemas führen zum oben angegebenen hypothetischen Existenzminimum von rund frs. 19,— im Jahre 1780.

[5] Sämtliche vier Zahlenwerte basieren auf den Jahressätzen (auf dem „budget des ouvriers les plus pauvres . . . en ne comptant que le strict nécessaire"), die A. Penot (a. a. O., S. 420) zitiert und die wir auf eine zweiwöchige Wirtschaftsperiode reduziert haben.

[6] Nach A. Penot (a. a. O., S. 420, vgl. auch S. 419) mußte der Lohn eines Mannes frs. 1,25, derjenige einer weiblichen Person frs. 1,05 und der Verdienst zum Unterhalt einer Familie frs. 2,80 täglich betragen, um das Existenzminimum bestreiten zu können, das Jahr zu 300 Arbeitstagen gerechnet.

Auf diese Fragen, die einen bedeutungsvollen Sachverhalt umschließen, geben die Tab. 14 und 15 in Verbindung mit Tab. 12 einige Auskunft. Wir möchten aber hervorheben, daß diese mit allen Vorbehalten entgegenzunehmen ist. Wie Anm. 4 der Tab. 14 zum Ausdruck bringt, mußten wir die Höhe des physiologischen Existenzminimums für das Jahr 1780 mit Hilfe des Existenzminimums für 1842 konstruieren, das uns überliefert wurde, und der Meßzahlen zur Ermittlung der Kaufkraft des Geldes, die Abbé A. Hanauer herausgearbeitet hat. Beruht also schon dieses Resultat bloß auf Schätzungen und der vereinfachten Annahme, daß das Bedarfsschema zu beiden Zeitpunkten gleich war, so sind auch die hierauf aufgebaute Indexberechnung und der sich anschließende Vergleich der Realeinkommen (Tab. 15) lediglich hypothetischer Natur. Hinzu kommt, daß sich das verwendete Zahlenmaterial nur auf das Elsaß bezieht. Trotzdem dürfte das Resultat im großen und ganzen auch für die anderen Länder Gültigkeit haben. Zu berücksichtigen sind natürlich der Unterschied der Lebenshaltungskosten in Stadt und Land und die Verschiedenheit des Lebensstils der einzelnen Völker. So wird beispielsweise berichtet, daß die Arbeiterklasse der Schweiz, verglichen mit derjenigen Frankreichs und Englands, lieber wenig verdiente, mäßig und sparsam lebte, als daß sie die alten Gewohnheiten aufgab[147], ein Tatbestand, der das Lohngefälle Schweiz : Ausland, das wir oben von der Preisseite her erklärten, auch noch von der sozialpsychologischen Seite her begreiflich macht.

Mit den Vorbehalten, die bei einer solch summarischen Betrachtung und bei der Auswertung solch hypothetischer Größenordnungen zu machen sind, stellen wir also fest:

Beim Vergleich der Lebenshaltungskosten (Tab. 14) mit den Einkommen (Tab. 12) ergibt sich, daß im Jahre 1780 lediglich die Modelstecher einen genügend hohen Verdienst hatten, um das physiologische Existenzminimum einer Familie mit drei Kindern zu erreichen. Das Einkommen der Drucker lag teilweise schon wesentlich darunter, dasjenige der Handlanger bereits ganz beträchtlich[148]. Es war also unumgänglich, daß in diesen Fällen, und sofern nicht noch ein landwirtschaftlicher Betrieb geführt wurde, auch die Frau arbeiten ging und so bald als möglich ebenfalls ein Kind oder gar zwei.

Im Jahre 1842 lag der Lohn der Modelstecher bereits erheblich über dem Existenzminimum; derjenige der bestbezahlten Handdrucker erreichte dieses Minimum gerade, während der Lohn der andern Handdrucker darunter blieb. In diesen Familien mußte also weiterhin die Frau verdienen helfen, das Kind dagegen nicht

---

[147] Zitiert bei Rappard, a. a. O., S. 296 f.

[148] Die Einkommensverhältnisse der Kinder ziehen wir fortan nicht mehr näher in Betracht, sondern befassen uns nur noch mit denjenigen der Haushaltungsvorstände.

Tab. 15. Hypothetischer Realeinkommensvergleich der Verhältnisse in Mülhausen um ca. 1780 und 1842 für eine zweiwöchige Einkommens- resp. Verbrauchsperiode.

Jahr ca.	Physiol. Existenzminimum einer Familie mit drei Kindern in frs.	Index der Lebenshaltungskosten 1780=100	Mittleres Einkommen der Modelstecher in frs.		Mittleres Einkommen der Modeldrucker in frs.		Mittleres Einkommen der unqualifizierten Arbeitskräfte[1] in frs.		Mittleres Einkommen der Walzen- und Perrotinedrucker in frs.		Mittleres Einkommen der Walzenstecher und Moletteure in frs.	
			Nominal	in Kaufkraft von 1780[2]	Nominal	in Kaufkraft von 1780	Nominal	in Kaufkraft von 1780	Nominal	in Kaufkraft von 1780	Nominal	in Kaufkraft von 1780
1780	19,—	100	22,—	22,—	14,—	14,—	10,—	10,—	—	—	—	—
1842	32,—	168	42,—	25,—	30,—	17,85	16,—	9,50	36,—	21,40	66,—	39,30
Verbesserung gegenüber 1780			91 %	14 %	114 %	27,5 %	60 %	—5 %	157 %[3]	53 %[3]	200 %[4]	78,5 %[4]

[1] Mit Tab. 12 verglichen, fassen wir in der Kategorie der unqualifizierten Arbeitskräfte zusammen: die an- und ungelernten Arbeiter, die Handlanger, die Fuhrleute, Heizer und Packer, die Frauen und Mädchen über fünfzehn Jahre sowie die Knaben von sechzehn bis neunzehn Jahren. Der Berechnung des durchschnittlichen Einkommens all dieser Arbeitskräfte legen wir die Lohnsätze der ungelernten Arbeiter und Handlanger zugrunde. Die angelernten Arbeiter dürften teilweise etwas mehr verdient haben, die Frauen und jugendlichen Elemente dagegen weniger.

[2] $\frac{\text{Nominallohn}}{\text{Lebenshaltungskosten}} \cdot 100.$

[3] Verglichen mit den Modeldruckern.

[4] Verglichen mit den Modelstechern.

mehr. War das einzelne Glied dieser weniger gut entlöhnten Druckerklasse unverheiratet, so konnte es seine Lebenshaltungskosten relativ gut bestreiten (Existenzminimum 12 · frs. 1,25 = frs. 15,—, siehe Tab. 14, Anm. 6); das Gleiche trifft für die ledige Druckerin zu (Existenzminimum 12 · frs. 1,05 = frs. 12,60, a. a. O.).

Im Walzendruck lagen die Einkommen der gelernten Arbeiter durchwegs günstiger. Der mittlere Verdienst der Graveure überschritt das Existenzminimum ganz beträchtlich, derjenige der Molleteure lag um rund ein Drittel darüber und das Einkommen aller Druckerklassen (Ein- und Mehrfarbendruck) noch um 12—13 %.

Die Lage der ungelernten Arbeiter, die im Mischbetrieb sowohl für den Hand- als auch für den Walzendruck tätig waren, hatte sich dagegen eher etwas verschlechtert. Unverheiratet vermochten sie ihr Existenzminimum gerade zu bestreiten, mit Familie dagegen nicht mehr ohne den Arbeitsverdienst der Frau und zum Teil auch noch denjenigen eines Kindes.

Tab. 15 vermittelt diesen Realeinkommensvergleich in tabellarischer Form und bringt zugleich das relative Ausmaß der nominalen und realen Einkommensänderung zum Ausdruck.

Wir können nun unsere aufgeworfenen beiden Fragen vorläufig in grober Weise beantworten und stellen fest:

1. Vor der industriellen Revolution konnte nur der Modelstecher das physiologische Existenzminimum seiner Familie aus seinem gewerblichen Einkommen bestreiten. Alle andern Arbeiterkategorien waren noch auf den Erwerb der Frau und teilweise auch auf den Erwerb der Kinder angewiesen.

2. Die industrielle Revolution hat diese Lage verbessert, aber lediglich einseitig und ausschließlich zugunsten der gelernten Arbeiter.

Unsere Aussagen beziehen sich jedoch nur auf die einzelnen Arbeiterkategorien ohne Berücksichtigung ihrer jeweils größenmäßigen Bedeutung. Mit Tab. 16 werden wir auch hierüber orientiert — aber wiederum ganz summarisch, wie erneut betont sei. Die Angaben dieser Tabelle beruhen auf unserer Analyse des Standes des gesamteuropäischen Zeugdrucks um ungefähr 1840 (Tab. 10 a, S. 63) und der Auswirkungen der Technisierung (S. 64 f) und führen die mutmaßlichen Größenordnungen der einzelnen Betriebsformen nach der Arbeiterzahl vor Augen.

Abgesehen von der bereits früher (vgl. S. 65) erwähnten Erscheinung, daß in erster Linie die Zahl der gelernten Arbeitskräfte eine Verringerung erfuhr, während sich die Zahl der an- und ungelernten nur relativ wenig veränderte, wird jetzt ersichtlich, daß im damaligen Mischbetrieb — der als verbreitetster Betriebstyp der Druckereien jener Zeit anzusehen ist — 40 % der gelernten und 38 % der an- und ungelernten Arbeiterschaft ange-

Tab. 16. Hypothetischer Personalbestandsvergleich zwischen den einzelnen Betriebsformen um ca. 1840.

Durchschnittsverhältnisse für Gesamteuropa.

Betriebsform	Gesamtarbeiterschaft			Qualifizierte Arbeiter (gelernte Arbeiter)				Unqualifiz. Arbeiter (an- u. ung. Arbeiter		Kinder	
	absolut	vgl. mit Handdruckerei %	vgl. mit Mischbetrieb %	Drucker	Stecher und diverse Abteilungsmeister	Drucker, Stecher und Meister	Anteil an Gesamtarbeitersch. %	insgesamt	Anteil an Gesamtarbeitersch. %	insgesamt	Anteil an Gesamtarbeitersch. %
Handdruckerei	225 000	.	.	100 000	20 000[1]	120 000	53	55 000	25	50 000[2]	22
Mischbetrieb											
Handdruck	89 000	.	.	39 500	7 900[1]	47 400	53	21 800	25	19 800[2]	22
Perrotine- u. a. druck	4 000	.	.	600	600[3]	1 200	30	2 000	50	800[4]	20
Walzendruck	39 000	.	.	3 300[5]	1 100[3]	4 400	11	26 800	69	7 800[4]	20
Insgesamt	132 000	59	.	43 400	9 600	53 000	40	50 600	38	28 400	22
Walzendruckerei	64 000	28	48	3 300[5]	2 200[6]	5 500	9	45 700	71	12 800[4]	20

[1] Zirka ein Fünftel der Drucker.

[2] Zirka die Hälfte der Drucker.

[3] Zusammen ungefähr eine Arbeitskraft je Maschine (Schätzung).

[4] Zirka ein Fünftel des Gesamtpersonals.

[5] Drei Arbeitskräfte je Maschine. Die übrigen drei Arbeitskräfte je Maschine (vgl. Tab. 10 a) waren jugendliche Hilfskräfte.

[6] Zusammen zwei Arbeitskräfte je Maschine (Schätzung). Zur Kompensation der ausgefallenen großen Varietät an Handdruckmustern mußten mehr Walzen je Maschine gestochen werden als bisher.

hörten[149]. Hätte man aber die gesamte Produktion nach wie vor auf manuellem Wege in der reinen Manufaktur durchgeführt, so wären 53 % gelernte Arbeiter beschäftigt worden und nur 25 % an- und ungelernte. Die Verbesserung der Lebenshaltung — ermöglicht durch die Rationalisierung des Modeldruckverfahrens — wäre einem relativ größeren Anteil zugute gekommen. Nicht nur 40 % hätten teilweise mehr als das Existenzminimum verdient (die Modelstecher, Walzenstecher, Moletteure, Modelvordrucker und Walzendrucker), teilweise etwas weniger (bis zu frs. 4,—, die Bödmer und Rentrierer), sondern 53 %, und nicht 38 %[150] wären auf den Erwerb der Frau und zum Teil auch noch auf denjenigen eines Kindes angewiesen gewesen, sondern nur 25 %.

Die Auswirkung der Technisierung manifestiert sich noch deutlicher, wenn wir annehmen, schon damals sei die integrale Mechanisierung vollzogen gewesen, wie es heute teilweise der Fall ist. Der relative Anteil der gelernten Arbeitskräfte hätte dann nur 9 % ausgemacht, derjenige der an- und ungelernten dagegen 71 %. Nur das Einkommen von rund einem Zwölftel der Gesamtarbeiterschaft hätte über dem Existenzminimum gelegen, während fast drei Viertel — in absoluten Zahlen gesehen aber immer eine relativ wenig veränderte Größe — gezwungen gewesen wären, Frau und Kind zum Gelderwerb anzuhalten.

Wir wissen zwar, daß die integrale Mechanisierung auch später nie in allen Ländern verwirklicht wurde[151]. Doch besteht eine solche Tendenz und damit auch eine Tendenz zur Verdrängung gelernter Arbeitskräfte. Wohl verbesserte sich allmählich das Einkommen der an- und ungelernten Elemente in geringfügigem Maße (vgl. Tab. 12, Angaben für 1876 und 1900), doch blieb es weiterhin recht karg und reichte nach wie vor nicht aus, das ebenfalls gestiegene Existenzminimum zu decken. Die Lage gestaltete sich natürlich günstiger, wenn ein landwirtschaftlicher Nebenverdienst zum gewerblichen Haupterwerb trat. Doch ändert diese Erscheinung nichts an der Tatsache, daß die Mechanisierung einen wesentlichen Teil der Manufakturarbeiter freigesetzt hat und, soweit sie im Zeugdruckgewerbe verbleiben konnten und verblieben sind[152], beruflich deklassierte, wobei diese Arbeiter nunmehr ein kleineres Realeinkommen bezogen.

---

[149] Die restlichen 22 % stellen den Anteil der Kinder dar.

[150] Von den Bödmern und Rentrierern abgesehen.

[151] In Mülhausen, dagegen nicht im übrigen Elsaß, scheint sie allerdings bereits Ende des 19. Jahrhunderts vollzogen gewesen zu sein.

[152] Daß ein Teil im Zeugdruckgewerbe verblieben ist, erklärt sich aus dem oben gemachten Hinweis auf den Grundstücksbesitz oder Ackerbau. Aus Gründen der Bodenständigkeit zogen viele Arbeiter vor, sich in die Kategorie der ungelernten Arbeitskräfte versetzen zu lassen, als ausgestoßen zu werden. An ihrer Stelle wurden dann Elemente abgeschoben, die — wie wir schon früher erwähnten — seit jeher der an- und ungelernten Arbeiterschaft angehört und die Masse der flottierenden Bevölkerung gebildet hatten.

Wir können nun die endgültige Antwort auf die zweite Frage geben[153]: Die Mechanisierung des Zeugdrucks gereichte den Arbeitern dieses Gewerbezweiges also nicht schlechthin zum Vorteil, wie behauptet wurde[154]. Allerdings hatte sich eine gewisse Elite gut- und relativ gar besser entlöhnter Arbeitskräfte herausgebildet; die Masse aber wurde allmählich proletarisiert und stieg erst im 20. Jahrhundert zu einer gehobeneren Lebensführung auf[155].

Ergänzungshalber seien noch kurz die Gehälter der fixbesoldeten Arbeitskräfte betrachtet, also die Bezüge der verschiedenen Abteilungsmeister und diversen kaufmännischen Angestellten (Fakturisten, Korrespondenten, Buchhalter u. a. m.). Aus Tab. 17 geht hervor, daß diese Gehälter um 1840 ungefähr dem Einkommen der Walzenstecher entsprachen, d. h. dem Verdienst des höchstentlöhnten gelernten Arbeiters, und demnach schon an der untern Grenze erheblich über dem Existenzminimum lagen.

Tab. 17 richtet das Augenmerk aber noch auf zwei besser honorierte Kategorien von Arbeitskräften: auf die Koloristen und Dessinateure. Es wird nun auch einkommensmäßig deutlich, daß in diesen beiden Elementen die Stützen des Textildruckbetriebs gesehen werden müssen. Schon in den 1780er Jahren bezog die Dessinateurin Friederich, Vorsteherin des Schüleschen Zeichenateliers, frs. 11 000,— jährlich, nebst namhaften Emolumenten[156]. Das Jahresgehalt der Chef-Koloristen und Chef-Dessinateure der führenden Elsässer Häuser belief sich um 1840 auf frs. 10 000,— bis frs. 12 000,— resp. frs. 12 000,— bis frs. 20 000,—[157], während dasjenige der ihnen unterstellten Mitarbeiter zwischen frs. 3000,— und 6000,— schwankte. In der Schweiz (beispielsweise in Biel) und in Bayern[158], wie auch in andern Ländern, waren diese Einkommen etwas niedriger, gleichwohl aber noch recht beachtlich. Abgesehen vom Einkommen des Dessinateurs, der sich verselbständigt hat, und von demjenigen

[153] Die erste Frage wurde schon oben durch den Hinweis auf die prozentuale Zusammensetzung der Arbeiterschaft der Manufaktur genauer beantwortet.

[154] A. Penot in Bulletin . . . 1842, Bd. XVI, S. 430.

[155] Leider sind wir nicht in der Lage, die Verhältnisse der letzten Jahrzehnte zahlenmäßig zu belegen, da die erforderlichen Erhebungen fehlen oder noch nicht zugänglich sind. Doch wollten wir weniger die zeitliche Entwicklung der einzelnen Lohnsätze darstellen, als vielmehr die personale Auswirkung der industriellen Revolution aufweisen und jenen Sachverhalt aufdecken, der an der Wurzel der soziologischen Umschichtung liegt.

[156] Tab. 17, Anm. 4, letzter Absatz.

[157] Nach Kurrer (1840), a. a. O., S. 107, oben, bezogen damals auch in Rußland „tüchtige Coloristen . . . oft einen jährlichen Gehalt von 12 — 15 000, einige sogar über 20 000 Franken".

[158] Vgl. Tab. 17, Anm. 2 und 4.

Tab. 17. Gehälter der Zwischenmeister, Angestellten, Koloristen und Dessinateure im Elsaß um 1840.

Personal-Kategorien	Jahresgehalt frs.	Gehalt für zwei Wochen frs.	Literaturnachweis
Zwischenmeister u. Angestellte	1 200 bis 3 000[1]	46,— bis 115,—	Histoire, S. 393
Koloristen allgemein	4 000 „ 6 000[2]	154,— „ 230,—	Kurrer, S. 134
Chef-Kolorist	10 000 „ 12 000[3]	385,— „ 460,—	„ „ „
Dessinateure allgem.	3 000 „ 6 000[4]	115,— „ 230,—	id. u. Histoire, S. 393
Chef-Dessinateur	12 000 „ 20 000[5]	460,— „ 770,—	Kurrer, S. 134

[1] Im Jahr 1830.

[2] In Bayern betrug das Gehalt fl. 1000,— bis fl. 1800,— = frs. 2420,— bis 4350,—. (Nach Kurrer, Tab. 2.)

[3] Während die größeren Häuser frs. 10 000 bis 12 000 Jahresgehalt auszahlten, bezog bei Dollfus, Mieg & Cie. jeder der beiden „wissenschaftlich gebildeten Männer von anerkanntem Ruf" das Maximum, also frs. 12 000,— (a. a. O.).

[4] In Bayern betrug das Gehalt fl. 800, – bis fl. 1800,— = frs. 1936,— bis 4350,— (Kurrer, Tab. 2), in Biel 100,— bis 150,— Louis d'or = frs. 2400,— bis 3600,—. (Nach Schwab, a. a. O., S. 65.) „Madame Friederich", eine der ersten Zeichnerinnen Hamburgs, die Schüle von 1783 bis 1793 in seine Manufaktur nach Augsburg verpflichtete, bezog schon damals das sehr hohe „Jahresgehalt von 5000 Gulden (frs. 11 000,—) und fand überdies die liberalste Aufnahme und Bewirthung". Nach v. Seida, a. a. O., S. 194.

[5] Jahresgehalt in größeren Häusern, wie Dollfus, Mieg & Cie. in Mülhausen; Gros, Odier, Roman & Cie. in Wesserling; u. ä. m. Das Gehalt des ersten Dessinateurs bei Dollfus, Mieg & Cie. konnte, inkl. der Emolumente, auf frs. 20 000,— veranschlagt werden (a. a. O.).

des Chemiker-Koloristen, der nicht nur Betriebsleiter, sondern auch Geschäftsführer geworden ist, dürften die elsässischen Gehälter der Chef-Dessinateure und Chef-Koloristen, als Gehälter in Goldfranken betrachtet, mancherorts auch gegenwärtig noch Maxima darstellen, trotz der inzwischen erfolgten Erhöhung der Lebenshaltungskosten. Vereinzelt wurden und werden diese Gehaltssummen allerdings überschritten. In der Zeit vor dem Ersten Weltkrieg geschah es vornehmlich in Rußland, beliefen sich doch verschiedentlich die Bezüge „der leitenden Persönlichkeiten (gemeint sind die Chef-Koloristen) auf etwa Rubel 100 000,— = Fr. 230 000,— pro Jahr, zuzüglich freier Wohnung und einer Menge anderer Annehmlichkeiten[159]".

[159] Nach R. Haller: Der Kolorist, a. a. O., S. 51, und persönlich erhaltenen Auskünften. — Einen sehr interessanten Einblick in die organisatorischen sowie lohn- und sozialpolitischen Verhältnisse der russischen Textil-, hauptsächlich Färberei- und Zeugdruckindustrie, während ungefähr des letzten Jahrzehnts vor dem Ersten Weltkrieg bis zum Ausbruch der Revolution 1917, gewährt: N. A. Stankoff: Im Dienste des Kapitals. Erinnerungen eines russischen

c) Die Veränderung der Lohnkosten durch die Technisierung.

Nachdem wir, vom obigen Exkurs abgesehen, die personalen und sozialen Folgen der Maschinenanwendung ermittelt haben, wollen wir zum Abschluß noch untersuchen, wie sich die Verringerung der Zahl der gelernten und die relative Zunahme des Anteils der an- und ungelernten Arbeitskräfte kostenmäßig ausgewirkt hat.

Aus Tab. 18, deren Zahlenmaterial teilweise auf unseren früheren Berechnungen beruht und folglich wiederum mehr oder weniger hypothetischer Natur ist, wird ersichtlich, daß bis ca. 1840 folgende Änderungen stattgefunden haben bzw. möglich gewesen wären:

a) Der Übergang vom Handdruck- zum Mischbetrieb und von diesem zur Fabrik hat bzw. hätte das durchschnittliche zweiwöchige Lohneinkommen des einzelnen Arbeiters von frs. 23,35 auf frs. 22,— resp. frs. 18,— gesenkt, gelernte und an- sowie ungelernte Arbeitskräfte anteilsmäßig berücksichtigt.

b) Dieser Lohnkostensenkung standen aber die Kosten des Mehraufwands für die Mechanisierung des Betriebs gegenüber, denn es steht außer Frage, daß die Ausrüstung einer Fabrik mit sachlichem Kapital (Druckmaschinen, Kupferwalzen usw.) kostspieliger war als diejenige einer Manufaktur (Drucktische, Model und anderes mehr[160]. Wenn wir annehmen, daß um ca. 1840 Anschaffung und Installation einer Druckmaschine und der dazugehörigen Akzessorien (Kraftmaschine, Walzen- bzw. Plattengravur- und andere Einrichtungen[161]) einen Mehraufwand von frs. 30 000,— je Walzendruckmaschine und frs. 15 000,— je Perrotine oder anderen Druckapparat verursachten — vgl. die in Anmerkung 162 an-

Ingenieurs. München: Verlag E. Reinhardt, 1928. — Wir verdanken diesen Hinweis und die Lektüre dieser recht aufschlußreichen Schrift Herrn Prof. Dr. R. Haller.

[160] Den Aufwand an Energie zur Produktion der motorischen Kraft brauchen wir nicht zu berücksichtigen, denn er dürfte kaum größer gewesen sein als der Energieverbrauch zur Erwärmung der Handdrucksäle, der nun teilweise oder ganz wegfiel.

[161] Wir berücksichtigen also nur die Veränderungen, die mit dem Wandel des Druck- und Gravurinstrumentariums verbunden waren bzw. verbunden gewesen wären, und setzen bei unseren Berechnungen vereinfachend voraus, daß die drei verschiedenen Betriebstypen in den Abteilungen der Vor- und Nachbehandlung eine im wesentlichen gleichartige Kapitalausrüstung aufwiesen bzw. aufgewiesen hätten.

[162]

1805:	Kosten der Walzendruckmaschine	für Einfarbendruck	frs.	40 000,—
1878:	ditto inkl. Spezialmotor	für Einfarbendruck	frs.	5 650,—
1878:	ditto inkl. Spezialmotor	für Dreifarbendruck	frs.	8 200,—
	(1878: zuzüglich je frs. 11 000 für das Coursier [vgl. S. 28, Anm. 37])			
1837:	Kosten der Perrotine	für Dreifarbendruck	frs.	5 000,—
1837:	Kosten der Perrotine	für Vierfarbendruck	frs.	8 000,—
	(Nach Bulletin . . . 1838, Bd. XI, S. 42.)			

1810 zahlte die Druckerei Merian & Koechlin in Lörrach für eine Dampfmaschine fl. 275,— = ca. frs. 605,—, Kurs 2,20 (nach „Cassa-Buch" der Firma Merian & Koechlin, Lörrach, S. 121, im Besitze der Manufaktur Koechlin, Baumgartner & Cie., A. G., Lörrach in Baden).

Tab. 18. Hypothetischer Kostenvergleich zwischen den einzelnen Betriebsformen um ca. 1840 auf Grund der elsässischen Lohnsätze. — Durchschnittsverhältnisse für Gesamteuropa.

Betriebsform (Lohndruck)	Mittlere Lohnsumme[1] in frs.				Jahreskosten der Amortisation des Mehraufwands für die Betriebsmechanisierung	Löhne und Amortisation des Mehraufwands		Gesamtkosten per 1 m bei Lohnveredlung[5]	Lohnquote inkl. Amortisationsquote des Mehraufwands	Kostenkompression			
	für 12 Arbeitstage oder 2 Wochen		für 300 Arbeitstage oder 1 Jahr							Löhne u. Amortisation d. Mehraufw. gegenüber		Gesamtveredlungskosten gegenüber	
	insgesamt	per Arbeiter	insgesamt	per Arbeiter	frs.	insgesamt per Jahr (3 und 5) frs.	per 1 m der Jahreserzeugung[4] cts.	cts.	%	der Handdruckerei %	dem Mischbetrieb %	der Handdruckerei %	dem Mischbetrieb %
	(1)	(2)	(3)	(4)	(5)	(6)	(7)	(8)	(9)	(10)	(11)	(12)	(13)
Handdruckerei	5 250 000	23,35	131 250 000	583	.	131 250 000	17,6	50	35	.	.	.	.
Mischbetrieb	2 900 000	22,00	72 500 000	550	2 100 000[2]	74 600 000	10,0	42,4	24	43	.	15	.
Walzendruckerei	1 150 000	18,00	28 750 000	450	1 650 000[3]	30 400 000	4,1	36,5	11	77	59	27	14

[1] Berechnung auf Grund des Personalbestands nach Tab. 16 und der Durchschnittslöhne per Arbeiterkategorie nach Tab. 12 u. 15.

[2] 5 % Amortisation für 1101 Walzendruckmaschinen × frs. 30 000 plus 5 % Amortisation für 577 Perrotinen und andere Druckapparate × frs. 15 000 Mehraufwand.

[3] 5 % Amortisation für 1101 Walzendruckmaschinen × frs. 30 000 Mehraufwand.

[4] Jahreserzeugung = 744 000 000 m (Tab. 10 a).

[5] Bei Annahme, daß es sich um die Veredlung einer mittleren Baumwollqualität handle, die Gesamtkosten (ohne die Rohgewebekosten) im Handdruckbetrieb cts. 50 per Meter betragen (was für jene Zeit ungefähr zutrifft) und nur die Kostenfaktoren Löhne und Amortisation eine Änderung erfahren.

geführten Kostensätze — und die Amortisationsquote 5 % hievon betragen habe[163], so ergibt sich (Kolonne 5 der Tab. 18) eine Mehrbelastung von rund frs. 2 100 000,— resp. frs. 1 650 000,—. Die Lohnsummenersparnis von frs. 58 750 000,— bzw. frs. 43 750 000.— (Unterschiede zwischen den in Kolonne 3 angeführten Lohnsummen) wurde also bei weitem nicht kompensiert, und die Lohn- und Amortisationskosten des Mehraufwands pro Stück, die dem Misch- sowie dem Fabrikbetrieb erwuchsen, blieben nach wie vor ganz erheblich unter den Lohnkosten der Manufaktur. Hier beliefen sie sich auf cts. 17,6 pro 1 m der erzeugten Gesamtmenge, dort nur auf cts. 10,0 resp. cts. 4,1, die Amortisation des Mehraufwands jeweils inbegriffen (Kolonne 7).

c) Wird fernerhin angenommen, daß sich bei Lohnveredlung die Gesamtkostensumme[164] des Handdruckbetriebs auf cts. 50 per 1 m fertig veredelter Ware stellte (vgl. Kolonne 8) und daß sich beim Übergang zur Mechanisierung nur die Kostenfaktoren Löhne und Amortisation geändert haben bzw. hätten, so würde sich (Kolonne 9)

aa) in der Handdruckerei eine Lohnquote von 35 % ergeben haben, im Mischbetrieb eine Quote von 24 % für Löhne und Abschreibung des Mehraufwands und in der Fabrik eine solche von 11 %;

---

[163] Tatsächlich war sie niedriger, rechnete man doch damals mit einer 50-jährigen Abschreibungsperiode. Wir wollen aber annehmen, die Unternehmer hätten für ihre Kalkulation mit einer kürzeren Verschleißperiode gerechnet und dadurch einen verschleierten Gewinn erzielt.

Auch ist zu bemerken, daß sich der Mehraufwand von frs. 30 000,— resp. frs. 15 000,— je Druckmaschine nur auf das Kostenelement Arbeitsmittel bezieht, das damit verbundene Kostenelement Betriebsausdehnung jedoch unberücksichtigt läßt.

Alle Einzelheiten zu berücksichtigen ist aber unmöglich und insofern auch nicht notwendig, als wir lediglich mit Hilfe vereinfachter Daten den Grundzug der Entwicklung aufzeigen wollen, die in Wirklichkeit viel verstrickter war und gar nicht bis ins letzte durchschaut werden kann. Ebenfalls ist zu beachten, daß alle unsere Berechnungen letztlich von einer gegebenen, gemeinsamen Größe ausgehen: von der Gesamtproduktion, die vermittelst des Mischverfahrens erzielt wurde. Durch die Projektion dieser Gesamterzeugung auf den reinen Handdruck einerseits und den reinen Walzendruck anderseits, konnten natürlich und können weiterhin — was oben geschieht — jene personalen, realen und nominalen Strukturverschiebungen aufgewiesen werden, die der Übergang zu der einen oder andern Technik mit sich bringt. Es bleibt aber dahingestellt, ob bei Anwendung ausschließlich eines dieser Verfahren wirklich auch die gleiche Menge produziert worden wäre und nicht weniger resp. mehr. Hätten wir aber eine solche Änderung in Berücksichtigung gezogen, so wäre die Auswirkung der Umstellung weniger offenbar geworden. — Wir hatten also nicht die Wahl zwischen der dynamischen und der statischen Betrachtungsweise, sondern letztere drängte sich geradezu auf, denn nur sie läßt den Umschichtungsprozeß der Elementarfaktoren sichtbar werden, während ihn die Dynamik des wirtschaftlichen Lebens mehr oder weniger verdeckt.

[164] Materialkosten (ohne Rohgewebekosten), Lohn- und Gehaltskosten, Fabrikationsunkosten inkl. Amortisation, Handels- und Vertriebsunkosten, Zinsen und Generalunkosten.

bb) die Gesamtkostenkompression gegenüber der Handdrukkerei hätte sich also auf (Kolonne 12 bzw. 13) 15 % resp. 27 % belaufen und gegenüber dem Mischbetrieb auf 14 %.

Auf Grund dieser hypothetisch gewonnenen Ergebnisse können wir zusammenfassend feststellen:

1. Der als Folge der Technisierung „in Wegfall gekommene Arbeitslohn für die entbehrlich gewordenen Handdrucker wurde" nicht „reichlich kompensiert durch die nun notwendig gewordene Anstellung hochqualifizierter Arbeiter, wie Mechaniker, Zeichner und Graveure", wie behauptet wurde[165], sondern die Technisierung hat im Durchschnitt eine Lohnsenkung bewirkt (vgl. Kolonne 2).

2. Da diese durchschnittliche Lohnsenkung, das Resultat der teilweisen Ersetzung des teuren Produktionsfaktors Arbeit durch den relativ billigen Produktionsfaktor Kapital, auch nicht durch den Mehraufwand ausgeglichen wurde, den die Betriebsmechanisierung, d. h. die Kapitalakkumulation, verursacht hatte, führte die Technisierung zu einer Senkung der realen und nominalen Kosten.

3. Diese Kostenkompression wuchs mit der Verstärkung der Automatisierung und mit der zunehmenden Nutzung des Produktionsapparates[166].

Als Schlußfolgerung ergibt sich nun: Sonst gleichbleibende Umstände vorausgesetzt, hat im Endeffekt die Technisierung eine Preisermäßigung ermöglicht und dadurch eine Ausweitung des Marktes. Der Produktionsapparat konnte deshalb besser ausgenützt werden, was erneut zu einer Verringerung der totalen Stückkosten führte. Diese Senkung erstreckte sich diesmal aber nicht nur auf den variablen Kostenfaktor Löhne[167], sondern ebenfalls auf die fixen Kosten und unter Umständen auch auf die propor-

---

165 F. Schwab, a. a. O., S. 56 f.

166 Im Mischbetrieb waren neben dem Handdruck-Produktionsapparat und neben den 1101 Walzendruckmaschinen noch 577 Perrotinen und andere Druckapparate in Tätigkeit, in der Fabrik dagegen nur noch die „Rouleaux".

167 Sofern die Ausweitung des Marktes die optimale Nutzung des Produktionsapparates ermöglichte, damals also ca. 270 m Stundenleistung je Druckmaschine, wurden mit den 1101 „Rouleaux" nunmehr insgesamt rund 981 000 000 m produziert. Hiefür mußten total 82 000 bis 83 000 Personen beschäftigt werden, d. h. 18 000 bis 19 000 mehr als bei der bisherigen Stundenleistung von 204 m; der zweiwöchige Durchschnittslohn je Arbeiter stellte sich auf frs. 17,20, und die Lohn- und Amortisationskosten für den Mehraufwand betrugen nur noch cts. 3,8 statt cts. 4,1 per 1 m der Jahreserzeugung. Die Senkung des Durchschnittslohns war aber nicht durch eine Herabsetzung der einzelnen Lohnsätze bewirkt worden, sondern lediglich durch die verhältnismäßige Zunahme der Zahl der an- und ungelernten Arbeitskräfte, während die Zahl der gelernten stationär blieb.

tionalen[168]. Gestattete die Ausdehnung der Produktion, neue Arbeitskräfte einzustellen, so erlaubte die Kostenkompression, die Löhne zu erhöhen. Sofern in der Folge und in der wachsenden Wirtschaft weitere Lohnkostensenkungen, verursacht durch die permanenten Rationalisierungen der mechanischen und chemischen Verfahrensweisen, nicht durch eine Steigerung der Kosten anderer Faktoren — beispielsweise der Absatzorganisation oder der wissenschaftlichen Forschung und andere mehr — kompensiert worden oder als Differentialgewinne in die Tasche der Unternehmer geflossen sind[169], war es möglich, erneut Preisabschläge und unter Umständen auch Lohnerhöhungen vorzunehmen. Die Entwicklung zeigt, daß tatsächlich jene wie diese eintraten. Das Ausmaß der Preissenkungen können wir jedoch nicht genau ermitteln. Einerseits stellt es nicht immer den Grad der Veränderung im Kostengefüge dar, und anderseits wurden die Preise durch die Schwankungen des Geldwertes beeinflußt[170]. Auch hinsichtlich der Lohnerhöhungen muß erst eine genaue Untersuchung durchgeführt werden, bevor sich Näheres über den Umfang der Besserstellung der Arbeiterklasse aussagen läßt. Wir wissen lediglich, daß sich — wie schon vorher kurz angeführt wurde — der Lebensstandard des Textildruckarbeiters allmählich gehoben hat: trotz

168 Günstigere Einkaufspreise für die Farb- und Hilfsstoffe usw., da relativ größere Eindeckungen vorgenommen werden konnten.

169 Dies festzustellen muß einer Spezialuntersuchung vorbehalten bleiben, die wir hier nicht durchführen können. Hinsichtlich der Differentialgewinne darf wohl angenommen werden, daß sie aus Wettbewerbsgründen nicht in voller Höhe zurückbehalten wurden.

170 Wird von diesen Daten und denjenigen der Qualitäts- sowie Breitenunterschiede abstrahiert, so vermögen für die Zeit der hochkapitalistischen Wirtschaftsperiode folgende Angaben einigen Aufschluß über die Preisentwicklung bedruckter Baumwollgewebe zu geben:

Jahr	Art des Warenwertes oder Preises	Wert- oder Preishöhe p. 1 m in fr., ca.	Rohwarenpreis p. 1 m in fr., ca.*	Literaturnachweis
1766	Basler durchschnittlicher Verkaufspreis	1,80	1,17	Ryhiner, S. 140 ff. nach Umrechnung seiner Angaben
1828	Elsäss. Durchschnittswert	2,11	—,67	Bulletin 1874, S. 163 f.
1839	„ „	1,27	—,50	1839, S. 580 f.
1847	„ „	1,10	—,37	1862, S. 454
1867	„ „	1,—	—,45	1874, S. 164
1876	Elsäss. durchschnittlicher Verkaufspreis	—,80	—,37	1878, S. 867
ca. 1860	Glarner Durchschnittswerte	—,48 bis —,60	—,28 bis —,33	Jenny-Trümpy, S. 532

* Nach Histoire . . . , Bd. I, S. 280 f. (Elsässische Rohwarenpreise für Einheitsware.)

der Verringerung der Arbeitszeit erhöhte sich sein Realeinkommen. In einzelnen Fällen setzte der Unternehmer die Löhne hinauf, in andern dürfte die Gewerkschaft die Steigerung der Produktivität zugunsten des Arbeiters nutzbar gemacht haben.

Schlugen also die unmittelbaren Folgen der Technisierung zum Nachteil des Arbeiters aus, so gereichten ihm die mittelbaren zum Vorteil. Der Arbeiteraufstieg ging aber nur sehr langsam vor sich und — wie wir an verschiedenen Stellen aufweisen konnten — erst nach vorausgegangener tiefgreifender Umgruppierung der Gesamtarbeiterschaft mit allen sich hieraus ergebenden Spannungen.

III. Produktionspolitik.

Nachdem wir die Entwicklung der Produktionstechnik kennengelernt haben, wollen wir untersuchen, welcher Art die Roh- und Hilfsstoffe sowie die Arbeitsmittel sind, deren man sich während der überblickten Zeitspanne bediente, und woher sie stammen. Alsdann sei das Problem der Standortsorientierung beleuchtet und schließlich geprüft, inwiefern einerseits eine vertikale Unternehmungsintegration stattgefunden hat und anderseits eine Differenzierung.

1. Art und Herkunft des Sachkapitals.

a) Druckböden.

Als wir die Entwicklung der Musterung betrachteten, haben wir festgestellt, daß während der primitiven Periode des europäischen Zeugdrucks vorwiegend leinene, teilweise auch wollene und seidene Gewebe veredelt wurden. Der handwerkliche Drucker, der zumeist für bekannten Absatz arbeitete und diesen Absatz in der Regel in der näheren Umgebung seiner Werkstätte fand, verwandte im allgemeinen auch die Stoffe, die diese Umgebung lieferte. Wohl bedruckte er ebenfalls Gewebe fremdländischer Herkunft[171]. Gesamthaft gesehen handelte

[171] Am Niederrhein beispielsweise wurde schon in der romanischen Periode (10. bis 13. Jahrhundert) Seide bedruckt (Forrer: Die Zeugdrucke ..., a. a. O., S. 14 ff., sowie: Die Kunst ..., a. a. O., S. 23. Vgl. auch die Reproduktion eines Golddrucks auf roter Seide aus dem Jahre „1380, Düsseldorf" in K. Kasper, a. a. O., S. 53). — Auch Barchent, also ein halbbaumwollenes Gewebe (gerauhte Ware mit leinener Kette und baumwollenem Schuß), wurde verschiedentlich veredelt, anscheinend aber bloß in relativ geringem Umfange. Die Baumwolle stammte vorwiegend aus der Levante — Syrien, Cypern — und wurde meist in Venedig eingekauft. In Ulm war das Bedrucken solcher Stoffe „nur bei den minderen Sorten gestattet, . . . nach Aussonderung der drei besseren Qualitäten". (Nach H. Wescher: Die süddeutschen Barchentmanufakturen vom 14. bis zum 16. Jahrhundert, in Ciba-Rundschau 45, Basel 1940, S. 1655.)

es sich hiebei aber um Sonderfälle. Sie sind für uns jedoch insofern bedeutungsvoll, als sie erkennen lassen, daß schon der Drukker der vor- und frühkapitalistischen Zeit Textilien veredelte und — wie wir noch sehen werden — Materialien verwendete, die nur mit Hilfe eines Wirtschaftsverkehrs beschafft werden konnten, der über den lokalen Markt hinausging.

Was während dieser Periode also meist noch die Ausnahme war, wurde im Laufe des 18. Jahrhunderts die Regel. Nicht nur verdrängte die asiatische Baumwolle allmählich die alteingebürgerten, größtenteils heimischen Gewebearten[172], die hervorragende Eignung der Baumwolltücher als Druckgut und schmückenden Bekleidungsstoff, sowie die große Beliebtheit, deren sich der neue Artikel deshalb erfreute, ließen aus dem bescheidenen und verhältnismäßig wenig verbreiteten Handwerk überhaupt erst den wichtigen Gewerbezweig entstehen, der uns in der Folge entgegentritt.

An die Stelle des benachbarten Webers, des ansässigen Kaufmanns oder eines andern einheimischen Auftraggebers[173], traten nunmehr die ostindischen Handelskompanien Englands, Hollands und Frankreichs. Sie waren die Lieferanten der begehrten Rohware und ihre Niederlagen in den europäischen Seehäfen am Atlantik die vielbesuchten Einkaufsstätten. Handelshäuser und Kommissionäre schalteten sich als Zwischenhändler bzw. Vermittler zwischen den Verkäufer und die Vielzahl der mittleren und kleinen Druckereien ein[174], während die großen Druckereien bald dazu übergingen, sich die Ware direkt zu ersteigern[175]. Der Handelsherr J. L. Pourtalès, Teilhaber der Firma Pourtalès &

---

172 Anfänglich wurden noch vielfach Mischgewebe aus Baumwolle und Leinen veredelt. Zum Schutz der alten Textilgewerbe durften beispielsweise in England von 1736 bis 1774 für den einheimischen Verbrauch überhaupt keine reinbaumwollenen Gewebe bedruckt werden, sondern nur halbbaumwollene, d. h. solche mit leinener Kette (A. Ure, a. a. O., S. 40 f. und 139 ff.). Auch Oberkampf in Jouy bedruckte anfänglich solche Mischware, die er aus der Normandie und dem Beaujolais bezogen hatte (Clouzot, a. a. O., S. 15).

173 Vgl. S. 184 f.

174 In Amsterdam z. B. „. . . la maison Faesch, originaire de Bâle, qui faisait la commission pour achats et impressions pour beaucoup de maisons étrangères“ (Ryhiner, a. a. O., S. 74). — Pourtalès in Neuenburg, I.-F. Schmidt in Frankfurt, Biedermann & Cie. in Wesserling (gemeint ist wohl Senn, Biedermann & Co. in Genf, Teilhaber der Manufaktur Risler & Co. in Wesserling/Elsaß — siehe S. 24, Anm. 22) u. a. m. waren die Handelshäuser, von denen die elsässischen Drucker den größten Teil der benötigten ostindischen Tücher bezogen (Histoire . . ., a. a. O., Bd. I, S. 304 f.). Pourtalès kaufte also nicht nur für die eigene Druckerei ein, wie wir gleich sehen werden, sondern betrieb noch einen großen Handel in Kolonialartikeln.

175 Wie wir später noch sehen werden — siehe Kapitel V, Absatzpolitik —, arbeiteten die Manufakturen in vielen Fällen teilweise oder ausschließlich im Lohn. Die obigen Ausführungen beziehen sich also nur auf die Eigendruckereien, d. h. auf die Unternehmungen, die die Rohware auf eigene Rechnung veredelten und vertrieben.

Cie., die unter anderem in Cortaillod die bedeutendste Manufaktur des heutigen Kantons Neuenburg betrieb[176], kaufte die Kattune persönlich in London, Ostende und andern Hafenstädten[177]; J. H. Schüle, der berühmteste Drucker Augsburgs[178], bediente sich anfänglich des Amsterdamer Handelshauses J. F. Motte, reiste aber von den 1760er Jahren an jährlich nach Holland, um den Einkauf selber zu besorgen[179], und Ch.-Ph. Oberkampf[180] „devint le grand client de la Compagnie (française) des Indes, dont il allait acheter les cargaisons de mousselines et de percales à Londres, puis à Lorient, quant elle y en établit un comptoir", berichtet Clouzot[181].

Nachdem die wachsende Nachfrage nach baumwollenen Druckböden in Europa teils zur Einführung, teils zur Entwicklung der Baumwollspinnerei und -weberei geführt hatte, traten diese Produktionsstätten mehr und mehr als Lieferanten neben Ostindien. Außer der Rohbaumwolle, die man auch aus der Levante importierte, wurden aus Indien allmählich nur noch die feinen Mousseline bezogen. Aber bloß so lange, bis die Erfindung der Spinnmaschine die Erzeugung ebenso feiner und starker Garne ermöglichte, die Mechanisierung des Webprozesses die europäische Produktion anschwellen ließ und verbilligte, auf Grund weiterer technischer Verbesserungen Gewebebilder angefertigt werden konnten, die Indien überhaupt nicht kannte. Durch den Anbau der Baumwolle in den Südstaaten der Vereinigten Staaten von Amerika erwuchs schließlich auch dem asiatischen Fasergut selber eine Konkurrenz, so daß letztlich eine fast vollständige Abkehr vom ursprünglichen Bezugsland erfolgte.

Die Zeitspanne vom Aufschwung des modernen europäischen Zeugdrucks bis zur Ermöglichung der mechanischen Großproduktion der Rohgewebe war von einem harten Kampf um die Druckböden ausgefüllt. Nur selten vermochten die ansässigen Handweber genügend Ware zu liefern, hingen sie doch selber vom Spinner ab, der auf seinem Rad lediglich relativ kleine Mengen Garn erzeugen konnte. Selbst die Schweiz war nicht immer in der Lage, die Nachfrage der einheimischen und ausländischen Druckereien zu decken, trotzdem sich in einigen Kantonen schon frühzeitig ein

---

176 Vgl. S. 6, Anm. 13, und S. 42, Tab. 3, Anm. 6.

177 „Aux ventes des toiles de la Compagnie des Indes il disait banco pour des lots d'une importance hors ligne" (Dollfus-Ausset, a. a. O., Bd. II, S. 242, Anm. 1).

178 Vgl. S. 6, Anm. 13, und S. 42, Tab. 3, Anm. 20.

179 „Hier in Holland und namentlich in Rotterdam kaufte er in dem Jahre 1764 den gesamten Vorrat der dort vorhandenen ‚Salempours' und verschiedene Drittelstücke ein, die zusammen 301 554 Gulden 27 Kreuzer kosteten" (v. Seida, a. a. O., S. 168).

180 Vgl. S. 6, Anm. 13, und S. 40/41, Tab. 3.

181 A. a. O., S. 16.

verhältnismäßig bedeutendes Baumwollgewerbe entwickelt hatte[182], und trotzdem die Eidgenossenschaft um die Mitte des 18. Jahrhunderts jenes Land Europas war, das am meisten Baumwolle verarbeitete. „La Lorraine et l'Italie trouvèrent un avantage considérable à vendre des toiles tissées dans le canton de Berne et imprimées à Bâle, en place d'en tirer de la Hollande" läßt uns wiederum Ryhiner wissen[183], und über die glarnerische Handweberei erfahren wir, daß sie zwischen den 1790er und 1820er Jahren diejenigen Mengen, welche die Druckereien des Kantons nicht veredeln konnten, in Zürich und Winterthur, besonders aber auf den Baumwollmärkten von Lichtensteig, St. Gallen und Herisau an andere schweizerische und an süddeutsche Drucker verkaufte[184]. Auch die elsässischen Fabrikanten, die sich anfänglich überhaupt nicht in ihrer Heimat eindecken konnten und noch Ende des 18. Jahrhunderts erst in relativ geringem Maße, bezogen einen großen Teil der Kattune aus der Schweiz[185]. Desgleichen Oberkampf in Jouy. Er war nicht nur „le grand client de la Compagnie des Indes" (siehe oben), sondern auch ein großer Käufer „de toiles fines d' Herisau, de St. Gall, de Winterthur" und ließ außerdem durch die aargauischen Weber Spezialqualitäten anfertigen[186].

Während einige Drucker die Rohgewebe zumeist hausindustriell auf eigene Rechnung herstellen ließen oder beim Verleger

---

[182] „Depuis quelques temps, les Suisses en fournissent considérablement (gemeint ist die Lieferung der Rohtücher); les cantons de Berne (inkl. des damals noch bernischen Aargaus — d. Verf.), de Zurich, d' Appenzell et le Toggenbourg en font des quantités" berichtet Ryhiner (a. a. O., S. 18) und führt dann weiter aus: „celles du Toggenbourg sont les plus estimées pour le fin, celles de Zurich pour le mi-fin, et celles de Berne pour l' ordinaire. Généralement celles des Indes sont estimées les meilleures, quoique l' on se serve aujourd' hui plus de celles de Toggenbourg parce qu' elles reviennent à meilleur marché." — Zur Orientierung über die Entwicklung des toggenburgischen Baumwollverarbeitungs- und Baumwollveredlungsgewerbes sei verwiesen auf: 100 Jahre Heberlein 1835—1935, Jubiläumsschrift der Firma Heberlein & Co. A.-G., Wattwil, S. 16 ff., 41 ff., 49 f. und 96.

[183] Ryhiner, a. a. O., S. 75. Vgl. auch Fetscherin, a. a. O., S. 136, wonach neben dem einheimischen Markt „die angrenzenden Staaten, vor allem aber Frankreich und Italien, die hauptsächlichsten Absatzgebiete (der bernischen Rohtücher) waren". Von einem Export konnte jedoch erst in der zweiten Hälfte des 18. Jahrhunderts die Rede sein. „Die Quellen stimmen alle darin überein, daß bis in die 1750er Jahre die im Kanton Bern gewobenen Tücher ausschließlich an die Zeugdruckereien im Lande gelangten." (A. a. O.)

[184] Angeführt bei Jenny-Trümpy, a. a. O., S. 239 f.

[185] Weitere Mengen lieferten die Verleger des oberen Schwarzwaldes; die feinsten Tücher waren ostindischer Herkunft, gegen 1815 wurden sie aus St. Quentin und Tarare bezogen, bald darauf aus dem Elsaß selber. Nach Histoire..., a. a. O., Bd. I, S. 289, 299, 302, 304 f. und 319; Herkner, a. a. O., S. 14, 35 und 104, sowie — bez. Beschaffung aus dem Schwarzwald — R. Dietsche: Die industrielle Entwicklung des Wiesentals bis zum Jahre 1870, Schopfheim 1937, S. 18.

[186] Clouzot, a. a. O., S. 16.

kauften, wandten sich andere Drucker wiederum an Kommissionäre und Händler und besuchten die Märkte sowie Messen.

Nach erfolgter Maschinisierung der Baumwollverarbeitung in Großbritannien wurde dieses Land der wichtigste und billigste Lieferant der baumwollenen Rohtücher. Dieser Zustand dauerte aber nur so lange an, bis die Absatzländer durch eine mehr oder weniger strenge Schutzzollpolitik die Entwicklung der eigenen Spinnerei und Weberei zu fördern begannen. Frei von Einfuhrverboten, Einfuhrbeschränkungen oder hohen Zöllen blieb im allgemeinen noch der Bezug von Spezialgeweben, und frei vom Eingangszoll überhaupt blieb üblicherweise bloß der Import des Fasergutes.

Aus letztem Hinweis geht hervor, daß der Zeugdruck im Bereich der Rohwarenbeschaffung indirekt weiterhin ein einfuhrbedürftiger Gewerbezweig geblieben ist. In vielen Fällen ist er es auch dann noch, wenn neben der Baumwolle ebenfalls Wolle[187], Leinen[188] sowie Seide veredelt wird. Erst die Verarbeitung von Holzzellstoffasern, also erst der Übergang zum Druck kunstseidener und zellwollener Gewebe, läßt in verhältnismäßig großem Umfange wieder einen Rohstoff verwenden, der gleich dem wichtigsten Fasergut des primitiven Stadiums im europäischen Veredlungsland selber gewonnen werden kann.

b) Färbematerialien und Hilfsprodukte.

Auch zur örtlichen Illumination der Gewebe wurden in vor- und frühkapitalistischer Zeit nach Möglichkeit landeseigene Färbe- und Hilfsmittel verwendet. Die Stoffe und die spärlichen literarischen Quellen[189], auf denen unser Wissen um den alten europäischen Zeugdruck beruht, lassen aber erkennen, daß mancher der erhaltenen Artikel nicht hätte produziert werden kön-

---

[187] Unter den Wollgeweben kam im Textildruck von den 1840er Jahren bis in die 1930er Jahre dem Artikel Wollmousseline teilweise eine erhebliche Bedeutung zu.

[188] Für den Druck von Möbelbezugs- und Dekorationsstoffen ist Leinen auch dann wichtig geblieben, als es als Kleiderstoff von der Baumwolle stark verdrängt worden war.

[189] Hievon seien genannt:

a) Cennino Cennini „Trattato della Pittura", um ca. 1400 in Italien geschrieben. Vom Original, das verlorenging, bestehen verschiedene Abschriften. In den Jahren 1871 und 1915 wurden Übersetzungen in deutscher Sprache herausgegeben. Vgl. R. Forrer: Die Kunst..., a. a. O., S. 11—15, sowie K. Reinking: Das Lehrbuch der Malerei von Cennini und die Tapete von Sitten, in Melliand... 1926, S. 539 ff.;

b) Rezeptbuch zur Anfertigung von Zeugdrucken aus dem Katharinenkloster zu Nürnberg, das aus der Mitte des 16. Jahrhunderts stammt, dessen Text in seinem Ursprung nach Forrer aber bedeutend älter sein dürfte. Vgl. R. Forrer: Die Kunst ..., a. a. O., S. 15—22, sowie Jenny-Trümpy, a. a. O., S. 19 ff.

nen, wenn nicht schon der mittelalterliche Handel Welthandel gewesen wäre. Nur dieser hat es ermöglicht, dem abendländischen Drucker jene Materialien zuzuführen, mit deren Hilfe er die nachgefragten, häufig aber unerschwinglichen Prunkgewebe byzantinischen, sarazenischen und später auch italienischen Ursprungs durch billige Surrogate ersetzen konnte[190].

Von den pulverisierten Pigmenten, die in der Regel mit Leinöl angerieben wurden, waren beispielsweise Ruß, Rötel, Ocker und Grünspan im allgemeinen heimische Erzeugnisse. Auch zur Vorfärbung der Druckböden u. a. in rot, blau, grün oder gelb, oder zum „Schildern[191]", standen in verschiedenen Fällen Landesprodukte zur Verfügung wie Krapp, Waid, Wau, Ginster, Saflor und Kermes[192]. Mit den Beizen, in erster Linie Alaun, war man aber größtenteils vom Ausland abhängig, hauptsächlich von Italien (römischer Alaun) und Kleinasien (smyrnaischer Alaun, mit dem vor allem die Genueser einen großen Handel trieben), desgleichen zumeist mit den Substanzen zur Erzeugung der Gold- und Silberdrucke sowie mit dem Safran[193], dem Rotholz, dem Indigo, Zinnober, Bleiweiß, Bleigelb und der Bleimennige, um einige der Färbemittel zu nennen, die von Cennini[194] und im Nürnberger „Receptbuch[194]" angeführt werden. Teils wurden diese einheimischen und fremdländischen Materialien vom ortsansässigen Händler bezogen, der sie beim Produzenten bzw. in den italienischen Handelsstädten eingekauft hatte, zumeist in Venedig. Teils erfolgte die Beschaffung auf Spezialmärkten — diejenige des Waids beispielsweise in Erfurt und Naumburg —, auf den Jahrmärkten und wahrscheinlich auch bei Apothekern und Alchemisten.

Wir müssen uns aber stets vor Augen halten, daß die damalige Produktion von Textildrucken und somit auch der Bedarf an Färbesubstanzen, relativ klein waren, und daß es sich durchwegs um farbchemisch primitive Erzeugnisse handelte. Erst die Imitation der Indiennes durch das neue Großgewerbe steigerte den Materialverbrauch um ein Vielfaches. Nun gelangten ebenfalls erhebliche Mengen asiatischer Farbstoffe zur Einfuhr, hatte doch ihre Anwendung, in Verbindung mit der Beizen- und Reservedrucktechnik, die schillernden, fast ausnahmslos waschechten und chemisch fixierten Musterungen ermöglicht, um derentwillen die indischen Artikel so begehrt waren. Selbst der Waid, der bisher wichtigste Farbstoff Europas, der nun zur Erzeugung der beliebten

[190] Vgl. S. 14.

[191] Ein- und Ausmalen gewisser Partien.

[192] Der Anbau von Waid und Krapp und die Pflege des Kermes wurden schon von Karl d. Gr. angeordnet.

[193] Dieser wurde schon frühzeitig auch in Deutschland angebaut; in vielen Fällen bezog man ihn aber aus Asien.

[194] Vgl. S. 100, Anm. 189.

Blaufondsartikel[195] und der „Blaudrucke[196]" große Verwendung hätte finden können, vermochte sich dem Indigo gegenüber nicht zu behaupten. Dieser enthielt mehr und reineren Farbstoff, zudem war durch die Lieferung auf dem Seeweg der vielgliedrige Zwischenhandel ausgeschaltet worden, der beim früher üblichen Transport zu Lande die asiatischen Produkte wesentlich verteuert hatte. Nur der Krapp konnte sich bis zur Einführung des synthetisch hergestellten Alizarins (1868) halten. Nach der Entwicklung der Türkischrotfärberei in Westeuropa und der Entdeckung des Buntätzdruckverfahrens auf Türkischrot im Jahre 1811, fand der Anbau dieser Pflanze sogar noch eine Ausdehnung. Avignon, in dessen Umgebung der Krappbau seit der zweiten Hälfte des 18. Jahrhunderts gepflegt wurde, ward zum wichtigen Lieferanten. Erhebliche Mengen kamen auch aus den Niederlanden und Schlesien, wo man den Krapp schon seit Jahrhunderten anbaute; außerdem konnte er bereits im 18. Jahrhundert u. a. aus dem Elsaß[197] und der Markgrafschaft Baden-Durlach[198] bezogen werden und natürlich ebenfalls aus der Levante[199].

Die Mehrzahl der übrigen Farbstoffe, die während der Manufakturperiode zur Anwendung gelangten, wurden aber aus Übersee eingeführt. Aus Asien außer dem Indigo beispielsweise das Sandel-, das Sapanholz (ostindische Rothölzer) und andere Farbhölzer[200], die Granatäpfel, der Safran, der Katechu, die Galläpfel, die Alkannawurzel und die Curcumawurzel; aus Amerika, wo zum Teil die gleichen Farbstoffe gefunden wurden, u. a. das Campecheholz (Blauholz aus Mittelamerika), das Brasilholz (Rotholz aus Brasilien), das Fernambukholz (auch „echtes" Brasilholz genannt, da es sich hier um eine besonders gute Qualität brasilianischen Rotholzes handelt), das Fustelholz (alter Fustik oder auch echtes Gelbholz genannt, aus Mittelamerika), die Quercitronrinde (gelbfärbende Rinde der schwarzen Färbereiche Nordamerikas)

---

[195] Diese Artikel waren u. a. typische Erzeugnisse der westschweizerischen Kattundruckerei (Genf, Neuenburg, Biel).

[196] Ländliche, bodenständige Muster derb-naiver Art.

[197] Hier wurde er seit ca. 1775 in größerem Umfange angebaut. Nach Histoire..., a. a. O., Bd. I, S. 299, und Henry Laufenburger, a. a. O., Bd. I, S. 20 f.

[198] Ryhiner, a. a. O., S. 94. Nach dem gleichen Autor, id., lieferte die holländische Provinz Seeland den besten Krapp. Derjenige Avignons, der noch mehr Farbstoff enthielt, war zu Ryhiners Zeit (1766) noch nicht im Handel.

[199] Beiläufig sei noch erwähnt, daß auch Joh. Heinrich Pestalozzi (1746—1827) versuchte, auf seinem Gute Neuhof auf dem Birrfeld (Kanton Aargau) Krapp zu ziehen. Er beschäftigte damit die in Obhut genommenen Kinder. Da es ihm aber an der nötigen Erfahrung mangelte, mißlang das Unternehmen.

[200] Ryhiner schreibt a. a. O., S. 85: „Les bois de teintures sont: Bimas, Caliatour, Campèche, Fernambouc, Sapan, Brésil, d'Inde, Fistet qui colorent en rouge, bleu et jaune . . . Tous ces bois nous viennent des Indes (womit er vereinzelt wohl auch Westindien meint — d. Verf.) et s'achètent en Hollande."

und die Cochenille (aus Mexiko) sowie ebenfalls der Indigo (aus Guatemala und Santo Domingo).

Wie die ostindischen Baumwollgewebe, wurden auch die überseeischen Farbstoffe auf den Auktionen in London, Amsterdam, Ostende und anderen wichtigen Seehäfen ersteigert. Und wiederum besorgten die großen Drucker den Einkauf auf diesen „ventes publiques" zumeist selber. Andere Drucker bezogen die Materialien über die Händler und Kommissionäre, die auch beim Einkauf der Kattune in Anspruch genommen wurden, oder sie wandten sich an die sogenannten Materialisten oder Drogenhändler, also an Händler, die im Farbstoffhandel spezialisiert waren und u. a. auch die Verdickungsmittel (Stärke, Fischleim, Mehl, Pfeifenerde, Wachs, arabischen Gummi, Senegalgummi, Tragant usw.) sowie die Beizsubstanzen (Alaun, Eisenvitriol, Kupfervitriol, Salpeter, Weinstein, Arsenik, Weinessig, Salmiak u. a. m.) lieferten.

Die Handelshäuser Neuenburgs beispielsweise, für welche die Neuenburger Druckereien im Lohn arbeiteten, belieferten diese nicht nur mit den Kalikos, sondern auch mit den Farbstoffen und Hilfsmitteln. Zu deren Beschaffung besuchten sie entweder die Auktionen in den Hafenstädten oder sie bezogen die Materialien auf der Zurzacher Messe „par l' entremise des négociants hollandais[201]". Ähnliches wird für die Druckereien des Kantons Glarus berichtet. Die Glarner Händler deckten sich aber auch auf den deutschen Messen ein, in erster Linie in Frankfurt am Main, und zwar jedesmal, wenn sie dort ihre Druckerzeugnisse feilboten[202]. Weitere Mengen bezogen die Drucker direkt von den „alten Drogenhandlungen in Zürich und Basel[203]", von den Materialisten des Kantons und den einheimischen Apotheken.

Bemerkenswert ist, daß im Elsaß einige Druckereien selber als Produzenten und Lieferanten verschiedener Chemikalien und

---

[201] Zitiert bei A. Dreyer, a. a. O., S. 34. Siehe auch S. 38. — Über Pourtalès, der sich — wir erinnern uns — gewaltige Mengen ostindischer Kattune zuschlagen ließ, vernehmen wir, daß er auch Farbstoffe auf ähnlich breiter Basis einkaufte. „Jl se faisait adjuger des cargaisons d'indigos aux ventes publiques de Londres" läßt man uns wissen und führt noch näher aus: „... aux docks de Londres, il lui est adjugé pour un million de francs d' indigo." Nach Dollfus-Ausset, a. a. O., Bd. II, S. 242, Anm. 1.

[202] Jenny-Trümpy, a. a. O., S. 195, 389 und 458.

[203] Hier waren die Bernoulli und Geigy die bedeutendsten Farbstoff- und Drogenhändler (vgl. Paul Koelner: Die Safranzunft zu Basel, a. a. O., S. 160 f.). — Die Druckerei Merian und Koechlin in Lörrach/Baden bezog z. B. in den Jahren 1809, 1810 und 1811 gemahlenen Braunstein, Römischen Alaun, Pottasche, Salpeter sowie Zink von der Firma N. de Hieron. Bernoully & Sohn, Salzgeist und Kreuzbeeren von der Firma Joh. Rud. Geigy (Vorgängerin der heutigen chemischen Fabrik J. R. Geigy A. G.). Senegalgummi lieferten die Gebrüder Merian in Basel, Krapp die Firmen Bovard Bourdillon & Cie. in Avignon sowie D. Seeligmann & Cie. in Karlsruhe. Nach „Cassa-Buch" der Firma Merian und Koechlin, Lörrach, Einträge vom 20. 12. 1809, ? 2. 1810, 6. 10. 1810, 6., 7., 10. und 22. 11. 1810, 30. 1. 1811 und 6. 2. 1811.

Farbstoffe auftraten. Sie stellten sie auf breiter Basis her und gaben den Überschuß über den Eigenverbrauch an die befreundeten Manufakturen ab[204]. Dieser Brauch dürfte auch in andern Zentren des Zeugdruckgewerbes üblich gewesen sein. Aber erst die gesellschaftliche Arbeitsteilung, also die Gründung eigentlicher chemischer Fabriken, die anfangs des 19. Jahrhunderts einsetzte, ließ solche Bezüge zur Regel werden und allmählich zu einer gänzlich neuen Versorgungsweise übergehen. Mit dem Aufkommen der Teerfarben-Herstellung in der zweiten Hälfte des gleichen Jahrhunderts war der wichtigste Schritt in dieser Richtung getan, mit der Entwicklung dieser Erzeugung und mit dem Verbrauch ihrer Produkte im Zeugdruck der Übergang vollzogen. Nicht nur konnten den Druckereien nunmehr eine große Zahl neuer Farbstoffe zur Verfügung gestellt werden, die Anwendung der Anilinfarben brachte zugleich eine erhebliche Vereinfachung der chemisch-technischen Druckverfahren mit sich, indem die Farbenfabriken viele der langwierigen Vorarbeiten zur Gewinnung der Farbmasse übernahmen, die bisher den Druckereien zur Last gefallen waren. Zwar erwiesen sich die neuen Färbemittel anfänglich als wenig lichtecht und ziemlich teuer. Die Rationalisierung der Produktionstechnik und die möglich gewordene Großerzeugung führten aber bald zu einer Senkung der Preise, auch gelang es in der Folge, nicht nur den Krapp und den Indigo, die wichtigsten und echtesten natürlichen Farbstoffe, synthetisch darzustellen, sondern noch eine beträchtliche Zahl von Farbstoffen zu gewinnen, die sich in der Natur nicht vorfinden, von denen aber manche an Echtheit ihre natürlichen Vorbilder weit übertreffen.

An die Stelle zumeist organischer Stoffe, die der belebten Natur außereuropäischer Gebiete entnommen worden waren, sind also größtenteils Produkte getreten, für deren Herstellung nur die Mineralien unseres Kontinents notwendig sind. Berücksichtigen wir zudem, daß heute auch die Mehrzahl der Hilfsmaterialien Landesprodukte sind oder doch Produkte Europas, so wird der Wandel im Bereich der Farbstoff- und Drogenbeschaffung, der während der letzten Jahrzehnte eingetreten ist, besonders deutlich. Er hat für verschiedene europäische Staaten zu einer noch weitergehenden Unabhängigkeit von der Zufuhr aus Übersee oder aus dem Ausland überhaupt geführt, als dies im Bereich der Rohgewebeversorgung der Fall ist.

c) Arbeitsmittel.

Von den vielen Werkzeugen, Maschinen und Apparaten, die zur Vorbehandlung, örtlichen Illumination und Nachbehandlung der Gewebe verwendet werden, ist das Musterungsinstrument das typischste Arbeitsmittel des Textildrucks. Im folgenden wollen

---

[204] Histoire . . . , a. a. O., Bd. II, S. 575.

wir uns deshalb nur mit ihm eingehender befassen. Hinsichtlich der übrigen Bestandteile des Produktionsapparates, wie z. B. der Schermaschine, Gassenge, Wasch- und Spüleinrichtung, des Beuchkessels, der Chlorbleiche, des Trockenzylinders, der Hotflue (Kanaltrockner), des Spannrahmens, der Färbekufen, des Jiggers (Färbeapparat), Dämpfkessels und Mather-Platts (Schnelldämpfer), genüge der allgemeine Hinweis, daß diese und weitere Arbeitsmittel zum Teil von den gleichen Werkstätten und Fabriken bezogen werden, die auch die Druckinstrumente liefern, zum Teil von Betrieben, die in der Einrichtung von Bleichereien, Färbereien und Ausrüstungsanstalten spezialisiert sind, teilweise aber ebenfalls in der eigenen Schreinerei hergestellt werden oder in der angegliederten Konstruktionsabteilung.

Vergegenwärtigt man sich den Drucktisch, den Model und den Pinsel, deren sich der handwerkliche Drucker zur Auftragung der Färbesubstanzen, Beizen und Reserven bediente, so wird deutlich, daß diese Geräte relativ leicht im eigenen Betrieb angefertigt werden konnten oder vom benachbarten Tischler und Formenschneider, sofern Arbeitsteilung bestand und Zunftreglemente zu beachten waren.

Die verhältnismäßig kleinen Drucktische wurden in der Regel aus Ahornholz konstruiert, die Model aus Birn- oder Nußbaumholz; die Pinsel fertigte man anfänglich u. a. aus Besenreisig an, den man unten fein zerquetschte, oder aus Menschenhaar[205], später anscheinend zumeist aus Fischgräten, da in der Literatur von „Fischpinseln“ gesprochen wird, „deren man sich (in der zweiten Hälfte des 18. Jahrhunderts) in allen (? — d. Verf.) Zitzmanufakturen bedient(e)[206]“. Alle diese Stoffe zur Erzeugung der Produktionsmittel waren heimischen Ursprungs und konnten mühelos bezogen werden.

Eine Änderung in der Beschaffungsmöglichkeit trat ein, als die Modelgravur durch Einfügung scharfer Messingbleche und spitzer Metallstifte verfeinert wurde, der Druck mit Kupferplatten aufkam und schließlich die Walzendruckmaschine sowie die Perrotine eingeführt wurden. Neben den Schreiner trat nun der Schmied als weiterer Produktionsmittellieferant, Walzwerke lieferten die Kupferplatten, Konstrukteure die Druckmaschinen[207] und Gießereien die rohen, also glatten Druckwalzen.

England, wo die moderne Walzendruckmaschine er-

---

[205] Die Schilderinnen — pinceauteuses — Oberkampfs beispielsweise „se servaient de pinceaux confectionnés par elles-mêmes de leur propres cheveux“, berichtet Oberkampfs Neffe und Mitarbeiter G. Widmer (zitiert bei Alfred Labouchère in „Oberkampf 1738 — 1815“, Paris 1866, S. 29).

[206] v. Seida, a. a. O., S. 159.

[207] Das eiserne Arbeitswerk der Walzendruckmaschine war anfänglich in einem hölzernen Gestell montiert; später wurde auch dieses, wie dasjenige der Perrotine, aus Eisen konstruiert.

funden und anscheinend im Jahre 1785 erstmals in Betrieb genommen worden war, schied für längere Zeit als Lieferant aus, da es — wir erinnern uns — diese und andere mechanische Erfindungen den übrigen Nationen während Jahrzehnten vorenthielt. In den 1820er Jahren wurde zwar das Ausfuhrverbot eine Zeitlang etwas lockerer gehandhabt; 1833/34 erfuhr es aber eine formelle Erneuerung, um erst 1843 auf Drängen der Maschinenindustriellen und unter dem Einfluß der liberalen Bestrebungen, außer Kraft gesetzt zu werden[208].

Wie wir schon früher erwähnten[209], gelangte aber die Kenntnis der Bellschen Erfindung trotzdem bereits Ende des 18. Jahrhunderts nach Frankreich. Werkspionage und die Gewinnung englischer Mechaniker hatten die Geheimnisse zu lüften vermocht, und als im fünften Jahrzehnt des 19. Jahrhunderts die englische Ausfuhrsperre aufgehoben worden war[210], lief auf dem Kontinent bereits eine ganze Anzahl ähnlicher, hier erstellter „Rouleaux". Zudem hatte der Mechaniker Perrot im Jahre 1834 eine Plattendruckmaschine gebaut, „Perrotine" genannt, und seither mit wachsendem Erfolg in Rouen, im Elsaß und im Ausland verkauft, ja selbst in England. Wenn diese Konstruktion auch nie die Verbreitung der Walzendruckmaschine gefunden hat, so kam ihr bis Ende des letzten Jahrhunderts teilweise doch eine nicht unwesentliche Bedeutung zu. Besonders bemerkenswert ist, daß sie zu einem Zeitpunkt als selbständige französische Erfindung hervortrat, als im mechanischen Bereich der Zeugdrucktechnik England allein richtungweisend schien.

Um die Mitte des 19. Jahrhunderts sind aber doch die englischen Textilmaschinenfabriken zum wichtigsten Lieferanten des Festlandes geworden[211]. Kaum weniger bedeutend wurde schon frühzeitig Mülhausen[212]; später traten noch Deutschland und u. a. auch Böhmen als weitere Produzenten mit in Wettbewerb.

---

[208] Caspar Jenny: „Die schweizerische Baumwollindustrie" in Zeitschrift für Schweizerische Statistik und Volkswirtschaft, Bern 1930, Heft 4, S. 574; H. Herkner, a. a. O., S. 71 und 78 f.; vgl. auch Histoire ..., a. a. O., Bd. II, S. 666.

[209] Vgl. S. 28, Anm. 36.

[210] Siehe Anm. 211.

[211] Nach Kurrer (1844), a. a. O., S. 224, stammten sogar schon um 1840 die meisten Walzendruckmaschinen des Kontinents für Zwei- und Dreifarbendruck von Adam Parkinson in Manchester, und wenn wir aus Bulletin ... 1838, S. 36 f., erfahren, bereits 1837 sei die Ausfuhr von Druckmaschinen aus England erlaubt und ihre Einfuhr nach Frankreich mit einem Zoll von 15 % belegt gewesen, so darf angenommen werden, daß die Sperre zumindest praktisch vor dem Jahr 1843 aufgehoben worden ist.

[212] Hier wurde 1826 die Firma André Koechlin & Cie. gegründet, seit 1856 Société alsacienne de constructions mécaniques, speziell zum Bau von Textilmaschinen, worunter auch „Rouleaux" (Histoire ..., a. a. O., Bd. II, S. 666 ff.). — In Cernay bestand von 1817 bis 1834 die Maschinenfabrik Risler Frères & Dixon und lieferte während dieser Zeit u. a. 28 Druckmaschinen (Histoire ..., a. a. O., Bd. II, S. 664 f.). Vgl. auch Bi-Centenaire .. S. 39.

Während die Druckmaschinen von Maschinenbauunternehmen geliefert wurden, bezog man die kupfernen, vereinzelt auch messingenen Musterungswalzen von Gießereien, wie wir bereits oben kurz vermerkt haben, sowie von Gravuranstalten. Teilweise wurden sie in England beschafft, nachdem die Ausfuhrsperre aufgehoben worden war, zu einem beträchtlichen Teil aber ebenfalls in Mülhausen und während der ersten Jahrzehnte des 19. Jahrhunderts auch im Kanton Neuenburg[213]. In England waren nicht nur die Walzendruckmaschine und die zugehörigen Bestandteile erfunden worden, sondern ebenfalls verschiedene Gravurmethoden und -vorrichtungen, welche die Stecherei erheblich erleichterten und beschleunigten. So schon im Jahre 1803 die Molette von Perkins, etwas später u. a. der Guillochir-Apparat, 1839 durch O. H. Droz in La Chaux-de-Fonds wesentlich verbessert[214], und 1834 der Pantograph von H. Deveril[215]. Kurrer berichtet, daß noch um 1840 neuenburgische Messerschmiedwerkstätten die besten Stahlrakeln des Kontinents lieferten. Neuenburg hatte darin einen um so größeren Absatz, als der Bezug aus Sheffield nach wie vor durch die englische Regierung unterbunden wurde, um die Ausdehnung des Walzendrucks auf dem Festland auch auf diese Weise zu erschweren[216].

Wie schon früher, unterhalten die bedeutenden Druckereien auch heute zumeist eigene Gravurateliers und haben somit nur die rohen Walzen von auswärts zu beziehen. Verschiedene Druckereien lassen einen Teil ihres Walzenmaterials auch von selbständigen Gravuranstalten im Lohn stechen, die infolge Spezialisierung leistungsfähiger sind, während der restliche Teil der Walzen im eigenen Betrieb graviert wird. Andere Druckereien, in erster Linie die kleineren, übergeben fast sämtliche Stechereiarbeiten selbständigen Gravurhäusern und ersparen sich derart die Haltung der ge-

---

213 Nach den Angaben bei Jenny-Trümpy, a. a. O., S. 606, kostete 1865 „eine kupferne Druckwalze im Gewicht von 200 englischen Pfund für 70 — 75 cm breite Mouchoirs . . . Fr. 336,— (= 16 pence per engl. Gewichtspfund) und eine messingene im Gewicht von 180 Pfund . . . Fr. 283,50 (= 15 pence per engl. Gewichtspfund)“; die Kosten der Gravur stellten sich auf ca. Fr. 125,— je Walze. Heute — 1946 — kostet eine Kupferwalze ca. Fr. 250,—, die Gravur mindestens Fr. 200,—; 1938 war dagegen nur mit Sätzen von ca. Fr. 130,— resp. mindestens Fr. 120,— zu rechnen. (Nach erhaltener Auskunft. — Bei Angabe des Zahlenmaterials für 1938 und 1946 ist die Änderung des Münzfußes seit 1865 nicht berücksichtigt worden.)

214 Nach Kurrer, zitiert bei Jenny-Trümpy, a. a. O., S. 95, Anm. 1. — Nach „Persoz, II, page 266“ wurde die Guillochirmethode 1822 in La Chaux-de-Fonds durch den Uhren-Guillocheur L. Stramm erfunden (Histoire . . ., a. a. O., Bd. II, S. 646; vgl. auch Eugène Berthoud — Jos. Dépierre —: Traité de la gravure sur rouleaux, Mülhausen/Paris 1906, S. III f. und 12 f.).

215 Vgl. Bulletin . . . 1858, S. 407 f. (Bd. XXIX).

216 Zitiert bei Jenny-Trümpy, a. a. O., S. 96, Anm. 1 (Kurrer 1840, S. 118).

wöhnlich kostspieligen Ateliers und relativ gut entlöhnten Spezialisten.

Die unabhängigen Gravuranstalten sind in der Regel in den großen Textilzentren etabliert, beispielsweise in Mülhausen, Lyon, in der Grafschaft Lancester, im Rheinland und in Sachsen; in der Schweiz besteht je ein Atelier in Basel und in Stäfa. Schon aus letzterer Angabe geht aber hervor, daß sich die Graveure doch nicht ausnahmslos am Standort der Druckerei niederlassen. Erwähnen wir noch die bekannte und große Gravuranstalt Janowsky in Berlin, der Ende des 19. und anfangs des 20. Jahrhunderts aus allen Teilen Deutschlands, aus Rußland und aus andern ausländischen Staaten beträchtliche Mengen von Walzen zur Verrichtung der Stechereiarbeit zugeschickt wurden[217], so wird die Arbeitsorientierung dieses Teilbereichs des Textildruckgewerbes besonders deutlich.

Auch die Schablonen für den Filmdruck werden entweder im Atelier „graviert", das der Druckerei angegliedert ist, oder in einem selbständigen Gravurbetrieb. Während die Filmdrukkereien der Länder, in denen sich ein photochemisches Gewerbe entwickelt hat, die photochemische Gravureinrichtung im Inland beziehen können, sind sie mit der Bronzegaze, dem Musterungsmittel, verschiedentlich vom Ausland abhängig, beispielsweise von Frankreich, und vor dem letzten Krieg auch von Deutschland. Die Seidengaze, die vereinzelt an Stelle der Metallgaze zur Anwendung gelangt, ist dagegen zumeist ein Erzeugnis der heimischen Industrie. Desgleichen der hölzerne Schablonenrahmen und der hölzerne Drucktisch.

Fassen wir das Ergebnis dieser Ausführungen zusammen, so ergibt sich, daß die moderne europäische Textildruckerei mit ihren komplizierten, teils großdimensionierten Maschinen, Apparaten und Gerätschaften verschiedentlich von Lieferanten abhängt, die im Ausland etabliert sind. Hiebei handelt es sich zumeist um Länder, in denen sich das Textildruckgewerbe auf breiterer Basis entwickeln und in denen es füglich auch den Aufbau der Produktionsmittelindustrie begünstigen konnte. Teilweise gegensätzlich lagen die Verhältnisse zur Zeit der Ausübung des alten Modeldrucks. Seine relativ einfachen und kleinen Arbeitsmittel waren noch handwerksmäßig erzeugt worden und sozusagen durchwegs am Standort der Druckereiwerkstatt selber. Die Umwegsproduktion hatte erst ein bescheidenes Ausmaß angenommen und die hiebei verwendeten Stoffe waren fast ausnahmslos Landesprodukte gewesen. Da angesichts dieses Wandels, als auch der vorhin aufge-

[217] Diese Aussage verdanken wir Herrn Prof. Dr. R. Haller. Gleichzeitig verweisen wir auf seine Ausführungen über die Reproduktionsverfahren in: Der Kolorist, a. a. O., S. 26 ff.

wiesenen Veränderungen in den Bereichen der Gewebe-, Färbemittel- und Hilfsproduktebeschaffung Standortsfragen laut werden, soll unser Untersuchungsgegenstand nunmehr von dieser Seite her beleuchtet werden.

2. Standortsorientierung.

Nach der Standortslehre unterscheidet man zwischen Industrien mit gebundenem Standort und Industrien mit freier Standortswahl. Während die Industrien mit gebundenem Standort technisch nur an bestimmten Örtlichkeiten zu betreiben sind, kann die Orientierung der Industrien mit freier Standortswahl nach außerwirtschaftlichen Erwägungen erfolgen, nach wirtschaftsrationalen — Materialorientierung, Arbeitsorientierung, Kapitalorientierung, Absatzorientierung — oder nach Überlegungen, für die das traditionale Moment ausschlaggebend ist.

Versuchen wir nun, festzustellen, ob der Textildruck ein örtlich gebundenes Gewerbe ist oder ein freies. Im letzteren Fall seien alsdann die Faktoren aufgewiesen, die entscheidend waren für die geographische Wahl. Wie bisher, wollen wir auch jetzt wieder genetisch vorgehen und die Untersuchung im primitiven Handwerksbetrieb ansetzen.

Nach unseren vorangegangenen Ausführungen verarbeitete der handwerkliche Drucker in erster Linie Produkte seiner engeren Heimat, in einzelnen Fällen aber auch Erzeugnisse ferner Gegenden. Ob nun heimische Leinen- oder fremdländische Seidengewebe mit selbstgewonnenem Ruß oder eingeführtem Goldstaub bedruckt wurden, unter Verwendung von Ölfirnis als Binde- und Fixationsmittel, ist jedoch unwesentlich, immer ging das verarbeitete Material rein in das veredelte Produkt ein. Vergegenwärtigen wir uns zudem, daß auch sonst keine Materialien mit großem Gewichtsverlust verwendet wurden, die Arbeitsmittel relativ leicht zu beschaffen waren und der Erzeugungsprozeß selber kaum auf natürliche Hindernisse stieß, so gelangen wir bereits zur Beantwortung der ersten Frage: der primitive Textildruck gehörte zu den Handwerken mit freier Standortswahl. Sehen wir nun, nach welchen Gesichtspunkten diese Wahl erfolgte.

Da Reinmaterialien niemals die Produktion an ihre Lager ziehen und, wie wir eben feststellten, nur Reinmaterialien verarbeitet wurden, war der primitive Handdruck nicht materialorientiert. Er scheint auch nur in jenen Fällen arbeitsorientiert gewesen zu sein, in denen Spezialartikel hergestellt wurden, z. B. Metalldrucke, deren Erzeugung ausschließlich auf Grund besonderer und örtlich sorgfältig gehüteter Kenntnisse möglich war. Dagegen dürfte er zumeist k o n s u m o r i e n t i e r t gewesen sein. Hiefür spricht vor allem die Tatsache, daß die alten europäischen Textildrucke mehrheitlich Surrogate der kostbaren fremdländischen

Webstoffe waren und vornehmlich in jenen Gebieten und auf Veranlassung jener Verbraucherkreise — ärmere Kirchen und Klöster sowie weltliche Herren — erzeugt wurden, die die ausländischen teuren Prunkgewebe nicht erstehen konnten.

Mit dem Übergang zur Imitation der Indiennes, d. h. mit der Begründung des modernen europäischen Zeugdrucks, änderte sich die Standortsorientierung. Obwohl die Gründung einer Indiennemanufaktur nur von den wohlhabenden Emigranten und vermögenden Ortsansässigen vorgenommen werden konnte oder lediglich in der Nähe von Kapitalzentren, wo die benötigten Geldmittel erhältlich waren[218], so steht doch fest, daß im Zeugdruck der Manufakturperiode weniger ein kapital- als vielmehr ein materialabhängiges Gewerbe zu erblicken ist. Die Abhängigkeit von einem einzigen lokalisierten Material war dermaßen stark, daß man geneigt ist, sogar von einer Standortsgebundenheit zu sprechen.

Wo immer eine „Indiennedruckerey" gegründet werden sollte, war das Vorhandensein eines fließenden Wassers unerläßliche Voraussetzung. Stets mußte es in genügender Menge verfügbar sein, klar, weich und frei von Eisen und anderen schädlichen Substanzen. Dieses Wasser, das für die Wäscherei und Bleicherei, zur Auflösung der Farb- und Hilfsstoffe sowie zur Zubereitung der Farbbäder benötigt wurde und möglichst auch die Walkmühle, Mangel und Kattunrolle treiben sollte, war aber keine Ubiquität. Es bestimmte deshalb die Orientierung der Druckerei so lange in hohem Maße, bis gewöhnlichem Wasser, das in ausreichender Menge zur Verfügung stand, künstlich die erforderlichen Eigenschaften verliehen werden konnten.

Mit der Hervorhebung eines bestimmten Faktors soll aber die Bedeutung der anderen Gegebenheiten, die bei der Wahl des Standorts ebenfalls beachtet wurden, in keiner Weise geschmälert werden. Doch müssen wir uns stets bewußt sein, daß sie nicht ausschlaggebend waren, sondern nur mitbestimmend.

Wenn wir nun diese Daten in der Reihenfolge ihrer Bedeutung aufzählen und zuerst die klimatischen Verhältnisse erwähnen, also freie reine Luft sowie genügend Sonnenschein, alsdann die ausgedehnten, ebenen Mattenstücke, die man als Bleichwiesen benötigte, und hierauf die Waldungen, aus denen das Brennholz bezogen werden konnte, dann läßt sich vermuten, daß weder die Lokalisierung des Faktors Arbeit, noch diejenige der Faktoren Druckböden, Farb- und Hilfsstoffe sowie Arbeitsmittel einen großen

---

[218] Schüle hätte seine Manufaktur niemals so schnell ausbauen können, wenn die benötigten Geldmittel nicht in der reichen Handelsstadt Augsburg aufzutreiben gewesen wären. Das Gleiche gilt von Küpfer in Lörrach, der im benachbarten Basel einen Geldgeber gefunden hatte, und Basler Kapital hatte auch die Begründung des nahegelegenen Mülhausener Zeugdruckgewerbes gefördert. (Vgl. S. 23, Anm. 21, S. 24, Anm. 22 und 23, und S. 144, Anm. 296.)

Einfluß auf die Wahl des Standorts der frühkapitalistischen Manufaktur auszuüben vermochten. In der Tat trifft dies auch zu. Zumindest für die Anfangsperiode des neuen Gewerbes.

Die Handdruckerei als Kunstmanufaktur erforderte zu ihrem Betrieb eine verhältnismäßig große Zahl erfahrener Arbeiter. Wie wir schon an anderer Stelle ausführten[219], mußten diese aber zumeist aus der Fremde herbeigezogen werden. Die Möglichkeit, Ortsansässige zur Verrichtung der Hilfsarbeiten anzulernen und unter ihnen allmählich einen Stab qualifizierter Arbeitskräfte zu formen, fand zweifellos gebührende Beachtung und wurde denn auch in den Aufrufen der merkantilistisch gesinnten Regierungen hervorgehoben, die zur Förderung der „Reichtumsbildung" und zum „Unterhalt der Landeskinder" die Einführung neuer Gewerbe begünstigten. So lange aber die Präponderanz der immobilen Faktoren künstlich nicht beseitigt werden konnte, die Bevölkerung der Umgebung gewerblicher Betätigung zugänglich war oder behördlich dazu angehalten wurde, die Nachfrage nach Druckstoffen das Angebot überstieg und das Moment der Arbeitskosten noch zurücktreten ließ, so lange war die Anziehungskraft des mobilen Produktionsfaktors Arbeit nur gering.

Gar keine Standortsabhängigkeit bestand im Falle der Beschaffung der Arbeitsmittel. Die wichtigsten, Model und Drucktisch, konnten in der angegliederten Schreinerei angefertigt werden, und die hiezu erforderlichen Ahorn-, Birn- und Nußbaumhölzer waren zumeist Landesprodukte.

Auch im Falle des Bezugs der Rohgewebe, Färbesubstanzen und Hilfsprodukte ist keine Standortsorientierung festzustellen. Die Würdigung der nachstehenden geschichtlichen Tatsachen genügt, um im Zeugdruck, in Verbindung mit der Bleicherei, Färberei und Ausrüstung, ebenfalls in dieser Hinsicht einen Produktionszweig zu erkennen, der seinen Standort frei wählt.

Wie wir bereits früher erwähnten, wurde mit der Einführung des Kattundrucks mancherorts der Anstoß zur Industrialisierung gegeben[220]. Bei näherer Betrachtung dieser Erscheinung bietet sich uns folgendes Bild: In den verhältnismäßig wenig Fällen, in denen in Europa bereits Baumwolle verarbeitet wurde, unterschieden sich die erzeugten Gewebe wesentlich von den ostindischen und fanden deshalb bei den Druckereien, welche die Indiennes imitieren wollten, keinen Anklang. Da die Menge der aus Asien eingeführten Druckböden nicht ausreichte, die Nachfrage zu dekken, und sich die Aussicht auf eine ertragreiche Betätigung bot, war der Anreiz gegeben, die Produktion der neuen Artikel aufzunehmen. Die begehrten Kattune und Mousseline sollten erzeugt werden, trotz aller Einwände der Leinen- und Barchentweber und

---

219 Vgl. S. 70.

220 Vgl. S. 51 und S. 52 ff.

trotz aller Proteste sowie Quertreibereien der Woll- und Seidenstofflieferanten.

Hervorzuheben ist nun, daß nur vereinzelt die Möglichkeit bestand, an eine vorhandene Baumwollspinnerei und -weberei anzuknüpfen, und wenn schon einige Drucker ansässige Weber vorfanden und zur Herstellung der Druckböden veranlassen konnten, so vermochten diese lediglich einen kleinen Teil des Bedarfs zu befriedigen. Zumeist setzte sich der Zeugdruck aber in Gebieten fest, in denen überhaupt noch keine Baumwolle verarbeitet wurde. In vereinzelten Fällen erfolgte deshalb die Umstellung und Ausweitung der bisherigen Produktion; in den meisten der zahlreichen übrigen Fälle zog aber die Etablierung einer Indiennemanufaktur die Begründung der Baumwollspinn- und weberei nach sich, sei es am Standort der Druckerei selber, sei es in der näheren oder weiteren Umgebung. Natürliche Hindernisse waren kaum zu überwinden. Die relativ einfache Technik konnte selbst von Frauen und Kindern ausgeübt werden, kostspielige Arbeitsmittel wurden zum Spinnen nicht benötigt, die Erstellung eines Webstuhls bereitete ebenfalls keine nennenswerten Schwierigkeiten, und Rohmaterial, Garn und Gewebe waren leicht zu transportieren.

So tritt uns in Augsburg Schüle als erster entgegen, „der sich planmäßig um die vernachlässigte Verbesserung der baumwollenen Waaren bemühte“ und derart der niedergegangenen Augsburger Weberei zu neuem Aufschwung verhalf[221]. Im Elsaß dagegen hatte der Zeugdruck die Baumwollspinn- und weberei überhaupt erst ins Leben gerufen[222], desgleichen im Kanton Bern, wo die „Indiennemanufakturen . . schon betrieben wurden, bevor von einer Spinnerei und Weberei die Rede war“, . . . im damals bernischen Aargau um ca. 1720 Spinn- und Weberei „erst durch den Erfolg der Zeugdruckerei angeregt“ worden waren .... und „bis in die 1750er Jahre die im Kanton Bern gewobenen Tücher (nur) an die Zeugdruckereien im Lande gelangten[223]“. Das Nämliche trifft für Biel zu[224] und ähnliches für den Kanton Glarus[225] sowie u. a.

---

[221] Vgl. v. Seida, a. a. O., S. 154 ff., 166 f. und 178 f.

[222] Vgl. Herkner, a. a. O., S. 21 ff., 25 ff., 65 f. und 75 f., Histoire ..., a. a. O., Bd. I, S. 219 f., Robert Lévy, a. a. O., S. 7 f., Henry Laufenburger, a. a. O., S. 2 und 123 ff., sowie Bi-Centenaire . . . , S. 4 und 24.

[223] Fetscherin, a. a. O., S. 13, 127 und 136.

[224] Diese Stadt wurde erst im Jahre 1815 dem Kanton Bern einverleibt. — Bezüglich der Einführung der Spinn- und Weberei siehe F. Schwab, a. a. O., S. 32 und 48 f.

[225] Hier war die Baumwoll-Handspinnerei im Jahre 1714 eingeführt worden, der Zeugdruck 1740, während man sich anfangs des 19. Jahrhunderts „mit Eifer der Entwicklung der Baumwoll-Handweberei hingab, . . . die schon seit 1780 vorhandenen Ansätze dafür in kurzer Zeit kräftig entfalten (konnte . . . und) sich Weberei und Druckerei fortan mehr als je in die Hände arbeiteten“. Nach Jenny-Trümpy, a. a. O., S. 702, resp. 173 und (Zitat) S. 229. Vgl. auch id. S. 366 und das statistische Material auf S. 388.

auch für das Baumwollgewerbe des oberen und unteren Wiesentals, das in erster Linie für die Druckereien Lörrachs und Mülhausens arbeitete[226]. Abgesehen von den scheinbar wenig nachhaltigen Auswirkungen eines Versuchs der Weber von Chester und Lancashire im Jahre 1430[227], die flämischen Barchente nachzuahmen, „weiß man von einer eigentlichen Baumwollindustrie (ebenfalls) in England nichts, bis die Einfuhr der Indiennes den eigentlichen Anstoß zu ihr gab[228]“. Nach Ure[229] wurden hier noch Ende des 17. Jahrhunderts „keinerlei feine und leichte Kattune verfertigt“, in den folgenden Jahrzehnten lediglich halbbaumwollene[230]. Erst „im Jahre 1774 ging die für die britische Kattunmanufaktur so wichtige Akte durch, welche förmlich den Gebrauch und Verkauf aller in England fabricierter Kattune und das Färben und Bedrucken derselben gestattete“.

Mit der Erwähnung dieser Beispiele, deren Reihe leicht weitergeführt werden könnte, dürfte der erste und wichtigste Teil unserer Behauptung bereits genügend belegt sein: eine Standortsorientierung des Zeugdrucks nach den Produktionsstätten der Rohgewebe bestand tatsächlich nicht, vielmehr gilt das Umgekehrte. Der Zeugdruck hat die Baumwollspinnerei und -weberei angezogen, es sei denn, die lokalen Verhältnisse hätten die Festsetzung dieser Gewerbe am Standort der Indiennemanufaktur verhindert, wie es beispielsweise für Genf, Basel und den Kanton Neuenburg zutraf.

Betrachten wir jetzt den Sachverhalt im Falle des Färbe- und Hilfsmittelbezugs.

Auf Grund der vorangegangenen Darlegungen über Art und Herkunft dieser Produkte wissen wir, daß die wichtigsten aus Übersee importiert wurden und erst mit der Entwicklung der chemischen Industrie mehr und mehr durch Landeserzeugnisse ersetzt werden konnten. Bei genauerer Prüfung des letzteren Tatbestands ergibt sich nun, daß auch in diesem Bereich der industriellen Produktion der Zeugdruck der anziehende Gewerbezweig gewesen ist. Er war es, der die Errichtung chemischer Fabriken am Orte

---

226 Vgl. R. Dietsche, a. a. O., S. 15 ff., 33 f. und 47 f., sowie Karl Herbster: Zur Geschichte . . . , a. a. O., S. 24 f., 31 ff. und 50 ff.

227 Nach dem Bericht einer behördlich beauftragten englischen „working party“ wurde in Lancashire die Baumwollverarbeitung erstmals um 1600 aufgenommen. Ob es sich hier ebenfalls um die Erzeugung von Barchentstoffen handelt, können wir aber der kurzen Besprechung dieses Artikels nicht entnehmen. (Vgl. Die britische Baumwollindustrie vor neuen Problemen, in Neue Zürcher Zeitung Nr. 1002 vom 6. Juni 1946.)

228 H. Wescher: Die Anfänge der Baumwollenmanufaktur auf europäischem Boden, in Ciba-Rundschau 45, Basel 1940, S. 1644 f. Vgl. auch W. Sombart: Der moderne Kapitalismus, a. a. O., Bd. II, 2. Halbbd., S. 885 f.

229 A. a. O., S. 40 f. resp. 139 ff.

230 Vgl. unsere Ausführungen auf S. 97, Anm. 172, und S. 152 f.

seiner Lokalisierung veranlaßt hat und solcherweise die Einführung einer neuen Industrie. Die Gründung der chemischen Fabrik in Thann im Jahre 1805 sowie weiterer solcher Fabriken im Elsaß in den Jahren 1808, 1818, 1863 und 1873 liefert hiefür einen eindeutigen Beweis[231]. Ein weiterer Beweis läßt sich aus dem Kanton Glarus beibringen, wo nach Jenny-Trümpy[232] in der ersten Hälfte des 19. Jahrhunderts einige selbständige chemische Fabriken entstanden und Zwischenprodukte für die Druckerei und Färberei herstellten. Ebenso kann die Gründung der chemischen Fabrik des Apothekers I. G. Dingler in Augsburg im Jahre 1806[233] als Beispiel angeführt werden, denn auch sie ist eine Etablierung des Produzenten des Zwischenprodukts am Standort des Produzenten des Konsumguts.

Unsere Ausführungen könnten nun die Meinung aufkommen lassen, wir wollten im Zusammenhang mit der Behandlung der Standortsfrage die Entwicklung der europäischen Baumwollspinnerei und -weberei sowie der chemischen Industrie allein auf die Begründung des modernen europäischen Zeugdrucks zurückführen. Wir verweisen deshalb auf das früher Gesagte[234], wo wir zum Ausdruck brachten, daß ohne Zweifel die allgemeine Umschichtung des Verbrauchs an Textilien zugunsten der Baumwolle die Verarbeitung des neuen Fasergutes ebenfalls ausweitete, so wie auch die Fortschritte auf dem Gebiet der chemisch-technischen Forschung und der Färbekunst wesentlich zum Aufkommen der chemischen Industrie beigetragen haben.

Gleichwohl halten wir fest, und die zitierten Beispiele sprechen dafür: während die frühe Industrialisierung einer ganzen Anzahl von Gegenden einzig der Einführung des Zeugdrucks zu verdanken ist bzw. den Kräften, die diese Einführung begünstigten, kann die nachfolgende Intensivierung der Baumwollverarbeitung in relativ vielen Fällen auf die anhaltend große Nachfrage nach Druckböden zurückgeführt werden.

Hat diese Intensivierung, die in erster Linie durch die Mechanisierung ermöglicht wurde, die Standortsorientierung des Zeugdrucks beeinflußt? Versuchen wir, nunmehr auch hierüber Aufklärung zu erhalten.

Ausgangspunkt unserer Betrachtung ist England, wo die „industrielle Revolution" in der zweiten Hälfte des 18. Jahrhunderts einsetzte, wo neben der Spinnmaschine, dem mechanischen Webstuhl und der Dampfmaschine auch die Walzendruckmaschine er-

---

231 Laufenburger et Pflimlin, a. a. O., S. 76 ff., Histoire . . . , a. a. O., Bd. I, S. 219 f., und Bd. II, S. 574, 576 ff. u. 581 ff. Vgl. auch Bi-Centenaire . . . , S. 4 und 24.

232 A. a. O., S. 458.

233 Nach Jenny-Trümpy, a. a. O., S. 210, Anm. 1.

234 Vgl. S. 51 f.

funden worden war, wo die Baumwollverarbeitung eine wesentliche Verbilligung erfahren und in relativ kurzer Zeit einen ungeheuren Auftrieb erhalten hatte, solcherweise in hohem Maße die industrielle Vormachtstellung und den Reichtum Großbritanniens begründend.

Welches waren die standortsmäßigen Voraussetzungen für eine derartige Entwicklung im Bereich des Kattundrucks? Die Prüfung dieser Frage ergibt, daß neben dem Vorhandensein der benötigten Arbeitskräfte und des geeigneten Wassers, das zur Durchführung verschiedener Teiloperationen des Gesamtproduktionsprozesses nach wie vor unentbehrlich blieb, das Eisen, die Kohle und die Lage des Landes am Atlantik ausschlaggebende Faktoren gewesen sind. Eisen zur Konstruktion der Maschinen und Apparate, Kohle zur Produktion der motorischen Kraft und zur Dampferzeugung für den unmittelbaren Verbrauch während des Produktionsprozesses, die Lage am Atlantik zum frachtmäßig vorteilhaften Rohstoffbezug aus Übersee und Absatz der Fertigwaren dorthin.

Aber nicht nur die technische Begabung des Briten begünstigte die Ausnützung dieser Gegebenheiten. Auch der Unternehmungsdrang und das Erwerbsstreben trieben hiezu sowie das Bedürfnis nach einer leistungsfähigeren Produktionsmethode. So entstand der Maschinenbetrieb, der die billige Massenproduktion ermöglichte und mithin die Belieferung der großen außereuropäischen Absatzgebiete, die England während der Zeit der napoleonischen Kriege, insbesondere aber während der Kontinentalsperre, allein noch offen standen.

An die Stelle Londons trat Manchester als Mittelpunkt der englischen Textildruckerei. In London verblieb der arbeitsintensive Handdruck und spezialisierte sich allmählich in der Veredlung wollener, seidener und gemischter Gewebe[235]. In Lancashire, wo die Arbeitskräfte billiger waren als in der Umgebung Londons, und wo man sich in der Nähe reicher Steinkohlen- und Roheisenlager befand, siedelte sich dagegen die kapitalintensive Kattundruckerei an, gleich wie ihre Vorlieferanten, die Spinnerei und die Weberei. Hier entstanden auch die Maschinenfabriken, welche die neuen Arbeitsmittel lieferten, und hier lag man ebenfalls Liverpool nahe, das sich leicht zum wichtigen Einfuhrhafen und Handelsplatz für amerikanische Rohbaumwolle ausbauen ließ.

Wie verlief hiegegen die Entwicklung auf dem Kontinent? Vier Erscheinungen ziehen vor allem das Interesse auf sich.

Einmal der Aufschwung der Maschinendruckerei als Exportgewerbe in Gebieten, in denen weder Kohlen- noch Eisenlager zu finden sind; dann die Entstehung einer Maschinenindustrie am

---

[235] Nach Kurrer (1840), a. a. O., S. 66, sowie Jenny-Trümpy, a. a. O., S. 204, Anm. 2.

Standort dieser Druckerei; ferner der Niedergang des Zeugdruckgewerbes in Gegenden, in denen es schon frühzeitig zu einer mehr oder weniger großen Entfaltung gelangt war; schließlich die Erhaltung des Zeugdrucks in anderen Gegenden, die kaum günstigere Standortsbedingungen zu bieten vermochten.

Sehen wir uns zuerst die an zweiter Stelle genannte Erscheinung an. Besser noch als im Falle Englands, läßt sich nunmehr erkennen, daß der Zeugdruck ebenfalls den Produzenten der Arbeitsmittel an seinen Standort zu ziehen vermochte. Nach unseren früheren Darlegungen[236] trifft dies insbesondere für Mülhausen zu, trotzdem hier weder Eisen noch Kohle gewonnen werden. Die gewaltige Leistungssteigerung, ermöglicht durch die Mechanisierung, der Wettbewerb mit den englischen Erzeugnissen und die englische Ausfuhrsperre für Textilmaschinen dürften die wichtigsten Gründe für die frühzeitige Einführung der Walzengießerei und des Maschinenbaus gewesen sein. Ihre Entwicklung wurde alsdann durch den erstaunlichen Aufschwung der elsässischen Zeugdruckindustrie begünstigt.

Wenden wir uns nun den drei anderen Erscheinungen zu. Auf die an dritter und vierter Stelle angeführten Tatbestände brauchen wir nicht näher einzugehen. Wohl haben die Erstarkung neuer Produzenten und die Konkurrenz des Maschinendrucks die Zeugdruckerei einzelner Gegenden zum Erliegen gebracht[237], wir werden aber später sehen, daß der Niedergang[238] teilweise mehr noch der Schutzzollpolitik früherer Importländer zuzuschreiben ist, in denen nun selber ein Zeugdruckgewerbe entwickelt wurde. Zwar vermochte man den Untergang durch Einführung der mechanischen Produktionsweise verschiedentlich etwas aufzuhalten, ihn zu verhindern gelang aber äußerst selten. Der ehemals optimale Standort der exportorientierten Druckerei verlor seine rationale Grundlage, sobald die Belieferung der bisherigen Abnehmer unterbunden war und kein entsprechender Ersatz für den Ausfall gefunden werden konnte.

Nur durch eine weitgehende Spezialisierung hat sich der Handdruck vereinzelt zu behaupten vermocht. Das treffendste Beispiel hiefür ist im Zeugdruckgewerbe des Kantons Glarus zu erblicken. Durch Ausnutzung der Vorteile des traditionalen Standorts gelang es, die dortige Handdruckerei zu höchster Blüte zu bringen, als zum Teil ältere und bedeutendere Produktionsstätten der Schweiz vornehmlich aus den oben angeführten Gründen bereits eingegangen oder in Auflösung begriffen waren[239]. Als Standortsvorteile,

[236] Vgl. S. 106 und Bi-Centenaire . . . , S. 4 und 25.

[237] Beispielsweise die Zeugdruckmanufakturen Hollands. Vgl. L. A. Driessen, a. a. O., S. 2249 f.

[238] Z. B. in Genf, Basel, Bern, im Aargau und etwas später u. a. auch im Kanton Neuenburg und teilweise im Kanton Zürich.

[239] Vgl. obige Anm. 238.

die man auszunutzen verstand, sind im wesentlichen zu nennen: die technisch günstigen Fabrikationsbedingungen, eine qualifizierte Arbeiterschaft, ein teilweise weitgehend amortisierter Produktionsapparat und die entwickelte Vertriebsorganisation.

Ebenfalls einer ausgeprägten Spezialisierung ist es zuzuschreiben, daß sich die mechanische Druckerei selbst in jenen Gegenden zu entfalten vermochte, wo weder Eisen noch Kohle gewonnen werden. Mit diesem Hinweis sind wir schließlich zur Erklärung der Erscheinung gelangt, die wir oben an erster Stelle erwähnt haben. Da sie für die Entwicklung des Textildrucks von großer Bedeutung war, wollen wir sie im folgenden etwas eingehender betrachten.

Fragen wir also, welche Art der Spezialisierung es beispielsweise dem elsässischen Maschinendruck ermöglichte, den englischen Lieferanten auf den Märkten, und gar in Großbritannien selber, erfolgreich zu begegnen. Wie konnten die Kostenvorteile wettgemacht werden, die den Engländern aus der günstigen Lage ihrer Betriebe erwuchsen, und zwar sowohl aus dem günstigeren Einkauf der Maschinen und der Kohle[240], als auch aus der günstigeren Eindeckung mit den Rohgeweben und den überseeischen Farbmaterialien und Drogen? Von der Frachtersparnis abgesehen, kamen die Rohgewebe insofern noch billiger zu stehen, als der Nachbar der Baumwollmärkte Liverpools und Manchesters nur relativ kleine Rohstofflager halten und folglich weder hohe Zinsverluste noch unfreiwillige Spekulationsrisiken tragen mußte.

Wir haben schon früher hervorgehoben[241], daß das Elsaß vorwiegend den koloristischen und geschmacklichen Bereich der Stoffveredlung pflegte und Produkte schuf, die in musterungsmäßiger Hinsicht tonangebend wurden. Betrachten wir nun diesen Sachverhalt von der Standortsseite her, so ergibt sich, daß den elsässischen Druckereien überhaupt keine andere Wahl blieb, wenn sie sich im Ausland den Briten gegenüber behaupten wollten. Eine qualitativ höhere Leistung mußte den englischen Vorsprung aufholen, und tatsächlich gelang es auch, durch Entwicklung des Dessins und der Kolorierung sowie durch Verwendung feinerer und neuartiger Druckböden den elsässischen Erzeugnissen jene

[240] Nach dem Rapport über die Englandreise Henri Schlumbergers und Aug. Scheurers im Jahre 1837 waren damals die englischen Druckmaschinen erheblich billiger als die elsässischen. Noch größer war der Preisunterschied bei den Dampfmaschinen und bei der Kohle; im ersteren Fall belief er sich auf 50 %, im letzteren gar auf 80 %, während die chemischen Produkte im Elsaß ca. 30 % teurer zu stehen kamen. Der englische Arbeitslohn war dagegen höher als der elsässische, der schottische aber kaum. (Bulletin ... 1838, Bd. XI, S. 35 ff.; bez. der Lohnverhältnisse vgl. unsere Ausführungen auf S. 82 sowie Tab. 13.)

[241] Vgl. S. 78.

Überlegenheit zu geben, welche die Preisvorteile der englischen Produktion ausglich oder doch weitgehend verringerte[242].

Diese Ausrichtung des Angebots auf die Befriedigung des feineren Geschmacks ließ natürlich nie das Produktionsvolumen und folglich auch nicht die Kostendegression erzielen, die in England durch die Deckung des Massenbedarfs erreicht wurde. Wenn man auch dieserhalb im Elsaß noch 1862 klagte: „Ainsi se vérifie de plus en plus l' adage des fabricants anglais: ‚The frenchmen work for the few, but we for the millions'[243]", so steht doch fest, daß nur diese Spezialisierung die Transport- und Produktionskostennachteile kompensieren und die elsässische Zeugdruckerei auf den Exportmärkten wettbewerbsfähig werden ließ.

Die elsässische Mousseline war in London dermaßen geschätzt, daß ein daraus angefertigtes Kleid mehrere Shillings teurer bezahlt wurde als ein Kleid aus englischer Mousseline. Dies bezeugen 1837 die oben[244] erwähnten zwei elsässischen Fabrikanten nach ihrer Rückkehr von einer Englandreise, und in einer Enquête Parlementaire von 1870 wird zitiert[245]: „Dans de grands pays comme le Mexique, le Brésil, le jaconas imprimé français peut lutter avec le jaconas anglais . . . parce que même avec 2 ou 3 % en sus l' acheteur préfère le jaconas français au jaconas anglais . . . en raison du goût qui est meilleur, de la nouveauté qui est plus grande, enfin du mieux fini."

Nachdem also aus unseren Darlegungen hervorgeht, daß das elsässische Maschinendruckgewerbe weder material- noch konsumorientiert war, muß sich logischerweise entweder die Arbeits- oder die Traditionsorientierung nachweisen lassen. Tatsächlich ist dies auch möglich. Wir kommen überhaupt zum Schluß, daß insofern beide Momente vorgelegen haben, als sich am „traditionalen Standort" ein vorwiegend arbeitsbestimmter Gewerbezweig entwickelt hat, der „Standort von gestern" infolge der „Beharrungstendenz[246]" also auch dann nicht aufgegeben worden war, als sich die Produktionsunterlagen geändert hatten. Am optimal-rationalen Standort

[242] Der Vollständigkeit halber sei bemerkt, daß die Produktion von Qualitätsartikeln im Elsaß bereits anfangs der 1770er Jahre aufgenommen worden war. Zur leichteren Überwindung des französischen Gewichtszolls war es angezeigt, in erster Linie relativ feine und hochwertige Druckstoffe zu erzeugen. Wie wir später noch sehen werden, fielen Frankreichs Zollschranken gegenüber dem Elsaß erst 1790 und gegenüber Mülhausen erst 1798.

[243] Bulletin . . . 1862, S. 448 (Rapport sur les forces matérielles et morales de l' industrie du Haut-Rhin, pendant 1851 — 1861).

[244] Vgl. S. 117, Anm. 240.

[245] Angeführt bei R. Jannasch: Die europäische Baumwollen-Industrie und deren Produktionsbedingungen mit besonderer Berücksichtigung des Oberrheins, Berlin 1882, S. 104.

[246] Terminologie nach E. Salin: Standortsverschiebungen der deutschen Wirtschaft, in: Strukturwandlungen der Deutschen Volkswirtschaft, Berlin 1929, Bd. I, S. 79 f.

der Handdruckerei wurde allmählich zum Maschinendruck übergegangen, weil der vorhandene Faktor Wasser weiterhin von Bedeutung war, in den alten und teilweise amortisierten Betriebsanlagen ohne weiteres eine Druckmaschine und ihre Akzessorien aufgestellt werden konnten, der Standortsbezirk bereits einen Ruf für bedruckte Stoffe hatte, schon eine Verkaufsorganisation bestand, und weil qualifizierte Arbeitskräfte vorhanden waren, die sich leicht auf die neue Produktionsweise umschulen ließen.

Die weitestgehende Beanspruchung des Produktionsfaktors Arbeit, die bei der Erzeugung hochwertiger Artikel bestand, fiel insofern nicht zu sehr ins Gewicht, als die elsässischen Löhne niedriger waren als die englischen[247]. Aber auch ohne dieses Lohngefälle wäre die Arbeitsorientierung möglich gewesen, denn „die hohe Lohnrate erschwert den Wettbewerb gegen die Länder mit billiger Arbeit desto weniger, je mehr hochqualifizierte Arbeitsleistung eine Industrie verlangt[248]“.

Der aufgewiesene Gegensatz zwischen der Produktion Englands und der Produktion des Elsasses läßt somit erkennen, daß die Maschinendruckerei als Exportgewerbe entweder vorwiegend material- oder vorwiegend arbeitsorientiert war. „V o r w i e g e n d m a t e r i a l o r i e n t i e r t“ im Falle der Massenproduktion, also der Erzeugung billiger Artikel, welche durch die Transportkostenvorteile ermöglicht wurde, in erster Linie durch den vorteilhaften Bezug des Gewichtsverlustmaterials Kohle; „v o r w i e g e n d a r b e i t s o r i e n t i e r t“ im Falle der Individualproduktion, also der Erzeugung hochwertiger Artikel, die sich wegen der Transportkostennachteile aufdrängte, in erster Linie wegen des teuren Bezugs des Gewichtsverlustmaterials Kohle.

Die Orientierung wurde in beiden Fällen durch die Lokalisierung des Gewichtsverlustmaterials Wasser wesentlich beeinflußt, nicht aber durch die Lokalisierung der Reinmaterialien Rohgewebe, Färbesubstanzen und Hilfsprodukte und auch nicht durch die Lokalisierung der Produktionsstätten der Arbeitsmittel.

Selbstverständlich hat auch im Falle der Materialorientierung das Kostenelement Arbeit die Standortswahl beeinflußt, und zwar insofern, als innerhalb des gewählten Standortsbezirks der optimale Arbeitsplatz aufgesucht wurde. Wir können aber L a n d a u e r nicht ganz beipflichten, wenn er für die gesamte Veredlungsindustrie feststellt[249], sie sei „überhaupt ihrem ganzen Charakter nach nicht transportorientiert (d. h. nicht materialorientiert — d. Verf.),

---

[247] Vgl. S. 117, Anm. 240, letzter Satz, bzw. S. 82 sowie Tab. 13, S. 81.

[248] J u l i u s L a n d m a n n : Der schweizerische Kapitalexport, Separatabzug aus der Zeitschrift für Schweizerische Statistik und Volkswirtschaft, 52. Jahrgang, Bern 1916, IV. Heft, S. 11, unten.

[249] Gemeint ist hier also nicht nur die Druckerei, sondern ebenfalls die Bleicherei sowie die Färberei und die Ausrüstung.

sondern in erster Linie arbeitsorientiert (und) in ihrer ganzen Entwicklung . . . bestimmt durch eine möglichst große Kompression der Verarbeitungskosten[250]". Zwar fügt er bei, die Kohle „wirke bei der Auswahl der Arbeitsplätze bestimmend mit", übersieht aber, daß diese Mitwirkung mit der Senkung der Lohnrate noch wuchs. Indem der teure Produktionsfaktor Arbeit in zunehmendem Maße durch den billigeren Produktionsfaktor Kapital ersetzt wurde, verstärkte sich auch die Anziehungskraft der Kohlenlager und verringerte sich die Attraktionskraft des Arbeitsplatzes in all jenen Fällen, in denen die Produktion nur relativ wenig hochqualifizierte Arbeit erforderte.

Verglichen mit anderen Industrien war die Maschinendruckerei als Veredlungsgewerbe natürlich durchwegs weitgehend arbeitsorientiert. Typisch waren aber ebenfalls die örtlichen Qualitätsunterschiede, die im Rahmen einer Standortsuntersuchung aufgewiesen und standortsmäßig erklärt werden müssen. Wie wir gesehen haben, ergibt sich dann, daß regional unterschiedliche Standortsverhältnisse vorlagen und die Nähe der Kohlenlager die Erzeugung billiger Massenware begünstigte.

Auch wenn wir die Verhältnisse bei Belieferung des Inlandsmarktes betrachten und die Erzeugnisse verschiedener Produktionsstätten des gleichen Landes miteinander vergleichen, gelangen wir zum nämlichen Ergebnis. Rouen, nahe dem nordfranzösischen Kohlenrevier gelegen, belieferte Frankreich vorwiegend mit Massenware[251], während dem Elsaß in erster Linie die Deckung des Qualitätsbedarfs verblieb. Ähnlich verhielt es sich in Deutschland. Die Druckereien Sachsens, des Rheinlands und Westfalens erzeugten hauptsächlich Stapelartikel, die Betriebe Süddeutschlands dagegen, allen voran die Druckerei Lörrachs, insbesondere Individualware und Spezialprodukte.

Wie konnte sich aber beispielsweise in Italien ein Maschinendruckgewerbe entwickeln, das vor allem die billigen Erzeugnisse liefert, trotzdem eigene Kohlenlager fehlen und der weite Weg zum ausländischen Kohlenlieferanten die Fracht wesentlich verteuert? Wie kommt es ferner, daß die italienischen Druckereien sogar auf dem Exportmarkt mit den transportmäßig günstiger gelagerten Produzenten erfolgreich zu konkurrieren vermochten?

Im Jahre 1878, als die italienische Handelspolitik einen schutzzöllnerischen Charakter erhielt, standen erst vier Druckfabriken in Betrieb, 1900 dagegen bereits 25 mit „fast" 90 Maschinen[252]. Es erscheint somit unzweifelhaft, daß die Entfaltung des italienischen Zeugdruckgewerbes wesentlich dem Übergang zum Protektionismus zuzuschreiben ist. Ebenso unstreitig dürfte aber auch sein,

---

[250] A. a. O., S. 176.

[251] Bulletin . . . 1838, Bd. XI, S. 41.

[252] Vgl. S. 33., Tab. 2.

daß die Ausdehnung kaum ein solches Ausmaß angenommen haben würde und die inländische Erzeugung schwerlich so stark geschützt worden wäre, wenn nicht eine bestimmte Voraussetzung zur Entwicklung dieser Industrie bestanden hätte: die Massennachfrage, herrührend von der relativ großen Bevölkerungszahl und der Beliebtheit, deren sich die Druckstoffe seit langem in Italien erfreuten. Dadurch wurde die Massenproduktion von Stapelware ermöglicht, folglich eine gewisse Standardisierung der Erzeugung und letztlich die mit diesen Momenten verbundene Kostendegression. Die relativ niedrigen italienischen Arbeitslöhne ließen zudem die Transportkostennachteile leichter ertragen, so daß es ebenfalls möglich war, solche Ware mit Erfolg zu exportieren[253].

Das Beispiel Italiens zeigt, daß sich die standortsmäßige Spezialisierung auch nach dem Umfang der Nachfrage richtet. Wenn wir schließlich die Entwicklung des gesamteuropäischen Zeugdrucks während der letzten Jahrzehnte betrachten, dann wird dieser Sachverhalt noch deutlicher. Trotzdem durch die Verwendung der Elektrizität der Kraft- und Heizstoff gewissermaßen zur Ubiquität geworden ist, erfolgte unter dem Regime des Schutzzollsystems die Erzeugung billiger und allgemein gebräuchlicher Stapelware vornehmlich in den Ländern, hinter deren Produktionsapparat ein großer, offener Markt stand. Die andern Länder produzierten dagegen hauptsächlich Spezialartikel sowie Produkte für ihre Kolonien[254] und bezogen die modischen Massenartikel direkt vom Ausland oder im Wege des passiven Veredlungsverkehrs. Vermochten sie sich ohne Hilfe des Staates und ohne Dumping in den Ausfuhrhandel einzuschalten, wie es insbesondere der Schweiz seit den 1920er Jahren wieder gelang, dann vor allem durch Entwicklung der arbeits- und kapitalorientierten Qualitätserzeugung.

Für die Wahl des Standorts und für die Wahl des Produkts, das erzeugt werden soll, hat also die Lokalisierung der Kohlenlager mittlerweile an Bedeutung verloren. Die Arbeitsverhältnisse haben dagegen nichts von ihrem Einfluß auf die Standortswahl eingebüßt, die Wasserverhältnisse nur wenig. Soll heute der Standort optimal sein, dann müssen immer geeignete Arbeitskräfte und eine ausreichende Menge klaren Wassers zur Verfügung stehen.

---

[253] Nach Bulletin ... 1901, S. 368, wurden erhebliche Mengen von Flanellen und anderen gerauhten Artikeln nach Argentinien ausgeführt. — In der Färber-Zeitung, Berlin, Jahrgang 1899, S. 411, wird berichtet, daß in Mittel- und Südamerika der rheinländisch-westfälischen Baumwolldruckerei „eine starke Konkurrenz" in den italienischen Lieferanten erwachsen sei.

[254] Beispiele hiefür sind Holland, Belgien und Portugal, deren Zeugdrukkereien in erheblichem Maße für den Kolonialmarkt arbeiten.

Von der bevölkerungsmäßigen Größe des Marktes hängt es dann ab, ob in erster Linie allgemein gebräuchliche Massenartikel erzeugt werden oder Qualitäts- und Spezialprodukte[255].

3. Vertikale Unternehmungsintegration und Differenzierung.

In der Produktionsstufenfolge der Spinnerei, Weberei und Veredlung steht der Textildruck bekanntlich an oberster Stelle[256], gemeinsam mit der Bleicherei, Merzerisation, Färberei und Ausrüstung. Nachdem unsere Standortsuntersuchung erkennen ließ, daß die Gründung von Spinnereien und Webereien mancherorts ausschließlich zur Deckung des Bedarfs an Druckböden erfolgte, sei nunmehr ermittelt, ob diese Vorlieferanten mit der Druckerei in einem einheitlichen Unternehmen zusammengefaßt waren oder ob eine gesellschaftliche Arbeitsteilung bestand.

Es erübrigt sich, die Verhältnisse zur Zeit des primitiven Handdrucks näher darzulegen. Unter der Herrschaft der Zünfte waren die Berufe scharf getrennt und jeder Stufenprozeß wurde üblicherweise als selbständiges Handwerk ausgeübt. Führte ein Handwerker einmal zwei Operationen durch, dann handelte es sich stets um eng verwandte und unmittelbar voneinander abhängende, keinesfalls aber um gänzlich verschiedenartige. So webte der Drucker niemals die Druckböden, und noch weniger spann er das Garn. Nur Modelstecher und Drucker, Tuchscherer und Drucker sowie Färber und Drucker waren zuweilen in ein und derselben Person vereinigt. Als Modelstecher fertigte sich der Drucker die Druckform an, als Tuchscherer rüstete er das Gewebe für den Illuminationsprozeß zu, als Färber verlieh er der rohfarbigen Textur eine neue Grundfärbung, sofern überhaupt eine solche erwünscht und nicht aufgedruckt wurde. Auch die Nachbehandlung lag in den Händen des Druckers. Verglichen mit heute war dieser Ausrüstungsprozeß allerdings sehr primitiv und beschränkte sich zumeist auf das Glätten, gelegentlich noch auf das Glänzen des Druckgutes.

So wie Vorbehandlung, Druckprozeß und Nachbehandlung in der Werkstatt des handwerklichen Druckers durchgeführt wurden, so schloß auch die alte Manufaktur und schließen ebenfalls die modernen Walzen- und Filmdruckereien üblicherweise sämtliche Veredlungsphasen in ihr Produktionsprogramm ein. Nur vereinzelt kann eine Abtrennung der Bleicherei, Zurüstung und Ausrüstung festgestellt werden. Da es sich hier aber um integrierende Bestand-

---

[255] Um die Standortsfrage des Filmdrucks und des Seidendrucks, die wir nicht speziell erörtert haben, wenigstens andeutungsweise zu beleuchten, sei erwähnt, daß sich der Filmdruck in der Regel am traditionalen Standort des Handdrucks und des Qualitätsprodukte erzeugenden Walzendrucks entwickelt hat, der Seidendruck dagegen vorwiegend in der Nähe der Seidenstoffweberei, also vor allem in Lyon, im Rheinland, in der Nordschweiz und in Norditalien.

[256] Vgl. unsere Ausführungen auf S. 9.

teile des Druckprozesses handelt, ist die Vereinigung all dieser Werke die Regel.

Weniger allgemein ist die Verbindung der verschiedenstufigen Betriebe, also die Kombination von Spinnerei, Weberei und Drukkerei. Sehen wir nun, wie es sich hiebei im einzelnen verhält, und versuchen wir festzustellen, ob und weshalb mehrheitlich eine Vertikalintegration vorliegt oder eine Differenzierung.

Wo immer wir unsere Untersuchung ansetzen, sei es in der Schweiz, im Elsaß, in England, in Deutschland oder anderswo, meist finden wir ein Nebeneinander von Betriebsverbindung und Betriebsteilung. Nach Landauer ist zwar im Zusammenfallen von Spinnerei, Weberei und Veredlung „das Primäre" zu sehen, in der Abtrennung der Veredlung dagegen „die Folge der Entwicklung[257]". Betrachten wir aber die Gestaltung der ältesten Manufakturen etwas näher, so wird offensichtlich, daß eine ganze Anzahl der bedeutendsten noch differenzierte Unternehmen waren, als die Baumwollspinnerei und -weberei bereits eine ziemliche Verbreitung gefunden hatte. Weder die Druckereien der Städte Augsburg, Genf, Bern und Basel, noch die „fabriques de toiles peintes ou imprimées" des Kantons Neuenburg waren mit den vorgelagerten Produktionsstufen verbunden. Das nämliche trifft für etliche Manufakturen Mülhausens zu, des Aargaus sowie der Kantone Zürich und Glarus, und selbst Oberkampf, einer der größten Verbraucher baumwollener Druckböden, blieb während der ersten viereinhalb Jahrzehnte seiner Tätigkeit in Jouy der Spinnerei und Weberei fern.

Verschiedene Gründe haben in diesen Fällen die Integration verhindert: der Kapitalmangel auf Seiten der Drucker, die Opposition der reichen Handelshäuser, die als Geldgeber hätten auftreten können, des einträglichen Rohwarenhandels aber nicht verlustig gehen wollten[258], behördliche Verordnungen, erlassen zum Schutz der eingesessenen Weber[259], vor allem aber die Bevorzugung der beruflichen Spezialisierung und die Erkenntnis der Vorteile, die hieraus zu ziehen sind.

Die Führung der Druckerei als Unternehmen konnte natürlich nur erfolgen, wenn die Rohgewebebeschaffung gesichert war. Wollte man nicht von der Zufuhr aus Ostindien oder aus dem benachbarten Ausland abhängig sein und fand sich kein Unternehmer, der für eigene Rechnung auf genügend breiter Basis spinnen

[257] A. a. O., S. 174 f. und 179.

[258] Mit diesen beiden Erscheinungen wird erklärt, weshalb z. B. im Kanton Neuenburg die ersten beiden Stufen der Baumwollverarbeitung nicht eingeführt wurden. Vgl. A. Dreyer, a. a. O., S. 85.

[259] Dies trifft u. a. für Augsburg zu und in weniger ausgeprägtem Maße anfänglich ebenfalls für Mülhausen, vgl. v. Seida, a. a. O., resp. Herkner, a. a. O., S. 22, und Laufenburger et Pflimlin, a. a. O., S. 141.

und weben ließ, so mußten dem Druckbetrieb wohl oder übel auch diese Stufen der Erzeugung angegliedert werden. Dies geschah schon frühzeitig in den elsässischen Landgemeinden und etwas später ebenfalls in Mülhausen[260]. Gleiches ist von Biel zu berichten[261], von der Lörracher Manufaktur[262] sowie u. a. ebenfalls von den Druckereien Österreichs und Böhmens[263], und auch im Unternehmen Robert Peels, des bedeutendsten Druckers während der Frühperiode des englischen Kattundrucks, liegt insofern eine Integration vor, als neben fünf Druckereien drei Spinnereien betrieben wurden, also nicht alle drei, wohl aber zwei Produktionsstufen vereinigt waren[264].

Hieraus nun zu folgern, die Betriebsverbindung sei die Allgemeinerscheinung während der Anfangsphase gewesen, ist aber unzulässig. Landauers Feststellung mag für den Bereich der Produktion weißer, uni-gefärbter und buntgewebter Baumwollware richtig sein. Für den Bereich der Erzeugung bedruckter Artikel gilt sie jedoch nicht. Schon aus der Reihe der vorhin zitierten Manufakturen geht zur Genüge hervor, daß neben den integrierten kaum weniger differenzierte Betriebe bestanden.

Die weitere Aussage Landauers, die Differenzierung sei „die Folge der Entwicklung" gewesen, hat für den Zeugdruck dagegen schon mehr Gültigkeit. Restlos anerkennen können wir sie aber ebenfalls nicht. Der Textildruck hat sich nicht überall „sehr früh" abgespalten. In verschiedenen Fällen blieb er relativ lange mit der Spinnerei und Weberei verbunden; in anderen Fällen wurde gar erst nachträglich zur Kombination geschritten.

Jenny-Trümpy betont, daß im 19. Jahrhundert diejenigen glarnerischen Firmen den nachhaltigsten Erfolg hatten, „welche Spinnerei, Weberei, Druckerei und Exporthandel oder wenigstens eine Mehrzahl dieser Stufen in einer Hand vereinigen konnten[265]", und auch in England, im Elsaß, in der Donaumonarchie, in Italien und in Rußland waren noch vor Ausbruch des Ersten Weltkrieges bedeutende Druckereien anzutreffen, die von eigenen Spinnwebereien weitgehend versorgt wurden.

---

[260] Vgl. Histoire . . ., a. a. O., Bd. I, S. 318, 406 (Nicolas Koechlin & Frères), 414 (Wesserling), 425, 441 (Daniel Schlumberger & Cie.) und 445 (Dollfus-Mieg & Cie.).

[261] Schwab, a. a. O., S. 48 f. und 56.

[262] Während sie in den 1760er Jahren hausindustriell spinnen und weben ließ, ging sie in den 1820er Jahren zur Gründung von Webereien in Schönau, Steinen und Zell über.

[263] Vgl. Jenny-Trümpy, a. a. O., S. 71, 72 (Cosmanos) und 73 ff. (Leitenberger).

[264] Angeführt bei Jenny-Trümpy, a. a. O., S. 205. Vgl. auch Kurrer (1840), a. a. O., S. 67 f. — Bei diesem Robert Peel handelt es sich um den Großvater des Staatsmannes gleichen Namens.

[265] A. a. O., S. 365.

Mit der Anführung dieser Beispiele wollen wir aber keineswegs die Bedeutung der Differenzierungsbewegung verringern, die im Laufe des 19. Jahrhunderts tatsächlich eingesetzt hat. Wir können dies um so weniger, als mittlerweile die vertikale Unternehmungsspaltung nicht nur typisch geworden ist für die schweizerische und elsässische Textilindustrie[266], sondern auch innerhalb der gesamteuropäischen Textildruckerei vorzuherrschen scheint. Dennoch wäre es unzulässig, sie als repräsentativ zu bezeichnen und allein näher zu betrachten. Auch die Zahl der Zusammenschlüsse ist weiterhin erheblich; in einigen Staaten scheint sie die Zahl der differenzierten Unternehmen sogar zu überwiegen. Zudem läßt erst eine Gegenüberstellung beider Unternehmungsformen die Vor- und Nachteile klar erkennen, die dem einzelnen Typ im besonderen anhaften.

Letzterer Hinweis führt hinüber zur Frage, welche Vor- und Nachteile denn jeweils auftreten. Versuchen wir im folgenden, ebenfalls hierüber Aufschluß zu erhalten, kann doch gerade dadurch deutlich gemacht werden, weshalb auch heute noch zur Werkvereinigung geschritten wird.

Als wir die Verhältnisse der Manufakturperiode betrachteten, haben wir aufgezeigt, daß die Integrationsbewegung jener Zeit auf die Rohwarenknappheit zurückzuführen ist. Die Ursachen der Betriebskombination der Gegenwart sind im wesentlichen ähnlicher Natur. Sofern die paar Fälle außer acht gelassen werden, in denen Entfaltungsdrang oder machtpolitische Motive zum Zusammenschluß trieben, zeigt sich nämlich, daß die Angliederung der vorgelagerten Produktionsstufen zumeist aus Gründen der Materialsicherung erfolgt. Der Bezug einer gewissen Menge Rohware soll gesichert, das Vorprodukt den Erfordernissen des Endprodukts angepaßt werden. Vereinzelt geht die Bewegung von der Weberei aus. In diesen Fällen wird vor allem Sicherung und Steigerung des Absatzes bezweckt. Die Sicherung durch Verpflichtung eines Großabnehmers, die Steigerung durch produktmäßige Ausweitung der Erzeugung[267]. Außerdem führt das Streben nach Kostenersparnis zur Werkverbindung. Der Zusammenschluß kommt in den vollen Genuß der Zwischengewinne, wenn die Gliedbetriebe der Kombination ebenso rationell arbeiten wie die selbständigen Betriebe der einzelnen Produktionsstufen. Im weiteren kann die Belastung durch die Umsatzsteuer verringert werden, falls diese bei jeder Handänderung erhoben wird, wie es in den 1920er

[266] Zur Orientierung über die neueren Verhältnisse im Elsaß siehe Centenaire de la Société Industrielle de Mulhouse, Mulhouse 1926, Bd. II, S. 241 unten und f., sowie Bi-Centenaire . . ., a. a. O., S. 35, linke Spalte.

[267] Ergänzungshalber sei vermerkt, daß sich in einigen Fällen auch die Handelsstufe eine Druckerei anschloß, und zwar sowohl der Groß- als auch der Kleinhandel (Warenhäuser). Da es sich bei diesen Erscheinungen aber um Ausnahmen handelt, brauchen wir uns nicht weiter mit ihnen zu befassen.

Jahren beispielsweise in Deutschland und Ungarn der Fall war[268]. Schließlich verbilligt sich die Produktion, sofern Spinnerei und Weberei durch einen hohen Zoll stark geschützt sind und verhältnismäßig teuer verkaufen können.

Gegenüber diesen Vorteilen wirkt sich in erster Linie die geringere Übersichtlichkeit des Betriebskomplexes nachteilig aus und die hieraus resultierende Erschwerung der Unternehmungsleitung. Zudem benötigt die Integration mehr Anlagekapital als die differenzierte Unternehmung, qualitativ und quantitativ gleiche Produktionsverhältnisse vorausgesetzt. Auch ist die Zahl der Artikel, welche die Druckerei des Vertikalzusammenschlusses von der angegliederten Weberei zur Veredlung erhalten kann, üblicherweise ziemlich beschränkt, es sei denn, das Unternehmen umfasse verschiedene Webereien mit unterschiedlicher Erzeugung oder decke sich noch anderweitig ein, ohne dadurch die wirtschaftliche Existenz der eigenen Weberei zu gefährden. Sonst wird durch Ausrichtung auf die Stapelproduktion und auf die Erzeugung von Standardware die Gefahr der Entwertung von Waren verringert. Diese wächst ja, je mehr Neuheiten erzeugt werden und je öfter aus Grüden des Modewechsels nicht nur das Dessin, sondern auch das Gewebe zu ändern ist.

Die Betriebsvereinigung kann also im allgemeinen auf die Bezugs- und Absatzsicherung zurückgeführt werden, auf die Ersparnis an Materialbeschaffungskosten sowie auf den Entfaltungsdrang. Hier erhebt sich nun die Frage, welchen Gründen denn die Differenzierung zugeschrieben werden muß und weshalb anscheinend sie die größere Verbreitung gefunden hat.

Die Antwort ist leicht zu finden, ergibt sie sich doch aus der Entwicklung der Wirtschaft selber. Bei einem dermaßen vielgliedrigen Produktionsprozeß, wie er im Falle der Erzeugung bedruckter Textilien vorliegt, drängt sich die gesellschaftliche Arbeitsteilung geradezu auf, sofern nicht, wie wir oben feststellten, außertechnische Momente in die Richtung der Integration treiben. Durch Abgrenzung des Arbeitsfeldes kann die Technik besser beherrscht, die einzelne Produktionsphase genauer überwacht und der Reifungsvorgang des Erzeugnisses aufmerksamer verfolgt werden. Es wird eher möglich, rationellere, vollkommenere und neue Verfahren zu finden, damit die Produktion zu verbilligen, die quantitative und qualitative Leistung zu steigern und die Konkurrenzfähigkeit zu erhöhen.

Diesen Vorteilen stehen allerdings der Entgang der Zwischen-

---

[268] Da in Ungarn der Baumwollimporteur, der Spinner, Weber, Drucker, Grossist und Detaillist bis zum 1. August 1925 je 3 % und nachher je 2 % des Verkaufspreises als Umsatzsteuer zu entrichten hatten, wurde das bedruckte Baumwollgewebe mit 18 resp. 12 % Umsatzsteuer belastet, es sei denn, die Zahl der Handänderungen sei durch Integration herabgesetzt worden. Nach v. Holtzer, a. a. O., S. 172 f.

gewinne und die größere Abhängigkeit vom Vorlieferanten und vom Auftraggeber als wichtigste Nachteile gegenüber. Bei Wahl der Betriebsweise der Eigenveredlung kann zwar ein Teil der Gewebemarge angeeignet werden und läßt sich die Produktion auf Bestellung durch die Produktion auf Lager ausweiten. Gleichzeitig ist aber das Risiko erhöhter Konjunkturverluste zu übernehmen, denn Werkverrichtung auf eigene Rechnung ist identisch mit Erfüllung der industriellen und kommerziellen Aufgaben der Produktion und erheischt füglich auch Tragung der Wagnisse, die mit dem Einkauf des Rohgewebes und dem Verkauf der Fertigware verbunden sind.

Erst die Abspaltung der händlerischen Funktionen führt zur Befreiung von diesen Gefahren und zur Beschränkung des Risikos auf den Veredlungsprozeß. Damit wird aber auch die Differenzierung auf die Spitze getrieben. Denn das lohnindustrielle Unternehmen, das uns nun entgegentritt und das sich ausschließlich auf die Ausübung der technischen Funktionen der Erzeugung konzentriert, ist nicht nur die vollkommenste Form vertikaler, sondern relativ häufig ebenfalls der ausgeprägteste Typ horizontaler Unternehmungstrennung. Die große Variationsbreite des Druckartikels hat zwar auch in den Bereichen des Vertikalzusammenschlusses und der Eigendruckerei zu einer betrieblichen Spezialisierung geführt. Bei Lohndruck muß sie aber zwangsläufig noch weiter getrieben werden, zumal nur dadurch eine maximale Kostenkompression zu erzielen ist und damit die Rente, die für die Bereithaltung der kostspieligen Produktionsanlage, für die veredlungstechnische Entwicklung des Erzeugnisses und für die Ausführung der Lohnarbeit billigerweise erwartet werden kann, und die auch den Wegfall des Handelsgewinns aufwiegt[269].

IV. Kapitalstruktur.

Bisher haben wir uns im wesentlichen mit dem Produktionsapparat und den Materialien beschäftigt, die verwendet werden. Nun sei versucht, den Umfang des Geldbedarfs vor Augen zu führen, der bei Beschaffung, Nutzung und Verarbeitung dieser Sachkapitalien entsteht, und alsdann aufgezeigt, wie die Finanzierung erfolgte.

Während es relativ einfach ist, festzustellen, auf welche Weise die benötigten Geldmittel aufgebracht wurden, stossen wir bei der Untersuchung des Kapitalbedarfs auf gewisse Schwierigkeiten. Wir werden gleich sehen, welcher Art diese Schwierigkeiten sind und wie wir sie überwinden wollen.

---

[269] Da im vierten und fünften Kapitel: Kapitalstruktur resp. Absatzpolitik, nochmals eine Gegenüberstellung der Betriebsweisen Lohndruck und Eigendruck erfolgt und die Teilung der industriellen und kommerziellen Funktionen eingehender beleuchtet wird, können wir oben von weitergehenden Darlegungen Abstand nehmen.

1. Der Kapitalbedarf.

a) Problemstellung.

Unsere Ausführungen über die Betriebsgrößen haben bereits die Vielzahl der Betriebstypen erkennen lassen, die im Textildruck seit dem Übergang vom Handwerksbetrieb zum kapitalistischen Unternehmen anzutreffen sind. Die Erscheinungsform der Stoffdruckerei ist nicht nur unterschiedlich je nach Produktionsapparat, Betriebsweise, Erzeugnis und Absatzmöglichkeit, sie variiert auch je nach der gegenseitigen Verschlungenheit dieser Faktoren.

Die gleichen Daten wirken ebenfalls auf die Kapitalstruktur ein. Erwähnen wir noch die Dauer des Kapitalumschlags, den Beschäftigungsgrad, den Standort und den Geldwert, so sind die wesentlichsten jener Momente aufgezählt, nach denen sich der Kapitalbedarf bestimmt. Gleichzeitig wird aber auch deutlich, wie weitschichtig der Tatbestand ist, der vorliegt, und wie problematisch somit das Unterfangen, die Finanzpläne herauszuarbeiten, die sich mit den wirklichen decken.

Wir halten es deshalb für angebracht, lediglich aufzuweisen, inwiefern der Geldbedarf von den angeführten Faktoren abhängig ist, und mit Hilfe elementarer Größenordnungen darzustellen, inwieweit er sich unter den wechselseitigen Einwirkungen dieser Faktoren verändert[270]. Zum Abschluß sei alsdann versucht, zahlenmäßig zum Ausdruck zu bringen, wie stark sich der Kapitalbedarf seit der Zeit der frühkapitalistischen Manufaktur entwickelt hat.

Zunächst werden wir also den vielseitigen konkreten Sachverhalt jeweils nur von einer Seite her beleuchten. Nachdem einmal die betreffenden Aspekte klar hervortreten, werden wir von diesen Teilbetrachtungen zu einer vereinfachten Gesamtbetrachtung übergehen. Wir müssen uns folglich stets bewußt sein, daß all unsere Aussagen unter vereinfachten Annahmen gemacht werden[271].

b) Wirkungen einzelner Faktoren auf den Umfang des Kapitalbedarfs.

Beginnen wir mit dem Produktionsapparat.

Von der näheren Untersuchung der Struktur und Kosten des stehenden Kapitals kann abgesehen werden. Nach unseren

---

[270] Mit den Faktoren Beschäftigungsgrad und Standort werden wir uns im folgenden nicht gesondert befassen. Ersteren streifen wir bei Betrachtung des Faktors Produkt; die Einwirkung des Datums Standort haben wir dagegen bereits im vorangegangenen Kapitel kennengelernt — vgl. Kapitel III/2, Standortsorientierung — und brauchen sie deshalb nicht mehr aufzuzeigen.

[271] Wir beschränken uns auf die Darstellung der Verhältnisse bei Ausübung des Walzen-, des Hand- und des Filmdrucks und sehen von einer vergleichenden Betrachtung bei Anwendung des Perrotinedruckverfahrens oder bei Führung eines Mischbetriebs ab.

Ausführungen über die Produktionsverfahren ist offensichtlich, daß der Kapitalbedarf für die sachliche Ausrüstung der Arbeit im kapitalintensiven Fabrikbetrieb größer ist als in der arbeitsintensiven Manufaktur.

Auch der Bedarf an umlaufendem Kapital je Produktionseinheit ist größer. Die Ausübung des produktiveren Verfahrens bedingt nicht nur die Verfügung über ein höheres fixes Kapital, sondern ebenfalls die Verfügung über ein höheres Umlaufskapital. Dies ist verständlich, wenn wir uns die früher zitierten Produktionskoeffizienten vergegenwärtigen.

Nach unseren Darlegungen auf S. 58 f. produzierte man im Handdruckbetrieb zur Zeit der Entwicklung des automatischen Mehrfarbendrucks durchschnittlich und schätzungsweise 2 m bunte Ware je Tisch und Stunde, im Walzendruckbetrieb dagegen 115 m je Druckmaschine und Stunde[272]. Bei Anwendung des Modeldruckverfahrens wurden demnach im Mittel jährlich 6000 bis 7000 m je Produktionseinheit erzeugt, bei Anwendung des Walzendruckverfahrens 350 000 bis 400 000 m.

Vergleichen wir die entsprechenden Gegenwartsverhältnisse miteinander, also ca. 750 000 m Jahreserzeugung bei Walzendruck und Einschichtenbetrieb[273] mit ca. 50 000 bis 80 000 m Jahreserzeugung bei Filmdruck[274], so ergibt sich eine relative Verringerung der quantitativen Leistungsdiskrepanz. Trotzdem ist sie weiterhin dermaßen beachtlich, daß auch noch hieraus ohne weiteres der Unterschied zwischen den beiden Bedarfsgrößen an umlaufendem Kapital ersichtlich wird, von dem oben die Rede war.

Dieser Tatbestand des relativ geringeren Finanzbedarfs der Manufaktur ändert sich auch dann nicht, wenn wir berücksichtigen, daß der einzelne Betrieb in Wirklichkeit nicht nur mit je einer einzigen Produktionseinheit arbeitet, sondern mit mehreren. Es zeigt sich sogar, daß sich dadurch die Differenz nicht selten vergrößert. Nicht nur hat die Walzendruckerei mancherorts einen verhältnismäßig stärkeren Ausbau erfahren als seinerzeit die Hand- und in der Gegenwart die Filmdruckerei, auch die Konzentrationsbewegung und die hiemit verbundene Kapitalakkumulation fanden vornehmlich im Bereich des Fabrikbetriebes statt, so daß sein Produktionsvolumen, und damit sein Bedarf an umlaufendem Kapital, noch durch diese Faktoren gesteigert wurden[275].

---

[272] Vgl. auch S. 63, Tab. 10 a.

[273] Bei der angeführten Produktionsmenge handelt es sich um die Erzeugung von Artikeln mittlerer Preislage.

[274] Bei einer Drucktischlänge von rund 40 m. Der zitierte Produktionsumfang von 50 000 m versteht sich für mehrfarbige, derjenige von 80 000 m für einfarbige Ware.

[275] Zur Orientierung über die durchschnittlichen und einige tatsächliche Betriebsgrößen bei Hand- und Walzendruck und über die Entwicklung des Fabrikbetriebs vgl. Tab. 1, S. 31, Tab. 2, S. 33, Tab. 3, S. 40/41, und Tab. 4, S. 46.

Sehen wir nun, inwiefern die Betriebsweise einen Einfluß auf die Höhe des Finanzbedarfs auszuüben vermag, und vergleichen wir vorerst die Kapitalstruktur der herkömmlichen Lohndruckerei mit der Kapitalstruktur der Eigendruckerei.

Zunächst sei festgehalten, daß Art und Größe des Anlagekapitals unberührt bleiben vom Wandel der Betriebsweise. Gleichgültig, ob Lohn- oder Eigendruck ausgeübt wird, immer kann das stehende Kapital auf manuelle Werkverrichtung ausgerichtet sein, auf automatische oder auf das Mischverfahren, und immer kann es sich um eine kleine Anlage handeln, um eine mittlere oder um eine große.

Anders beim Umlaufskapital. Seine Höhe verändert sich mit der Betriebsweise. Aus der Tatsache, daß die Lohndruckerei fremde Gewebe gegen Entgelt veredelt, die Eigendruckerei aber eigene Gewebe auf eigene Rechnung, ergibt sich: bei technisch identischen Betriebstypen sowie bei quantitativ und qualitativ gleichen Produktionsverhältnissen ist der Bedarf an Betriebsmitteln kleiner bei Lohn- als bei Eigendruck. Beiden Druckereien erwachsen ungefähr die gleichen Druckkosten[276] — von der Berücksichtigung von Einzelheiten sei hier abgesehen —, die Eigendruckerei hat aber noch die Kosten des Rohgewebes zu tragen. Da die Rohwarenquote verhältnismäßig hoch ist, und da sich mit der Rohwareneindeckung nicht nur die Möglichkeit des Kursgewinnes verbindet, sondern ebenso häufig auch das Risiko des Kursverlustes[277], erhellt weiter: der Bedarf an umlaufendem Kapital der Eigendruckerei ist wesentlich größer als derjenige der Lohndruckerei.

Hievon abweichend liegen die Verhältnisse, sofern an Stelle des herkömmlichen Lohndruckbetriebs der Lohndruck-Bereitschaftsbetrieb mit der Eigendruckerei verglichen wird. In

---

[276] Gemeint sind die gesamten Veredlungskosten, also die Kosten der Vorbehandlung, des Drucks und der Nachbehandlung.

[277] Landauer berichtet (a. a. O., S. 121. — Die Angaben beziehen sich auf die elsässischen Verhältnisse zu Beginn unseres Jahrhunderts): „Man kann rechnen, daß sich eine Eigendruckerei mit 20 — 30 Druckmaschinen für mindestens 5 Millionen Mark mit Rohgeweben eindecken mußte, um stets mit Ware versorgt zu sein. Eine Entwertung der Rohgewebe um nur 10 % mußte schon bei normaler Kalkulation zum Verlust führen. Der Preissturz von 1907/08 führte im Elsaß zu großen Verlusten bei den Eigendruckereien, während die große Lohndruckerei weitgehend davon verschont blieb.“ Ein Beispiel aus der letzten Zeit möge unsere Aussage noch erhärten. Als Mitte der 1930er Jahre eine Nachfrageverschiebung zugunsten der Zellwollmousseline und ähnlicher Zellwollartikel eintrat, erlitten die Eigendruckereien teilweise hohe Verluste auf ihren Beständen in roher und bedruckter Wollmousseline. Die Lohndruckereien wurden von dieser Änderung des Verbrauchs im wesentlichen nur insofern betroffen, als sie sich veredlungstechnisch auf das neue Grundmaterial umzustellen hatten.

diesem Fall bezieht sich die Abweichung aber nicht nur auf das Umlaufskapital, sondern ebenfalls auf das Anlagekapital.

Da der Bereitschaftsbetrieb organisatorisch und veredlungstechnisch darauf ausgerichtet ist, hohen Anforderungen zu entsprechen, verschiedenartigste Artikel zu veredeln und auch Mengen zu bedrucken, die wegen ihrer Geringfügigkeit im allgemeinen weder von der Eigen- noch von der herkömmlichen Lohndruckerei in Arbeit genommen werden, erreicht sein Bedarf an stehendem Kapital je Produktionseinheit einen Umfang, der in der Regel größer ist als derjenige des Anlagekapitals der Eigendruckerei. Diese Erscheinung ist zum Teil auf die differenziertere sachliche Ausrüstung zurückzuführen, vor allem aber auf die Notwendigkeit zur Haltung eines größeren Lagers an kupfernen Druckwalzen, die relativ teuer sind[278].

Aber auch der Bedarf an Umlaufskapital zur Bestreitung der Lohnkosten ist im Bereitschaftsbetrieb je Einheit des Produkts üblicherweise größer als in der Eigendruckerei, technisch und qualitativ gleiche Erzeugung vorausgesetzt. Es steht außer Zweifel, daß nicht nur die sachliche, sondern ebenfalls die „lebende" (E. Schmalenbach) Betriebsbereitschaft einen zusätzlichen Kostenfaktor darstellt. Außerdem sind die Veredlungskosten je Einheit des Erzeugnisses im allgemeinen höher. Wir müssen jedoch davon absehen, diesen Tatbestand jetzt schon deutlicher zu beleuchten. Es wird erst möglich sein, wenn wir die Einwirkungen eines weiteren Faktors, nämlich der Absatzmöglichkeiten, kennengelernt haben, dem diese unterschiedliche Kostengestaltung wesentlich zuzuschreiben ist. Dagegen sei noch erwähnt, daß der bereitschaftsbedingte Mehraufwand gewöhnlich doch nicht so hoch ist wie die Gewebekosten, die der Eigendruckerei erwachsen, so daß diese nicht nur der herkömmlichen Lohndruckerei, sondern auch dem Bereitschaftsbetrieb gegenüber üblicherweise mehr Umlaufskapital benötigt.

Neben diesen drei „reinen" Betriebssystemen bestehen seit jeher noch der Mischtypus und die sogenannte Betriebsveredlung.

Der Mischtypus findet sich in zwei Formen und ist hauptsächlich anzutreffen, wenn einerseits die Eigendruckerei aus produktionstechnischen[279], wettbewerblichen[280] und vor allem aus kostenmäßigen[281] Gründen fremde Ware veredelt, oder wenn ander-

---

[278] Bezüglich der Kosten der Druckwalzen siehe S. 107, Anm. 213.

[279] Erhöhung der eigenen Druckdispositionen durch Anschluß von Lohnaufträgen.

[280] Veredlung von Rohwarenposten, die der Auftraggeber erwarb und die nicht der Lohndruck-Konkurrenz zugehalten werden sollen.

[281] Bessere Ausnützung des Musterungsinstruments, also der Gravur, durch die Ausführung von Lohndruckbestellungen; in erster Linie aber Annäherung an das Betriebsoptimum durch Vergrößerung des Gesamtproduktionsumfangs.

seits der Lohndruckbetrieb aus — beispielsweise — beschäftigungspolitischen Rücksichten auf eigene Rechnung druckt.

Betriebsveredlung liegt dagegen bei Integration vor, also in all jenen Fällen, in denen die Druckerei mit einer eigenen Weberei in einem einheitlichen Unternehmen zusammengefaßt ist und ausschließlich oder größtenteils deren Erzeugnisse bedruckt.

Während sich der Bedarf an Betriebskapital der beiden Mischformen nach dem verhältnismäßigen Umfang der zu veredelnden Posten Eigen- und Lohndruck- bzw. Lohn- und Eigendruckware richtet und in jenem Fall üblicherweise größer ist als in diesem, erwachsen der Druckereiabteilung des integrierten Unternehmens keine Rohgewebekosten oder nur in dem Ausmaß, in dem noch Ware fremder Webereien auf eigene Rechnung veredelt wird. Ihr Bedarf an umlaufendem Kapital ist demnach identisch mit demjenigen des entsprechenden Lohndruckbetriebs resp. demjenigen des entsprechenden Mischtypus.

Nunmehr wollen wir den Kapitalbedarf von der Seite des Produkts her betrachten.

Im Verlauf unserer Untersuchung haben wir schon öfters auf die große Variationsbreite des Erzeugnisses hingewiesen, die dem Textildruckgewerbe eigen ist. Nicht nur werden Artikel verschiedenartigster Gebrauchszwecke produziert — Damenbekleidungsstoffe, Schürzenstoffe, Wäschestoffe, Berufskleiderstoffe, Krawattenstoffe, Tücher, Decken, Dekorations- und Möbelbezugsgewebe, Flaggen, Tarndrucke u. a. m. —, auch die einzelnen Warengruppen fallen ihrerseits wieder durch eine Vielfalt an Erzeugnissen auf, die sich vornehmlich nach gewebetechnischen, musterungsmäßigen, veredlungstechnischen und qualitativen Merkmalen unterscheiden.

Es bedarf keiner näheren Ausführungen, um deutlich zu machen, daß die Erzeugung solch verschiedenartiger Produkte auch eine verschiedenartige sachliche Ausrüstung bedingt, das Anlagekapital also je nach der Warengattung variiert, die der spezialisierte Betrieb erzeugt.

Ähnliches läßt sich vom umlaufenden Kapital sagen. Die große Variationsbreite des Artikels Druckstoff, die zur horizontalen Arbeitsteilung führt, verursacht ebenfalls einen unterschiedlichen Bedarf an Betriebsmitteln. Mit dem Wechsel des Erzeugnisses ändert sich sowohl der Aufwand an Material, der in das Produkt eingeht, als auch der Aufwand an Arbeitskraft, der die Produktion ermöglicht. Im weiteren sind die Fluktuationen im Beschäftigungsgrad zu berücksichtigen. Während der Finanzbedarf der Druckerei von „Nouveautés", die Artikel elastischer Nachfrage erzeugt, sehr schwankt und Einwirkungen ausgesetzt ist, die sich nur ungenau antizipieren lassen, ist der Bedarf an Umlaufskapital der Druckerei von Standardware verhältnismäßig fix, kann doch bei der Erzeugung von Artikeln, nach denen eine relativ starre Nachfrage besteht[282], mit einem verhältnismäßig stabilen Beschäftigungsgrad gerechnet werden. Außerdem erwachsen dem Betrieb, der modische Drucke erzeugt, erheblichere Gravur-, Musterungs- und Kollektionsspesen und bei Führung eines Versuchslaboratoriums überdies Kosten für technisch-wissenschaftliche Forschungsarbeit, die eine weitere Verbreiterung der Kapitalbasis bedingen.

Das wesentliche Moment, das im Zusammenhang mit dem Faktor Absatzmöglichkeit den Kapitalbedarf beeinflußt, ist quantitativer Natur.

Im Falle des Anlagekapitals ist der Sachverhalt folgender: Die Möglichkeit, relativ beträchtliche Mengen einheitlicher Ware abzusetzen, führt zur Aufstellung des kapitalintensiven Maschinendruck-Produktionsapparates — technisch bedingte Sonderfälle ausgenommen — und ist demzufolge mit einem verhältnismäßig großen Bedarf an fixem Kapital verbunden. Die Möglichkeit, nur relativ kleine Mengen gleicher Erzeugung abzusetzen, führt dagegen zur Aufstellung des arbeitsintensiven Hand- oder Filmdruck-Produktionsapparates und ist folglich bloß mit einem verhältnismäßig kleinen Bedarf an stehendem Kapital verbunden.

Wie auch in diesen Fällen nicht weiter begründet zu werden braucht, hängen die Absatzgrößen ihrerseits in erster Linie ab von der Art und Beschaffenheit des jeweils angebotenen Produkts, von der Kostengestaltung sowie von der Ausdehnung und Kaufkraft des Marktes, der beliefert werden kann. Die gleichen Daten bestimmen auch die Höhe des Umlaufskapitals.

Nach unseren früheren Darlegungen ist dieses in der Walzendruckerei größer als in der Hand- oder Filmdruckerei. Es variiert aber ebenfalls zwischen technisch identischen Betrieben, die das nämliche Produkt erzeugen, jedoch unter quantitativ ungleichen Produktionsbedingungen arbeiten. Die durchschnittlichen Stückkosten sind abhängig vom Umfang der einzelnen Veredlungspartien. Nach dem Gesetz der Kostendegression sind sie um so kleiner, je größer die Auflage ist, und umgekehrt. Während die Belieferung eines kleinen Marktes zur Aufteilung der Produktion in eine Vielzahl kleiner, musterungsmäßig unterschiedlicher Losgrößen zwingt und deshalb relativ hohe durchschnittliche Stückkosten zur Folge hat, läßt die Belieferung eines großen Marktes eine gewisse Standardisierung zu. Diese ermöglicht die Massenproduktion — wie wir an anderer Stelle am Beispiel Italiens bereits erwähnt haben — und bewirkt die Annäherung an das ökonomische Optimum, wenn nicht gar seine Erreichung. Dadurch aber wird die

---

282 Hiebei handelt es sich beispielsweise um Futterstoffe, Berufskleiderstoffe, Bettzeuge u. ä. m.

günstigste Kostengestaltung erzielt mit einer Kompression des Bedarfs an Betriebskapital. Großproduktion, erfolge sie nun in der Fabrik oder in der Manufaktur — wobei natürlich die veränderten Größenverhältnisse zu berücksichtigen sind —, darf also nicht schlechthin mit großem und Kleinproduktion nicht schlechthin mit kleinem Bedarf an Umlaufsmitteln gleichgesetzt werden. Bei näherer Betrachtung ergibt sich nämlich, daß der Betrieb, der aus Absatzgründen nur verhältnismäßig kleine und musterungsmäßig stark voneinander abweichende Druckposten veredeln kann, wegen der Kostenprogression mitunter über annähernd so viel Betriebskapital je Produktionseinheit verfügen muß wie der Betrieb, dem die Möglichkeit gegeben ist, relativ umfangreiche Veredlungspartien in Arbeit zu nehmen.

Nach diesen Teilbetrachtungen sei zur Gesamtbetrachtung übergegangen — zu einer vereinfachten Gesamtbetrachtung, wie wir erneut hervorheben möchten. Die Einwirkungen der Faktoren Kapitalumschlag und Geldwert, die wir bisher nicht aufgewiesen haben, werden dann ebenfalls in Erscheinung treten.

c) Elementare Größenordnungen des Kapitalbedarfs und Größenunterschiede.

Bevor wir einige elementare Größenordnungen des Kapitalbedarfs betrachten und einander gegenüberstellen, sei auf Tab. 19 hingewiesen. Diese führt die Unterschiede der durchschnittlichen Stückkosten[283], von welchen wir oben mehrmals gesprochen haben, zahlenmäßig vor Augen. Wir möchten aber betonen, daß wir nicht absolute Stückkosten miteinander vergleichen, sondern nur Verhältnisziffern, die alle Kostenreihen in Relation zeigen zum Glied „Stapelware, Kosten im Jahre 1945 (nach Kriegsende) für Walzendruck einfarbig bei einer Druckauflage von 18 000 m je Dessin und 3600 m je Kolorit (das ist je Farbstellung)“. Außerdem sei hervorgehoben, daß nicht einzelne Artikel einander gegenübergestellt sind, sondern immer Serien von Artikeln annähernd gleicher Bedarfsintensität. Auch beziehen sich unsere Angaben lediglich auf die Kategorie „Kleiderstoffe“. Sie können aber insofern als repräsentativ gelten, als ebenfalls in den anderen Warengruppen (Wäschestoffe, Dekorationsstoffe usw.) und zwischen diesen Gruppen selber, ähnliche Kostenunterschiede anzutreffen sind.

Das Zahlenmaterial läßt erkennen, daß die produktbedingten Unterschiede ein teilweise beachtliches Ausmaß annehmen, seien es die Unterschiede, die sich aus der Veredlung materiell, struk-

---

283 Unter Stückkosten sind bei Eigendruck die Gewebe- und Veredlungskosten eines laufenden Meters fertig veredelter Ware zu verstehen, bei Lohndruck nur die Veredlungskosten.

Tab. 19. Relative Veränderung der durchschnittlichen Stückkosten (Veredlungskosten).

Die Walzendruckkosten im Jahre 1945 eines Meters fertig veredelter Stapelware Einfarbendruck bei einer Druckauflage von 18 000 m je Dessin und 3600 m je Kolorit gleich 100 gesetzt.

Artikel und Breite der fertig veredelten Ware (Kleiderstoffware)	Anzahl der Walzen (W) oder Filme (F) bez. der Druckfarben	Mittlere relative Druckkosten je laufenden Meter fertig veredelter Ware inkl. Vor- und Nachbehandlung sowie gewöhnliche Endausrüstung[1]							
		Walzendruck, Druckauflage							
		Rohware Meter je Dessin	300	600	1500	3000	6000	12 000	18 000
		„ „ Kolorit	60	120	300	600	1200	2 400	3 600
(1)	(2)		(3)	(4)	(5)	(6)	(7)	(8)	(9)
Stapelware, ca. 80 cm	1 W.		276	188	128	109	103	101	100
	4 W.		325	215	145	122	115	111	110
	8 W.		428	264	176	147	140	135	133
Artikel mittlerer Preislage, 90 bis 95 cm	1 W.		296	208	148	129	123	121	120
	4 W.		345	235	165	142	135	131	130
	8 W.		448	284	196	167	160	155	153
Qualitätsartikel, 90 bis 95 cm	1 W.		347	259	199	180	174	172	171
	4 W.		396	286	216	193	186	182	181
	8 W.		499	335	247	218	211	206	204
		Filmdruck, Druckauflage							
		Rohwahre Meter je Dessin und Kolorit	30	60	200	400			
Artikel mittlerer Preislage, 90 bis 95 cm	1 F.		309	274	250	238			
	4 F.		433	362	316	298			
	15 F.		884	685	562	517			
Qualitätsartikel, 90 bis 95 cm	1 F.		341	306	282	270			
	8 F.		629	512	438	409			
	20 F.		1122	864	705	649			

[1] Die angeführten Meßziffern haben wir nach erhaltenen Angaben errechnet. Sie beziehen sich auf die mittleren Basiskosten. Die Gravur- und Dessinspesen wurden nicht berücksichtigt. Es wird angenommen, daß sich bei ihrer Einrechnung unser Zahlenmaterial nicht ändern würde, zumal es sich hiebei um relative Größenordnungen handelt.

turell und qualitativ voneinander abweichender Druckböden ergeben, seien es die Unterschiede, die aus den verschiedenartigen Arbeits- und Behandlungsweisen resultieren, aus dem Druck unterschiedlicher, vor allem verschiedenfarbiger Muster und aus der variierenden Ausrüstung.

Bei Betrachtung der mengenmäßig bedingten Unterschiede springt der Sachverhalt in die Augen, der dem sogenannten Gesetz der Massenproduktion zugrunde liegt: die Verringerung der durchschnittlichen Stückkosten bei Ausdehnung der Erzeugung. Der Punkt, bei dem diese Kosten am niedrigsten sind, bei dem also das ökonomische Optimum der Produktion erreicht ist, kann an unserer Tab. 19 allerdings nicht mehr abgelesen werden. Doch läßt sich die allmähliche Abnahme der Kostendegression bei fortlaufender Erhöhung der Auflage deutlich erkennen, verringert sich doch nach unsern Meßziffern für Walzendruck die Kostenersparnis (die Marge zwischen den beiden benachbarten Kostengrößen) von maximal 88 Punkten sukzessive auf 1 Punkt bei Einfarbendruck und von maximal 164 Punkten auf 2 Punkte bei Achtfarbendruck (Differenz zwischen den Meßzahlen der Spalten 3 und 4 resp. 8 und 9).

Wie groß sind nun die Kosten der Gesamterzeugung je Produktionseinheit und Wirtschaftsperiode, wie groß sind die Gesamtkostenunterschiede, die sich auf Grund der Einwirkungen der verschiedenen Faktoren ergeben, und wie groß sind schließlich die hieraus resultierenden Diskrepanzen im Kapitalbedarf?

Mit Hilfe von Tab. 20 wird versucht, diese Fragen zu klären. Es sei aber noch einmal betont, daß dies nur in sehr grober Weise geschieht. Einmal nehmen wir an, mit der einzelnen Produktionseinheit würden immer Artikel ähnlicher Bedarfsintensität erzeugt, also entweder Stapelware oder Produkte mittlerer Preislage oder Qualitätsgüter. Dann setzen wir voraus, der Abdruck von Stapelware erfolge durchwegs in relativ großen Auflagen[284], derjenige der Artikel mittlerer Preislagen in Posten mittleren Umfangs und der Druck hochwertiger Erzeugnisse lediglich in kleinen und kleinsten Partien. Im weiteren unterstellen wir, die Eigendruckerei arbeite zu den qualitativ und quantitativ gleichen Produktionsbedingungen wie die herkömmliche Lohndruckerei. Schließlich verwenden wir Zahlenwerte, seien es die Gesamterzeugungsmengen (Spalte 4), seien es die durchschnittlichen Stückkosten (Spalte 5 — 7), die wohl die Unterschiede in der Produktion deutlich zum Ausdruck bringen, die aber in ihrer absoluten Höhe von Fall zu

[284] Nach Tab. 19, S. 135, im Lohndruck- und im Eigendruckbetrieb also in Losgrößen von 12 000 bis 18 000 m und mehr, im Lohndruck-Bereitschaftsbetrieb dagegen in Auflagen, die 6000 m kaum übersteigen.

Fall mehr oder weniger vom konkreten Tatbestand abweichen. Dies trifft insbesondere für die eingesetzten durchschnittlichen Stückkosten zu[285]. Es sind lediglich Schätzungen, denen schweizerische Daten zugrunde liegen, mit den ausländischen Verhältnissen verglichen also zumeist relativ hohe Lohnkosten und hinsichtlich der Angaben für das Jahr 1945 Materialkosten, die in der Schweiz während der Kriegsjahre teilweise stärker gestiegen sind als in anderen Ländern mit ähnlicher Wirtschaftsstruktur.

Unter den nötigen Vorbehalten also, die bei einer so summarischen Betrachtung und bei dermaßen summarischen Berechnungen zu machen sind, gelangen wir zu folgenden Ergebnissen:

Trotzdem beim Druck von Stapelware (Artikelserie A) eine größere Jahresproduktion erzielt wird als beim Druck von Artikeln mittlerer Preislage (Artikelserie B), sind in jenem Fall die Kosten der Gesamtproduktion (Spalte 8, Angaben für Lohndruck) kleiner als in diesem. In gleicher Weise sind diese letzteren Kosten kleiner als die Gesamtkosten der Produktion von Qualitätserzeugnissen (Artikelserie C), die in noch geringerer Menge erzeugt werden. Auf Grund unserer Einzelbetrachtungen und des Zahlenmaterials der Tab. 19 wissen wir, daß diese Erscheinung auf die qualitativ und quantitativ bedingte Progression der durchschnittlichen Stückkosten zurückzuführen ist.

Die gesamthafte Auswirkung der Steigerung der Stückkosten bei Verringerung des Produktionsumfangs läßt sich besonders deutlich erkennen, wenn wir die Gesamtkosten des Bereitschaftsbetriebs mit denjenigen des herkömmlichen Lohndruckbetriebs vergleichen. Wie insbesondere aus den Angaben für 1939 hervorgeht, sind die totalen Kosten des Lohndruckbetriebs nur unwesentlich höher, obwohl bis zur doppelten Menge produziert wird. Beide Druckereien erzeugen die nämliche Ware und weisen den gleichen Beschäftigungsgrad auf. Während aber der üblichen Lohndruckerei große Druckauflagen zufließen, die sich auf relativ wenig Dessins konzentrieren, hat der Bereitschaftsbetrieb viele kleine Aufträge auszuführen, verteilt auf eine erhebliche Zahl von Mustern. Bezogen auf die Leistungseinheit ist in jenem Betrieb der Anteil der fixen Kosten geringer als in diesem. Auch treten in der herkömmlichen Lohndruckerei nur verhältnismäßig wenig Stillstände ein; nur verhältnismäßig wenig Umstellungen sind erforderlich und ebenfalls nur verhältnismäßig wenig Auswechslungen der Druckwalzen, Farbmassen, Bäder usw., im Bereitschaftsbetrieb dagegen immer relativ viele.

Bei Betrachtung der Kostengestaltung der Eigendruckerei fällt der hohe Anteil der Gewebekosten an den gesamten Stückkosten auf. Im allgemeinen und durchschnittlich gesehen, beläuft er sich

[285] Bezüglich der Produktionsmengen vgl. unsere Ausführungen auf S. 44.

Tab. 20. Hypothetische elementare Größenordnungen des Kapitalbedarfs.

	Jahr	Produktionsverfahren	Betriebsweise	Artikel[1] (Artikelserien)	Jahresproduktion je Produktionseinheit[2] m, ca.	Supponierte mittlere Kosten per 1 m Kleiderstoffware[3]: Rohware Rp.	Veredlung Rp.	insgesamt durchschn. Rp.	Totalkosten (4 × 7) schw. Fr., ca.	Anlagekapital (Gebäude, Maschinen, Apparate, Walzen[4] usw.) je Produktionseinheit[5] schw. Fr., ca.	Bedarf an Umlaufskapital je Produktionseinheit[5] bei dreimaligem Kapitalumschlag[6] schw. Fr., ca.
		(1)	(2)	(3)	(4)	(5)	(6)	(7)	(8)	(9)	(10)
1	Anfg. 1939	Walzendruck	Lohndruck	A 1- 4farb.	1 000 000	(25— 35)	20	20	200 000	350 000	50 000— 60 000
2	„	„	„	B 1- 8 „	750 000	(40—110)	35	35	260 000	350 000	70 000— 80 000
3	„	„	„	C 1- 8 „	500 000	(120—250)	80	80	400 000	350 000	120 000—130 000
4	„	„	Lohndruck-Bereitschaftsbetrieb	A 1- 8 „	500 000	(25— 35)	35	35	175 000	450 000	40 000— 50 000
5	„	„		B 1- 8 „	400 000	(40—110)	60	60	240 000	450 000	60 000— 70 000
6	„	„		C 1- 8 „	300 000	(120—250)	125	125	375 000	450 000	110 000—120 000
7	„	„	Eigendruck	A 1- 4 „	1 000 000	25— 35/30	20	50	500 000	350 000	150 000—160 000
8	„	„	„	B 1- 8 „	750 000	40—110/70	35	105	800 000	350 000	250 000—260 000
9	Ende 1945	Walzendruck	Lohndruck	A 1- 4farb.	1 000 000	(60— 85)	85	85	850 000	550 000	260 000—270 000
10	„	„	„	B 1- 8 „	750 000	(90— 250)	115	115	865 000	550 000	270 000—280 000
11	„	„	„	C 1- 8 „	500 000	(260—1200)	180	180	900 000	550 000	280 000—290 000
12	„	„	dito Bereitschaftsbetrieb	B 1- 8 „	400 000	(90— 250)	175	175	700 000	675 000	210 000—220 000
13	„	„	Eigendruck	A 1- 4 „	1 000 000	60— 85/ 70	85	155	1 550 000	550 000	490 000—500 000
14	„	„	„	B 1- 8 „	750 000	90—250/150	115	265	1 985 000	550 000	640 000—650 000
15	„	Filmdruck	Lohndruck	B 1- 8farb.	50 000	(180— 250)	210—520	365	180 000	125 000	50 000— 60 000
16	„	„	„	C 1-15 „	40 000	(260—1200)	240—800	520	200 000	125 000	60 000— 70 000
17	„	„	Eigendruck	B 1- 8 „	50 000	180	210—410/310	490	250 000	125 000	70 000— 80 000

1 A = Stapelware, ca. 80 cm breit, B = Artikel mittlerer Preislage, ca. 90/95 cm breit, C = Qualitätsartikel, ca. 90/95 cm breit.

2 Bei den angeführten Produktionsmengen handelt es sich um mittlere Größen, die bei Einschichtenbetrieb erzielt werden.

3 Schätzungen nach erhaltenen Angaben. Die zitierten Veredlungskosten stellen Basiskosten dar. Es wird — vereinfachend — angenommen, daß bei Eigendruck gleiche Gravur- und Dessinspesen erwachsen wie bei Lohndruck.

4 Für den Lohndruck-Bereitschaftsbetrieb bringen wir 500 — 600 Walzen je Druckmaschine in Ansatz, für die beiden anderen Betriebsweisen dagegen nur je 300 — 400.

5 Größenordnungen nach erhaltenen Angaben. Mit Produktionseinheit wird bei Walzendruck eine Druckmaschine verstanden, bei Filmdruck ein Drucktisch von ca. 40 m Länge.

6 Für Verzinsung und Amortisation des Anlagekapitals wurde eine Quote von 10 % berücksichtigt.

---

auf ungefähr 40 bis 60%[286]. Vereinzelt sind die Kosten des Rohgewebes niedriger als die Veredlungskosten, üblicherweise aber höher. Daher der relativ beträchtliche Bedarf an Umlaufskapital, der bei dieser Betriebsweise erwächst.

Beim Vergleich der Kosten der Gesamtproduktion bei Walzendruck mit den Kosten der Gesamtproduktion bei Filmdruck (Verhältnisse im Jahr 1945, Zeilen 10 und 11 bzw. 15 und 16) springt erneut die qualitativ und quantitativ bedingte Kostensteigerung in die Augen. Obgleich der Produktionsumfang der Filmdruckerei nur rund 6 — 8 % der Erzeugung des Walzendruckbetriebs ausmacht, beläuft sich ihre Totalkostensumme auf rund 21 — 22 % der Totalkostensumme der Walzendruckerei. Neben den relativ höheren Materialkosten sind es vor allem die relativ höheren Lohnkosten sowie die relativ höheren Dessin- und Gravurspesen, denen die unterproportionale Verringerung des Gesamtaufwands zuzuschreiben ist.

Wenn wir die Kostensummen, die sich auf Grund der Verhältnisse im Jahre 1939 ergeben (Vorkriegsverhältnisse), den Kostensummen gegenüberstellen, die wir auf Grund der Verhältnisse um die Mitte des Jahres 1945 errechnet haben (Verhältnisse nach Beendigung des Zweiten Weltkrieges), dann wird die kriegsbedingte Teuerung klar ersichtlich, mit anderen Worten die Verringerung der Kaufkraft des Geldes. Die relativ stärkere Steigerung der Veredlungskosten der Stapelware und der Artikel mittlerer

---

286 Diese Aussage trifft in der Regel ebenfalls für die Verhältnisse im 19. Jahrhundert zu (vgl. z. B. die Kostenangaben in Bulletin . . . 1839, S. 580 f., bei Jenny-Trümpy, a. a. O., S. 385 ff. und 532, sowie bei R. Jannasch: Die europäische Baumwollen-Industrie und deren Produktionsbedingungen mit besonderer Berücksichtigung des Oberrheins. Berlin 1882, S. 103). Am Ende des Frühkapitalismus, also vor der Mechanisierung der Spinn- und Webprozesse, war die Rohgewebequote noch höher. Nach Ryhiners Angaben, a. a. O., S. 141 f. und 144, belief sie sich beim Druck baumwollener Stückware auf 78 — 90 %, beim Druck baumwollener Mouchoirs dagegen auf ca. 60 %.

Preislage gegenüber der Erhöhung der Veredlungskosten der Qualitätserzeugnisse ist in erster Linie auf den Übergang zum Druck von Baumwollersatzgeweben aus Kunstseide und Zellwolle zurückzuführen. Dadurch konnten wohl die Einschränkungen der Produktion gemildert werden, die sonst ein erhebliches Ausmaß angenommen hätten, doch war mit der gänzlichen oder teilweisen Änderung der Faserart eine materialbedingte Erhöhung der Veredlungskosten verbunden.

Alle diese Unterschiede zwischen den Kosten der einzelnen Gesamtproduktionsmengen treten natürlich ebenfalls in Erscheinung, sofern wir die verschiedenen Bedarfsgrößen des Betriebskapitals miteinander vergleichen (Spalte 10). Wegen der unterschiedlichen Anlagekosten[287] (Spalte 9, beispielsweise Zeilen 1 und 10, verglichen mit Zeilen 4 und 12) verändern sich allerdings wieder einige der vorher sichtbar gewordenen Diskrepanzen. Sie verändern sich weiterhin bei Berücksichtigung des Datums Kapitalumschlag. Die Veränderung ist nur absolut, sofern angenommen wird, die Dauer der Umschlagszeit sei durchwegs die gleiche; die Veränderung ist auch relativ, sofern diese Dauer von Fall zu Fall variiert.

Die ermittelten Endsummen, die — wir betonen es erneut — nur hypothetischer Natur sind, führen deutlich die wechselseitigen Einwirkungen der einzelnen Faktoren vor Augen. Der Einfluß des einen Faktors wird durch den Einfluß eines andern noch verstärkt; unter anderem kann er durch ihn aber auch abgeschwächt werden oder aufgehoben oder gar überkompensiert.

Nach dieser Betrachtung sei versucht, noch ein Bild des Unterschieds zu geben, der zwischen dem Kapitalbedarf der frühkapitalistischen Handdruckerei und dem Kapitalbedarf der spätkapitalistischen Film- resp. Walzendruckerei besteht, kann doch dadurch ebenfalls von der Geldseite her die Entwicklung aufgezeigt werden, welche die Versachlichung und Beschleunigung des wirtschaftlichen Prozesses mit sich gebracht haben. Zu diesem Zweck bedienen wir uns der Angaben Ryhiners aus dem Jahre 1766 und stellen sie den oben zitierten Größenordnungen gegenüber, welche die ungefähren Gegenwartsverhältnisse illustrieren. Es sei aber wiederum hervorgehoben, daß unsere Aussagen keinen Anspruch auf Genauigkeit und Allgemeingültigkeit erheben. Insbesondere tragen sie den produktmäßigen Verschiebungen keine Rechnung, die inzwischen eingetreten sind. Auch wird die Veränderung des Geldwertes außer acht gelassen, und überdies beruhen unsere Berechnungen auf Schätzungen, die sich wohl mit einem Einzelfall

---

[287] Der Einfachheit halber nehmen wir an, daß die produkt- und mengenmäßig bedingten Unterschiede im Anlagekapital einander aufheben und nur Diskrepanzen bestehen zwischen der Lohn- und Eigendruckerei einerseits und dem Lohndruck-Bereitschaftsbetrieb anderseits, sowie zwischen der Walzendruckerei und der Filmdruckerei.

decken mögen, jedoch nicht mit der vielfältigen Wirklichkeit. Dennoch ist das Resultat, zu dem wir gelangen werden, von Wert. Zwar vermag es nicht den genauen Umfang der Wandlung vor Augen zu führen, die eingetreten ist, doch gestattet es, sich hievon zumindest eine gewisse Vorstellung zu machen.

Nach Betrachtung des Zahlenmaterials, das wir in Tab. 21 festgehalten haben, erkennen wir also:

Sowohl das Anlage- als auch das Betriebskapital je Produktionseinheit und Arbeitskraft ist in der frühkapitalistischen Handdruckerei wesentlich niedriger als in der spätkapitalistischen Film- bzw. Walzendruckerei[288]. Was für die Entwicklung der Wirtschaft während der letzten zwei Jahrhunderte im allgemeinen gilt, trifft demnach ebenfalls für den Zeugdruck im besonderen zu: „Der Wandel der Erzeugungstechnik ist . . . unter dem Regime des technischen Kapitalismus identisch mit einer Ausdehnung des konstanten, insbesondere des fixen Kapitals wie des Unternehmungskapitals überhaupt[289].“ Diese Ausweitung tritt noch deutlicher in Erscheinung, wenn wir nicht nur den Kapitalbedarf je Produktionseinheit miteinander vergleichen, sondern den Kapitalbedarf der einzelnen betrieblichen Gesamtheiten. Es zeigt sich dann, daß außer der wachsenden sachlichen Ausrüstung der Arbeit in der Regel auch eine allgemeine Expansion der Werkanlagen stattgefunden hat. Wie wir schon früher darlegten[290], erfolgte sie vornehmlich im Bereich des Walzendrucks. Sie äußert sich in der erheblichen Kapitalakkumulation, die aus dem Betrieb einer steigenden Zahl von Produktionseinheiten resultiert und in verschiedenen Fällen auf die Konzentrationsbewegung zurückzuführen ist. Nicht zuletzt drängte aber auch das Streben nach optimaler Nutzung der Kraftanlagen und einiger großdimensionierter Apparate der Vor- und Nachbehandlung[291] auf die Ausdehnung hin.

Hinsichtlich der Größenunterschiede zwischen dem Umlaufskapital der frühkapitalistischen und dem Umlaufskapital der spätkapitalistischen Betriebe ist schließlich hervorzuheben, daß diese Diskrepanzen noch erheblicher wären, wenn die frühkapitalistische Manufaktur nicht mit einer zwölf- bis achtzehnmonatigen Umschlagsdauer hätte rechnen müssen[292]. Die Beschleunigung des Kapitalumschlags und die hiemit verbundene Kompression des

[288] Bei Eigendruck sind die Differenzen im Bedarf an Betriebskapital weniger groß, da vor der Mechanisierung der Spinn- und Webprozesse die Rohgewebequote teilweise wesentlich höher lag als nachher, insbesondere, wenn feine ostindische Mousseline veredelt wurden (vgl. S. 139, Anm. 286). Außerdem ist der Unterschied in der Umschlagsdauer zu beachten (siehe die weiteren Ausführungen am Schluß des Haupttextes).

[289] V. F. Wagner, a. a. O., S. 487.

[290] Vgl. unsere Ausführungen auf S. 45, Tab. 4, S. 46, und unsere Darlegungen auf S. 129.

[291] Beispielsweise des Schnelldämpfers (Mather-Platt).

[292] Siehe Tab. 21, Anm. 8—10, S. 143.

Tab. 21. Kapitalstruktur.

Vergleich zwischen den Verhältnissen einer frühkapitalistischen Handdruckerei und den Verhältnissen einer spätkapitalistischen Film- bzw. Walzendruckerei[1].

	Frühkapitalistische Handdruckerei[2] franz. frs.[4] ca.	Spätkapitalistische Filmdruckerei[3] schw. Fr. ca.		Spätkapitalistische Walzendruckerei[3] schw. Fr. ca.	
		1938	1946	1938	1946
Anlagekapital je Produktionseinheit[5]	900 bis 1000[6, 10]	70 000 bis 100 000	110 000 bis 150 000	350 000 bis 450 000[7]	550 000 bis 700 000
Betriebskapital je Produktionseinheit und Wirtschaftsperiode bei Lohndruck und Kleiderstoffware	1000 bis 1100[8]	20 000 bis 30 000	50 000 bis 70 000	40 000 bis 130 000	200 000 bis 300 000
Betriebskapital je Produktionseinheit und Wirtschaftsperiode bei Eigendruck und Kleiderstoffware	6000 bis 11 000[9] 9000 bis 17 000[10]	40 000 bis 60 000	70 000 bis 100 000	150 000 bis 300 000	450 000 bis 650 000
Anlagekapital je Arbeitskraft[11]	300 bis 350	16 000	25 000	12 000 bis 15 000	18 000 bis 23 000
Betriebskapital je Arbeitskraft bei Lohndruck[11]	350	5000	12 000	1500 bis 4500	7000 bis 10 000
Betriebskapital je Arbeitskraft bei Eigendruck[11]	2000 bis 6000	10 000	16 000	5000 bis 10 000	15 000 bis 22 000

[1] Das angeführte Zahlenmaterial stellt lediglich Schätzungen dar. Die produktmäßigen Verschiebungen und Veränderungen des Geldwertes sind nicht berücksichtigt.

[2] Das Zahlenmaterial ist nach den Angaben von Ryhiner aus dem Jahr 1766 berechnet, a. a. O., S. 141 ff.

[3] Angaben nach erhaltener Auskunft. Der Errechnung des Bedarfs an Umlaufskapital liegen die Verhältnisse des Einschichtenbetriebs und ein dreimaliger Kapitalumschlag zugrunde.

[4] Kurs: franz. frs. 2,20 = 1 Gulden (1 Florin oder 60 Kreuzer), zum alten Münzfuß gerechnet.

[5] Gemeint ist je Drucktisch von ca. 2 m Länge in der frühkapitalistischen Handdruckerei, je Drucktisch von ca. 40 m Länge in der Filmdruckerei inklusive

der Filmrahmen, und je Walzendruckmaschine inklusive 300—600 Kupferwalzen.

[6] Ryhiner, der die Fabrikationskosten spezifiziert, die im Jahre 1766 in Basel bei einer Produktion mit 48 Drucktischen entstanden sind, führt auf S. 141 u. a. fl. 20 000,— an für „prés et bâtiments" sowie fl. 500,— für „cheveaux et voitures". Falls es sich hiebei um das gesamte Anlagekapital handelt, stellte sich dieses also auf rund franz. frs. 45 000,—, zum alten Münzfuß gerechnet (siehe obige Anm. 4).

[7] In Ungarn schätzte man um ca. 1913 die gesamten Anlagekosten je Walzendruckmaschine auf 120 000 bis 200 000 Goldkronen (v. Holtzer, a. a. O., S. 97, oben, und S. 98, oben), in Deutschland um die gleiche Zeit auf rund 150 000 Mark (nach erhaltener Auskunft).

[8] Beim Druck von geringer und teurer Ware und bei einer Produktion während 36 Wochen zu je 60—66 Arbeitsstunden (Jahresproduktion; im Winter ruhte der Betrieb). Anscheinend wurde bei Lohndruck das Betriebskapital einmal umgeschlagen. Ryhiner, a. a. O., S. 145.

[9] Beim Druck von geringer und teurer Ware, bei einer Produktion während 36 Wochen und bei einmaligem Umschlag des Betriebskapitals.

[10] Idem, aber unter Berücksichtigung einer achtzehnmonatigen Umschlagszeit des Betriebskapitals, die Ryhiner beim Vertrieb von Eigendruckware ansetzt. „Il faut ajouter pour le moins moitié de fonds en sus, les espèces ne rentrent guère avant dix-huit mois" (a. a. O., S. 145).

Nach Ryhiners Ausführungen auf S. 81 ergeben sich rund franz. frs. 10 000,— Anlage- und Betriebskapital je Drucktisch, gegen rund franz. frs. 2000,— bei Lohndruck resp. franz. frs. 7000,— bis 18 000,— bei Eigendruck nach unseren Angaben. Bei Ryhiners Unternehmen handelte es sich also um eine Eigendruckerei, die verschiedenerlei Artikel erzeugte.

In Mülhausen belief sich in der zweiten Hälfte des 18. Jahrhunderts der Bedarf zur Einrichtung eines „établissement ordinaire" mit 48 Drucktischen auf frs. 20 000,— bis 30 000,—, ohne Berücksichtigung des Kapitals, das in den Bleichwiesen angelegt war, und anscheinend ebenfalls ohne Berücksichtigung des übrigen Grundstückskapitals. — „Le capital de roulement nécessaire allait de 50 à 100 ou 120 000 francs" (wohl bei Lohndruck und bei Führung eines Mischbetriebes, also einer Lohn- und Eigendruckerei. — Gemeint sind französische Franken jener Zeit). Histoire . . ., a. a. O., Bd. I, S. 290.

[11] Bei drei Arbeitskräften Gesamtpersonal (Vorbehandlung, Druckprozeß und Nachbehandlung) je Drucktisch in der Handdruckerei, 5—6 Arbeitskräften Gesamtpersonal je Drucktisch in der Filmdruckerei und 30 Arbeitskräften Gesamtpersonal je Druckmaschine in der Walzendruckerei.

Bedarfs an Betriebsmitteln, die seither eingetreten sind, gehen zu einem Teil auf die Verbesserung der Zahlungsweise zurück. Mehr noch sind sie aber der Steigerung der Produktivität und Intensivierung des Verbrauchsaktes zuzuschreiben. Erst hiedurch wurde die Abkürzung der Produktions- und Zirkulationszeit erreicht, die für den modernen Wirtschaftsprozeß so typisch ist und die auch die Umschlagsperiode des Kapitals erheblich abkürzen ließ.

2. Die Kapitalbeschaffung.

Durch die eben angestellte Betrachtung haben wir einigen Aufschluß erlangt über Gestaltung und Größe des Kapitalbedarfs je Produktionseinheit. Verbinden wir die gewonnenen Ergebnisse mit den Angaben in den Tab. 1 bis 4 (S. 31, 33, 40/41 und 46), welche die Entwicklung der Textildruck-Betriebsgrößen seit dem Ende der frühkapitalistischen Wirtschaftsepoche bis in die Gegenwart vermitteln, so wird es möglich, sich eine ungefähre Vorstellung zu machen vom Umfang des gesamten Kapitalbedarfs, der bei Führung einer Hand- oder Walzendruckerei entstand bzw. entsteht[293].

Wie erfolgte nun die Finanzierung? Diese Frage ist bereits durch frühere Darlegungen weitgehend beantwortet. Bei der Untersuchung der Gesellschaftsformen[294] haben wir aufgewiesen, daß die Personengesellschaften, also die Personal- und Kapitalvereinigungen in der Gestalt der Stillen, der Kollektiv- und der Kommanditgesellschaft, repräsentativ sind für die Herrschaftsperiode der Handdruck-Manufaktur. Die Kapitalgesellschaften, und hierunter insbesondere die Aktiengesellschaft, haben wir dagegen als typisch bezeichnet für die Zeit seit dem Beginn der Endphase des Hochkapitalismus. Anfänglich fand zumeist eine Verbindung zwischen Fremden statt, und zwar zwischen dem Techniker, dem Handelsherrn und dem Finanzmann[295]. Später, nach erfolgtem Aufschwung der Druckerei, verfügten ihre Gründer, der ehemals technische Leiter, der inzwischen vom „maître-fabricant" zum „fabricant" aufgestiegen war, oder seine Nachkommen üblicherweise selber über die erforderlichen Geldkapitalien, um die Finanzierung aus eigenen Mitteln und aus den Mitteln der Familie vornehmen zu können. In der Folge führten der Ausbau der Betriebe mit kostspieligen Anlagen, die Konzentrationsbewegung oder die „Kapitalverflechtung" (Sombart) in vielen Fällen wieder zur Mitwirkung fremder Geldgeber. Verschiedentlich kam es gar zur gänzlichen Beherrschung der Druckerei durch Banken oder durch andere interessierte Kreise.

Ergänzend sei nun hinzugefügt, daß die Entwicklung des Textildruckgewerbes seit jeher durch den Kapitalexport wesentlich gefördert worden ist. Dem Beitrag der Schweiz kommt in dieser Beziehung große Bedeutung zu. Schweizerische Darlehen und Beteiligungen waren es vor allem, mit denen die elsässische Druckereiindustrie geschaffen wurde[296], und schweizerische Ka-

---

[293] Mangels genügenden Zahlenmaterials konnten die Betriebsgrößenverhältnisse bei Filmdruck nicht aufgezeigt werden. Um wenigstens einen groben Rückschluß auf den Gesamtkapitalbedarf bei Ausübung dieser Technik zu ermöglichen, sei erwähnt, daß einige Filmdruckereien mit vier oder noch weniger, andere dagegen mit zwanzig und mehr Drucktischen arbeiten.

[294] Vgl. S. 23 ff. und 36 f.

[295] Wir wissen, daß der Techniker in verschiedenen Fällen auch Kaufmann war, der Handelsherr öfters ebenfalls der Geldgeber.

[296] Vgl. S. 23, Anm. 21, S. 24, Anm. 22, Histoire . . ., a. a. O., Bd. I, S. 288 f., und vor allem Robert Lévy, a. a. O., S. 30. — Ryhiner, a. a. O., S. 77, berichtet für das Jahr 1766 oder etwas früher: „ . . . aujourd' hui on compte dans cette ville (gemeint ist Mülhausen — d. Verf.) seize fabriques et plus de cinq cent mille francs d' argent que les Bâlois y ont placés."

pitalien ermöglichten auch die Gründung von Zeugdruckereien beispielsweise in Frankreich, Deutschland (Lörrach und Konstanz), in Österreich, Rußland sowie Italien[297].

Die Handdruck-Manufaktur wurde häufig in leerstehenden Gebäulichkeiten eingerichtet, die genügend weitläufige Räume enthielten, um eine größere Anzahl von Druck- und anderen Arbeitstischen aufzunehmen. In verschiedenen Fällen erfolgte der Erwerb verlassener Landschlösser, Adelshöfe oder Klöster, in anderen verband sich der Schloßherr mit dem Unternehmer zu einer Gesellschaft unter Beibringung seiner unbewohnten Liegenschaft als stehende Kapitaleinlage[298]. Für Österreich und Böhmen wird nachgewiesen, daß Gründung und Finanzierung verschiedentlich von reichen Adligen vorgenommen wurden, teils auf eigene Initiative, teils auf Anregung der kaiserlichen Regierung[299].

Eine staatliche Beteiligung an Druckerei-Unternehmen, ihre

---

[297] Vgl. S. 22., Anm. 17, S. 24, Anm. 22, ferner Jenny-Trümpy, a. a. O., S. 88, 95 f., 141 f., 316 ff. und 670 f., A. Juvet-Michel: Schweizer Zeugdrucker in Frankreich, in Ciba-Rundschau 28, a. a. O., S. 1044, R. Haller: Die Entwicklung des Zeugdrucks, a. a. O., S. 197 ff., Werner Fetscherin, a. a. O., S. 21.

[298] Die Druckerei Lörrachs in Baden wurde von einer ehemaligen Papiermühle aus aufgebaut, die Druckerei Wesserlings im Elsaß vom früheren Jagdschloß der Fürstäbte von Murbach aus. — „Jacques Louis Macaire de l'or errichtete die erste Indiennedruckerei in Konstanz in den Räumlichkeiten des dortigen Inselklosters, die er 1785 von Kaiser Joseph II. von Österreich zu diesem Zwecke erhalten hatte." (Jenny-Trümpy, a. a. O., S. 88, nach R. Forrer.) — Hinsichtlich der Verhältnisse in Frankreich berichtet Clouzot, a. a. O., S. 178: „La nécessité de disposer de vastes locaux fait choisir souvent des châteaux, où leurs propriétaires ne résident plus et qu'ils sont bien aises d'utiliser", während A. Juvet-Michel ausführt (Die großen Zeugdruck-Manufakturen Frankreichs, in Ciba-Rundschau 28, a. a. O., S. 1018): „Gelegentlich sah ein Herzog oder ein Prinz in der Gründung einer Manufaktur ‚eine gewinnbringende Spekulation', wie man sich damals ausdrückte, und stellte sogar eines seiner Schlösser als Fabrikgebäude zur Verfügung. — Die Umwälzungen der französischen Revolution schufen auch für die Manufakturen andere Bedingungen . . . Geeignete Gelände waren zur Zeit der Papiergeldinflation für geringe Summen zu erwerben, und die leerstehenden Gebäude aufgehobener Klöster konnten als Fabrikräume dienen." — Zur Errichtung der ersten Indiennemanufakturen Mülhausens „erwiesen sich namentlich die in der Stadt befindlichen, seit Jahrhunderten aber verlassenen großen Adelshöfe und Klöster geeignet", läßt uns dagegen Herkner wissen (a. a. O., S. 35). Was W. E. Rappard für die Schweiz feststellt, wo mechanische Spinnereien in Kloster- und Schloßgebäulichkeiten installiert worden waren, trifft also teilweise auch für andere Länder zu (a. a. O., S. 161): „En accordant l'usage du palais abbatial de St. Gall et du château seigneurial de Romainmôtier à des capitalistes, pour qu'ils y exploitent une invention d'origine étrangère, les autorités fédérales marquèrent d'un geste inconscient, mais combien significatif, l'avènement de temps nouveaux. Les ruines mêmes de l'antique Helvétie, féodale et théocratique, leur servirent à fonder l'édifice moderne de la Suisse industrielle. Il n'est pas, dans toute l'histoire nationale, de fait plus hautement symbolique." (Von uns gesperrt — d. Verf.)

[299] Nach Kurrer (1840), a. a. O., S. 31 und 38. sowie Jenny-Trümpy, a. a. O., S. 71 f.

Gründung oder Übernahme durch den Staat scheint früher nur ausnahmsweise vorgekommen zu sein und nur aus zwingenden Gründen, unter anderm zur Förderung der Industrialisierung[300] oder zur Aufrechterhaltung eines vom Stillstand bedrohten Betriebes[301]. Dagegen ist der Staat damals öfters als Geldleiher aufgetreten. Bedrängten, kreditwürdigen Unternehmern wurde durch Gewährung von Darlehen gegen mäßigen Zins das zeitweilige fehlende Betriebskapital geliehen. Meist geschah es auch wieder aus Sorge um die „bedürftigen Landeskinder", die durch Einführung der „nuzlichen Entreprise" zu Arbeit gekommen waren und bei Ablehnung des Kreditbegehrens unter Umständen brotlos geworden wären[302].

Seit der Entwicklung des modernen Finanzwesens wird der zeitweilige Geldmangel in der Regel durch die Inanspruchnahme

---

[300] Beispielsweise in Rußland, wo der Schweizer Michael Weber von Netstal im Jahre 1814 „auf Rechnung der russischen Krone zu Schlüsselburg . . . die erste Walzendruckerei Rußlands" baute und während einiger Jahre pachtete (Jenny-Trümpy, a. a. O., S. 316). — Auch die Gewährung eines „Darlehens von 15 000 Livres zu 4 %" durch den Magistrat Mülhausens an die Druckerei Koechlin, Schmaltzer & Cie., die älteste Druckerei des Orts, im Jahre 1750, erfolgte nach wirtschaftlichen Erwägungen, gleich wie die Befreiung von der Entrichtung des Ausgangszolls während der ersten beiden Jahre und die Ermäßigung des Zolls während weiterer sechs Jahre „zur Begünstigung der dem Publico vorteilhaften Indiennefabrik" zugestanden wurden. Vgl. Herkner, a. a. O., S. 13, R. Lévy, a. a. O., S. 45 ff., der noch weitere Vergünstigungen anführt, sowie Bi-Centenaire . . ., S. 19 f.

[301] Dies war z. B. in Lörrach in Baden während der Jahre 1803 bis 1808 der Fall. Infolge der ungünstigen Zeitläufe und unter dem Druck der Gläubiger, hatte die Lörracher Druckerei von den privaten Eigentümern verkauft werden müssen. Um „dieses für den Unterhalt der armen Leute so wichtige Etablissement" nicht zum Stillstand kommen zu lassen, wurde es von der großherzoglichen Regierung so lange weitergeführt, bis es wieder kapitalkräftigen Privatunternehmern abgetreten werden konnte. Nach Akten der Manufaktur Koechlin, Baumgartner & Cie., A. G., Lörrach.

[302] Beispiele: Im August 1731 gewährte der Berner „Commercienrath" der Druckerei Engelhard & Comp. in Bern ein Darlehen von 20 000 Berner Pfund (1 Berner Pfund = ca. Fr. 1,08, zum alten Münzfuß gerechnet). Dieser Betrag war während zweier Jahre unverzinslich; während der folgenden acht Jahre mußten je 3 % Zins bezahlt werden. — 1788 erhielt Detrey von der Berner Obrigkeit ein Darlehen von 25 000 Pfund auf zwanzig Jahre zu 1 % Zins (W. Fetscherin, a. a. O., S. 38 ff. resp. 33). — „Vers la fin du XVIIIme siècle, les fabricants d'indiennes, comme les sociétés commerciales, purent contracter des emprunts 'à temps' auprès du Conseil de la Ville (de Neuchâtel — d. Verf.), s'élevant à L. 10 500,— et L. 16 800,—." (A. Dreyer, a. a. O., S. 82, Anm. 2. — L. 1,—, d. h. 1 Livre de Neuchâtel = Fr. 1,419, zitiert bei Jenny-Trümpy, a. a. O., S. 478). — Anfangs 1788 wurden Küpfer und Gmehlin, Lörrach, 30 000 Gulden vom Markgrafen von Baden geliehen. Das Darleben sollte mit 4 % verzinst und in Raten von fl. 3000,— bis 4000,— zurückbezahlt werden (Karl Herbster: Zur Geschichte . . ., a. a. O., S. 59 f.). — Im Jahre 1804 nahmen Gros, Davillier, Roman & Cie. in Wesserling (Spinnerei, Weberei und Druckerei) vier Millionen Franken bei der französischen Regierung auf und zahlten diesen Betrag gegen 1812 zurück (Histoire . . ., a. a. O., Bd. I, S. 413).

des Bankkredits behoben. Dies trifft in erster Linie im Falle des kurzfristigen Umlaufskredits zu. Seine Einräumung erfolgt üblicherweise auf Grund der Diskontierung von Warenwechseln oder der Warenlombardierung. Bei besonders engen Beziehungen zwischen der industriellen Unternehmung und dem Kreditinstitut wird er auch in Gestalt eines Blankokredits gegeben, als Kontokorrent- oder als Akzeptkredit.

Damit ist schließlich ebenfalls die Verdichtung der Verbindungen zwischen dem modernen Druckereiunternehmen und einer bestimmten Bank ersichtlich geworden, über welche die Druckerei den größten Teil ihrer Geldgeschäfte abwickelt. Vor allem ist aber deutlich geworden, daß sich auch die moderne Textildruckunternehmung zur Beschaffung gewisser Kapitalien an das System anschließt, das sich allmählich zwischen der Industrie und der Bankenwelt herausgebildet hat.

V. Absatzpolitik.

Unsere Darstellung der Kapitalstruktur läßt die Frage aufwerfen, wie die Alimentierung des Produktionsapparates erfolgte. Die Antwort hierauf suchen wir im wesentlichen in drei Richtungen. Einmal wollen wir die Märkte kennenlernen, die unter dem Regime der jeweils herrschenden Handelspolitik beliefert werden konnten. Alsdann trachten wir zu erfahren, in welcher Weise der Vertrieb vorgenommen wurde. Schließlich suchen wir zu ermitteln, wie Anbieter und Nachfrager auf dem Markte einander gegenübertraten.

Wir sehen davon ab, gesondert darzulegen, inwiefern die zeichnerische und farbliche Gestaltung des Produkts den Vertrieb beeinflußte. Einigen Aufschluß gaben bereits unsere Ausführungen über die Spezialisierung, die wir bei der Erörterung des Standortsproblems berührt haben[303]. Weitere Einblicke lassen sich bei der nachfolgenden Betrachtung der Absatz- und Vertriebsverhältnisse gewinnen. Im übrigen sei auf Kapitel V: Entwicklung der Musterung bzw. der Ornamentik, im ersten Teil unserer Arbeit verwiesen. Dort wurde u. a. hervorgehoben, daß der Textildruck verstanden hat, das Zeitmaß im Wechsel der Mode zu verkürzen. Die Intensivierung des Verbrauchsaktes durch die ständige Veränderung des Warenbildes ist natürlich eines der wichtigsten Mittel der kapitalistischen Absatzpolitik. Wir müssen aber unterlassen, diesen Sachverhalt näher zu beleuchten. Mangels der nötigen Unterlagen ließe sich doch nicht herausarbeiten, in welchem Grad der Rhythmus im Modewechsel beschleunigt wurde. Aus dem gleichen Grund könnten wir uns auch nicht in der wünschenswerten Klar-

[303] Vgl. S. 116 ff.

heit über die wirtschaftliche Bedeutung und Wirkung der fortwährenden Wandlung unserer Geschmacksneigung verbreiten.

Betrachten wir dafür die drei anderen Seiten des Gegenstandes unserer Untersuchung um so genauer.

1. Die Absatzgebiete und ihr Wandel unter dem Einfluß der Handelspolitik.

Unsere Ausführungen über die Produktionspolitik machten deutlich, daß der handwerkliche Erzeuger von Textildrucken, der während der primitiven Periode des europäischen Zeugdrucks in erster Linie relativ billige Surrogate der kostbaren Webstoffe herstellte, zumeist für einheimische Kosumenten gearbeitet hat[304]. Die Belieferung der geistlichen und weltlichen Herren der näheren Umgebung sowie der ansässigen Weber und Händler dürfte die Regel gewesen sein, der ortsferne Absatz die Ausnahme.

Weder über den Umfang des Ortshandels noch über den Umfang des Fernhandels lassen sich aber nähere Angaben machen. Immerhin wissen wir, daß dem Fernhandel vereinzelt doch eine gewisse Bedeutung zugekommen ist. Sonst hätte die Regierung Venedigs sich bestimmt nicht veranlaßt gefühlt, zum Schutze des ansässigen Druckereigewerbes im Jahre 1441 die Einfuhr fremder Druckstoffe zu untersagen[305]. Woher diese Produkte kamen, wird leider nicht erwähnt.

Über den Handel mit den ersten Produkten des modernen europäischen Zeugdrucks, die seit Ende des 17. Jahrhunderts in zunehmendem Maße mit den ostasiatischen „Indiennes“ in Wettbewerb traten, sind wir schon besser unterrichtet. Die nachfolgende Anführung der Absatzgebiete einiger Zeugdruckereien läßt erkennen, wie vielseitig das Ausfuhrgeschäft damals bereits war.

Holland, wo Kaufleute 1678 anscheinend die erste europäische Kattundruckerei gegründet hatten und wo 1750 etwa hundert Manufakturen in Betrieb standen, belieferte anfangs des 18. Jahrhunderts (kurz vor 1716)[306] u. a. die Schweiz[307], deren Zeugdruckgewerbe sich um diese Zeit erst zu entwickeln begann[308]. Durch die holländisch-ostindische Handelskompanie gelangten bedruckte Ka-

---

[304] Vgl. S. 97 f. und S. 110.

[305] Nach dem Erlaß in einem Statutenbuch der venetianischen Malerzunft, dem eine Beschwerde der Karten- oder Bilddrucker zugrunde liegt, wurde wegen Schädigung ihres Gewerbes durch allzu starke Einfuhr verboten, „in Zukunft auf Tuch oder Papier gedruckte Bilder oder Spielkarten, oder andere mit dem Pinsel verfertigte oder gedruckte Arbeiten von anderen Orten nach Venedig zu bringen“. (R. Forrer: Die Zeugdrucke . . . , a. a. O., S. 26, unten.)

[306] Der eingeklammerte Zeitpunkt bezieht sich hier und im folgenden auf die Jahre, für welche die Ausfuhr jeweils nachgewiesen wird.

[307] Ryhiner, a. a. O., S. 74.

[308] Vgl. unsere Angaben der Gründungsjahre auf S. 4 f., Anm. 9.

likos nach Japan[309] und indische Baumwollwaren (darunter wohl auch Indiennes) nach den spanischen Kolonien in Mittel- und Südamerika[310].

Die Produkte der Manufakturen Genfs fanden von Anfang des 18. Jahrhunderts an vornehmlich Absatz in Frankreich[311]. Gleiches wird für die Druckstoffe Berns und des damals noch bernischen Aargaus berichtet. Die Gebrüder Brutel sandten im Jahre 1738 Ware ihrer Druckereien in Zofingen und Schafisheim nach Nancy, Straßburg, Pont-à-Mousson und Lugano[312], Küpfer in Bern[313] hatte „starken Verschleiß nach Wien" (1764)[314], und Marcuard & Beuther in Holligen exportierten nach Mailand, Turin, Salzburg und Marseille, von wo ein Weiterversand nach dem Orient erfolgte, sowie nach Guadeloupe auf den Antillen (ca. 1775 ff.)[315]. Bis 1750 belieferten die Druckereien Basels hauptsächlich Frankreich und Italien, ungefähr zwei Jahrzehnte später Deutschland und Italien. „Mouchoirs" sowie „une quantité de toiles imprimées larges" gelangten über die französischen Seehäfen nach Amerika (eine nähere Angabe fehlt) und nach Guinea in Westafrika[316]. Neuenburgs bedruckte Gewebe fand man seit der Mitte des 18. Jahrhunderts in Frankreich, Italien[317], Deutschland, Holland und Belgien[318], Herisaus Stückware und Tücher in Süd-, Mittel- und Norddeutschland, in Frankreich sowie Italien (1764)[319]. Die Erzeugnisse J. Hch. Streiffs, des Begründers der Kattundruckerei im Kanton Glarus, wurden im Jahre 1769 ebenfalls nach Deutschland, Frankreich und Italien gehandelt, zudem nach Österreich, Rußland sowie Spanien[320], während

309 Ob es sich hiebei um holländischen oder asiatischen Kaliko handelt, wird nicht angegeben.

310 Angeführt bei W. Sombart: Der moderne Kapitalismus, a. a. O., Bd. II, 2. Halbband, S. 1000 f., nach Raynal bzw. Savary sowie Ricard.

311 Jenny-Trümpy, a. a. O., S. 89, nach G. Ph. H. Norrmann: Geographisch-statistische Darstellung des Schweizerlandes, 4 Bde., Hamburg 1795—1798.

312 W. Fetscherin, a. a. O., S. 48 f.

313 Hiebei handelt es sich um die älteste Indiennedruckerei der Stadt und des Kantons Bern, die im Jahre 1706 (wenn nicht schon etwas früher — d. Verf.) vom Färber Hieronymus Küpfer gegründet worden war.

314 „Des Grafen Karl von Zinzendorf eingesammelte Nachrichten, den Handel und Waaren-Zug in einem Theile von Schwaben, in der Schweiz und in Bündten betreffend. 1764." Herausgegeben von Otto Erich Deutsch, Wien. Veröffentlicht in der Basler Zeitschrift für Geschichte und Altertumskunde, 35. Bd., II. Heft, Basel 1936, S. 311.

315 W. Fetscherin, a. a. O., S. 44 f.

316 Ryhiner, a. a. O., S. 76 ff.

317 Als wichtigste Konsumtionsplätze werden angeführt: Mailand, Genua, Bergamo, Brescia, Verona, Vicenza, Padua, Venedig, Triest, Ferrara, Bologna, Livorno, Florenz, Neapel und Palermo, sowie jeweils die umliegenden Gegenden.

318 Alice Dreyer, a. a. O., S. 52.

319 v. Zinzendorf, a. a. O., S. 211.

320 Jenny-Trümpy, a. a. O., S. 179.

die Drucke Zürichs auch in Dänemark und Schweden angetroffen wurden (1764)[321], und es „noch" um ca. 1794 „Nastücher" zürcherischer und anderer schweizerischer Druckereien sind, „mit denen sehr viele Italiener, Deutsche, Polen, Franzosen, Niederländer, Russen und Türken ihre verschiedenen Nasen reinigen[322]".

Von der Mitte des 18. Jahrhunderts an, als die Schweiz der bedeutendste Produzent europäischer Druckstoffe war, wurden auch die Mülhauser, Schüle in Augsburg sowie Oberkampf in Jouy wichtige Lieferanten, nach 1785 ebenfalls die Engländer. Die Erzeugnisse Hollands, des ältesten europäischen Lieferanten, waren dagegen schon vor Ende des Jahrhunderts fast vollständig von den Märkten verschwunden[323]. Während Oberkampf und andere innerfranzösische Manufakturen den Mülhausern[324], Elsässern[325] und Schweizern hauptsächlich den französischen Markt streitig machten, wurden Schüles Erzeugnisse „außer in dem deutschen Reiche sehr stark nach Frankreich, Portugal, Spanien, Italien und Holland vertrieben ... (wo sie) unter der Benennung Augsburger Zitze allbekannt waren[326]". Die Mülhauser und Elsässer belieferten ebenfalls Belgien, Holland, Polen, Rußland und Amerika[327]. In Deutschland und Italien stießen sie auf die Engländer, die hier auch den Neuenburgern einen harten Kampf lieferten, „une lutte très vive et parfois désastreuse par le coût peu élevé et la profusion des ‚calicos' manufacturés de Manchester, alors très à la mode, qui faisaient tomber les prix et rendaient toute concurrence impossible[328]".

Diese Ausführungen, nach denen im Laufe des 18. Jahrhunderts die meisten europäischen Staaten bedruckte Gewebe einführten, können der Vermutung Raum geben, der Handel in Druckstoffen sei damals noch nicht Gegenstand wirtschaftspolitischer Maßnahmen gewesen. Sehen wir, wie die Verhältnisse tatsächlich lagen, ohne aber aus der Fülle der Angaben, die sich jedoch nur

---

321 v. Zinzendorf, a. a. O., S. 284 und 286.

322 Hans Rudolf Maurer: Kleine Reisen im Schweizerland, Zürich 1794 (Orell, Geßner, Füßli & Comp.), zitiert bei Leo Weisz: Studien zur Handels- und Industrie-Geschichte der Schweiz, NZZ Zürich 1940, Bd. II, S. 230.

323 L. A. Driessen, a. a. O., S. 2249 f.

324 Mülhausen war bis 1798 selbständiger Freistaat und „zugewandter Ort erster Klasse" der schweizerischen Eidgenossenschaft.

325 Das Elsaß gehörte zu den „Provinces traitées comme pays étrangers" und erhielt erst nach der Revolution von 1789 seine national-französische Stellung.

326 v. Seida, a. a. O., S. 165, und v. Kurrer (1844), a. a. O., S. 10.

327 Histoire ..., a. a. O., S. 290, 295, 300, 306, sowie R. Lévy, a. a. O., S. 206 f.

328 Nach A. Dreyer, a. a. O., S. 53; vgl. auch unser Zitat auf S. 155, Anm. 345, aus Juch, Kurrer und Dingler.

für relativ wenig Länder direkt auf den Textildruck beziehen, mehr als die wesentlichen Momente festzuhalten[329].

Die Zeugdruckerei der verschiedenen „Stände" der Schweiz hat sich ohne Zollschutz entwickelt, der Einfuhr von Druckstoffen waren also keine Schranken gesetzt. K. v. Zinzendorf hebt hervor[330]: „Alles, was von hier (gemeint ist St. Gallen — d. Verf.) nach Genf geschickt wird, zahlt unterwegs gar keine Zölle." An anderer Stelle läßt er uns wissen[331], daß Chur, dessen Handel „ein bloßer Transito- und Speditions-Handel" war, „Waggeld und Niederlagsgelder" forderte, zum Unterhalt der „so kostbaren Straße über den Gotthardsberg ... zuförderst die Wegzölle zu Bellinzona, Polegio, Airolo, Andermatt und Wasen" dienten, und in Zürich jeder Fabrikant den „Fabricken- oder kaufmännischen Zoll" zu entrichten hatte, „von jedem für die verarbeitete Waare gewonnenen Gulden, wenn dieselbe an Fremde verkauft wird, ... (aber) nicht mehr als 4 Heller ...". Durch diese und ähnliche interne Verkehrsabgaben, deren Erhebung zu jener Zeit zumeist auch in den anderen Staaten die Regel war, wurden jedoch die Kosten des einzelnen Produkts üblicherweise nur wenig erhöht.

Holland, Belgien, Spanien, Portugal, Dänemark, Schweden und Polen gewährten, so scheint es, ebenfalls freie Einfuhr oder belasteten sie nur in relativ geringem Maße. Rußland erhob ursprünglich niedrige Finanzzölle, erhöhte sie unter Peter dem Großen und Katharina II., ohne sie aber prohibitiv zu gestalten. In Österreich herrschte bis zum Jahre 1784 ein gemäßigtes Schutzzollsystem. Dann erließ Joseph II. ein Einfuhrverbot und erlaubte nur Privatpersonen den Bezug fremder Fabrik- und Manufakturwaren für eigenen Gebrauch und gegen Entrichtung eines Zolles von 60 %. Italiens Zollverhältnisse waren uneinheitlich; einige Kleinstaaten dieses Landes unterwarfen die Einfuhr geringen Zöllen, andere dagegen verhältnismäßig hohen. In Preußen, wo Friedrich der Große im Jahre 1743 das von Friedrich Wilhelm I. am 18. November 1721 erlassene Produktions- und Einfuhrverbot für Zeugdrucke aufgehoben hatte, wurden 1752 „Einbringung und Gebrauchung der fremden Kattune und Zitze, imgleichen der fremden baumwollenen Hals- und Schnupftücher" erneut untersagt. Zur Begründung dieser Maßnahme behauptete man, die Versorgung der Bevölkerung mit Landeserzeugnissen sei nunmehr gesichert[332]. Die übrigen deutschen Staaten gestatteten

329 Soweit auf keine besondere Quelle verwiesen wird, beruhen unsere Angaben im allgemeinen auf Jenny-Trümpy, a. a. O., Teil I (Glarus 1899), S. 33 ff., und Lexis: Übersicht der Zollgeschichte der Baumwoll-Industrie in H. d. St., III. Aufl., 2. Bd., Jena 1909, S. 707 ff.

330 A. a. O., S. 227.

331 A. a. O., S. 246 f. bzw. 264 und 273.

332 K. Kasper, a. a. O., S. 61 ff., wo u. a. das Edikt von 1721 in extenso abgedruckt ist.

dagegen die Einfuhr und begnügten sich während des ganzen 18. Jahrhunderts mit der Erhebung mäßiger Finanzzölle.

England[333] verbot 1700 (Baines) oder 1701 (Lexis) den Import „aller ostindischen, persischen und chinesischen Kalikos, Mousseline und Zitze", erlaubte aber „bald hernach" den Bezug und den Druck roher indischer Kalikos „gegen eine Abgabe". Im Jahre 1712 wurden diese Druckstoffe, wie auch die bedruckten Gewebe aus Leinen und Seide, einer inneren Verbrauchssteuer von 3 d je Yard^2 unterworfen und von 1714 an einer solchen von 6 d, doch vergütete man die „Akzise" bei der Ausfuhr. Zum Schutze der „alten" Textilgewerbe wurde 1720 (Baines und Ure) oder 1722 (Lexis) auch der Gebrauch der in England bedruckten reinbaumwollenen Gewebe verboten. Die Produktion für den Export ließ man dagegen weiterhin zu, handhabte das Verbot gegenüber Artikeln mit leinener Kette „nicht strenge" (Ure) und änderte es 1736 in der Weise ab, daß wohl der Gebrauch reinbaumwollener Druckstoffe untersagt blieb, nicht aber das Bedrucken der erwähnten Mischware. Erst 1774 fielen die letzten Einschränkungen. Gleichzeitig ermäßigte man die Verbrauchssteuer erneut auf 3 d per Yard^2, erhöhte sie aber 1787 auf $3^1/_2$ d, während der Import mit einem Zoll von $7^1/_2$ d belegt wurde.

In Frankreich[334] war die Erzeugung baumwollener Druckstoffe vom 26. Oktober 1686 bis zum 5. September 1759 verboten, später auch das Bedrucken anderer Stoffarten, und vom 1. Januar 1688 bis zum 5. September 1759 ebenfalls der Handel mit solcher Ware, gleichgültig, ob in- oder ausländischer Herkunft. Der Compagnie des Indes machte man gewisse Zugeständnisse; im übrigen wurden Vergehen gegen die Erlässe mit hohen Geldbußen bestraft, einige Fälle sogar mit der Verurteilung zum Tode. Nach der vielumkämpften Freigabe der Zeugdruckerei im Jahre 1759[335] schützte man das neue Gewerbe durch relativ hohe Einfuhrzölle[336], ermäßigte sie aber gegenüber der Compagnie des Indes. Die anderen Handelsgesellschaften hatten vom Jahre 1772 an selbst für Bezüge aus dem Elsaß und Mülhausen den üblichen Zollsatz von 135 Livres tournois je Zentner zu 50 kg zu entrichten, was bei gewöhnlichen Druckartikeln einem Wertzoll von ungefähr 30 %

[333] Angaben nach Ure, a. a. O., S. 40 f. und 139 ff., v. Kurrer (1840), a. a. O., S. 63 ff. (Zitat aus Eduard Baines: Geschichte der Britischen Baumwollen-Manufaktur, 1836), sowie Lexis, a. a. O., S. 707.

[334] Angaben u. a. nach Histoire . ., a. a. O., S. 284 ff., 296, 302; Bulletin . . 1871, S. 240 f.; Ryhiner, a. a. O., S. 76 ff.; Dollfus-Ausset, a. a. O., Bd. II, S. 349 ff. und 461; Herkner, a. a. O., S. 34 und 40 ff.; R. Lévy, a. a. O., S. 204 ff.; Jenny-Trümpy, a. a. O., Teil II, S. 82 ff. und 152 ff.; A. Dreyer, a. a. O., S. 57 ff., sowie A. Juvet-Michel in Ciba-Rundschau 28, a. a. O., S. 1012 ff.

[335] Am Meinungsstreit hatten sich u. a. auch F. de Fourbonnais als Befürworter und V. de Gournay als Gegner des Verbots beteiligt.

[336] Vgl. R. Lévy, a. a. O., S. 210 ff.

gleichkam und bei feiner Ware einem solchen von ca. 11 %. Im Jahre 1785 wurde auf Betreiben der Compagnie des Indes und innerfranzösischer Druckereien die Einfuhr erneut untersagt, das Verbot im Januar 1789 bestätigt und in den einzelnen Bestimmungen noch verschärft. Dem Elsaß und Mülhausen räumte man allmählich einige Vergünstigungen ein. Der Gewichtszoll, dem die Drucke dieser Produktionsstätten unterworfen blieben, belief sich aber weiterhin auf durchschnittlich 20 % des Wertes. Er lag somit 8 % über dem Zollsatz für englische Ware, gültig vom Jahre 1786 an. Gegenüber dem Elsaß fiel die Schranke 1790 als Folge der Revolution mit ihren staatspolitischen Umwälzungen. Mülhausens Produkte erlangten dagegen erst 1798 freien Zutritt zum französischen Markt. Die Einverleibung der Stadt in die französische Republik war nicht zuletzt mit zollpolitischen Maßnahmen erzwungen worden.

Die Skizzierung der Zollverhältnisse und wichtigsten wirtschaftspolitischen Verfügungen läßt also erkennen, daß sich im 17. und 18. Jahrhundert verschiedene Regierungen eingehend mit dem Zeugdruck befaßt haben. Teils waren sowohl der Binnen- als auch der Außenhandel starken Einschränkungen unterworfen oder gar verboten, teils war aus merkantilistischen Gründen nur die Einfuhr untersagt. Trotzdem fand auch mit diesen Ländern ein gewisser Verkehr statt. Obwohl illegal, nahm er vor allem mit Frankreich einen bedeutenden Umfang an. Mit dem Hinweis auf diesen Schleichhandel ist deutlich gemacht, weshalb Frankreich in unseren vorangegangenen Aufzeichnungen immer wieder als Einfuhrland erscheint. Der Schmuggel schweizerischer Druckware ins Generalpachtgebiet[337] war bis zum Ausbruch der Revolution so groß, daß dieser Markt überhaupt als das wichtigste Absatzgebiet der schweizerischen Zeugdruckerei bezeichnet wird[338], das einträgliche Schmuggelgeschäft als wesentliche Ursache der Blüte der genferischen, neuenburgischen, baslerischen und aargauischen Manufakturen[339]. „Alles mußte par Contrebande gehen, da nur Lothringen und Elsaß davon ausgenommen waren." Die Abnehmer in Paris waren Händler, die „au Temple, au Palais Royal oder Abaye St. Germain magazinierten und meistens aus diesen Sicherheitsorten[340] nicht sich

[337] Hiemit sind die fünf großen Zollpachtgebiete gemeint, die 1664 Colberts einheitlichen Zolltarif angenommen hatten.

[338] Robert Lévy, a. a. O., S. 39, unten u. f. (nach Frankreichs Archives du Ministère des Affaires étrangères), und W. E. Rappard, a. a. O., S. 106. — Nach A. Dreyer, a. a. O., S. 59, nahm Frankreich die Hälfte der neuenburgischen Produktion auf, Italien ein Drittel und Deutschland ein Sechstel. Vgl. u. a. auch W. Fetscherin, a. a. O., S. 90 ff. und 94.

[339] Jenny-Trümpy, a. a. O., S. 89 (nach Norrmann) und S. 158; Geering, a. a. O., S. 412.

[340] „Enclos privilégiés." Vgl. dieserhalb die Ausführungen von A. Juvet-Michel in Ciba-Rundschau 28, a. a. O., S. 1015.

weck begeben durften“, läßt uns J. R. Merian aus dem Jahre 1757 wissen[341]. „On les vendit clandestinement“ (gemeint sind die „toiles peintes“), berichtet Ryhiner für die Zeit vor 1750, während für die 1760er Jahre gilt: „Les marchands tâchèrent d' éluder ces (gros) droits, et malgré une foule de gardes, qui étaient postés sur la frontière, il s' établit une grande contrebande . . . on plomba clandestinement les impressions communes en Lorraine, et les contrebandiers, au moyen de six et plus tard de trois livres par pièce, au lieu de quinze qui étaient les droits, les passèrent en France . . . [342].“ K. v. Zinzendorf, ein anderer Zeitgenosse dieser beiden Zeugen, hebt dagegen hervor: „Ein großer Ast des Genfer Handels ist die Einschwärzung verbotener Waaren nach Frankreich. Über Genf werden eine Menge Schweizer Mousseline nach Frankreich versendet . . . Alle fremde Toiles de Cotton sind in Frankreich einzuführen verboten. Es haben aber drei Häuser zu Frankfurth, verschiedene zu St. Gallen und Zürich das Zeichen der französischen Compagnie des Indes, und so bringen sie die Waaren gemeiniglich bey Strasburg und Basel durch Belfort über die Gränze . . . Sollten eine so große Menge von Erfahrungen denn nicht die Nichtigkeit der Verbotsgesetze klar an den Tag legen[343]?“

Wie schon aus diesen Zitaten ersichtlich ist, wurde die Ware über das Elsaß, über Lothringen oder eine andere, von den Maßnahmen nicht betroffene französische Provinz ins Innere Frankreichs geschmuggelt. Nach dem Abschluß des englisch-französischen Friedens- und Handelsvertrages von 1786 sollen die schweizerischen Druckstoffe dagegen zumeist als solche englischen Ursprungs zu den niederen Zollsätzen dieses Spezialtarifs nach Frankreich gelangt sein[344].

Erst die finanziellen Verluste während der Zeit der Assignatenwirtschaft, die Aufhebung der englischen Begünstigungen im Jahre 1793, nicht zuletzt aber auch die Entwicklung der Zeugdruckereien Frankreichs und des nationalisierten Elsasses führten allmählich zu einem empfindlichen Rückgang dieses Schleichhandels. Damit hatten die meisten schweizerischen Druckereien das bisher wichtigste Absatzgebiet verloren. Durch Ausbau des schon ansehnlichen Verkehrs mit Italien sowie Süd- und Mitteldeutschland wurde versucht, Ersatz für den Ausfall zu schaffen. Daß dies nur in beschränktem Maße möglich war, wird verständlich, wenn wir auf die zerrütteten Verhältnisse während der napoleonischen Kriegsperiode hinweisen.

---

341 „Lebens-Lauff . . .“, abgedruckt in „Johann Rudolf Merian, 1733—1820. Ein Basler Fabricant der alten Zeit“, herausgegeben von Anna V. Sarasin unter Mitwirkung von Dr. Samuel Merian, Basel 1923, S. 45.

342 A. a. O., S. 76 f.

343 A. a. O., S. 326 bzw. 292. — Vgl. auch R. Lévy, a. a. O., S. 19 f., Anm. 3, und S. 33.

344 Nach Jenny-Trümpy, a. a. O., S. 158.

Zur Zeit der Kontinentalsperre waren zwar die Druckereien des europäischen Festlandes „mit einem Male" von der bedrohlichen Konkurrenz der Engländer befreit[345]. Weder dieser Sachverhalt, noch die Berichte von der Entfaltung des Zeugdrucks in Sachsen und anderen deutschen Staaten, und auch nicht die Hinweise auf die beträchtlichen Gewinne der Elsässer[346] dürfen aber darüber hinwegtäuschen, daß die unstabile Lage, der zunehmende Mangel an baumwollenen Rohgeweben und die zollpolitischen Verfügungen sich in manchen Fällen verheerender auswirkten als vorher der Wettbewerb der Engländer. Für den vorwiegend exportorientierten Zeugdruck der Schweiz waren die Jahre 1798 bis 1814 fast ausnahmslos schwer. Insbesondere 1811 stand er dem Zusammenbruch nahe, wie übrigens auch die anderen Textilgewerbe. Ähnlich erging es der Zeugdruckerei Hamburgs. Während sie von 1790 bis 1797 ihre Glanzzeit erlebte, erlitt sie in den nachfolgenden Kriegsjahren einen Schlag, von dem sie sich nicht mehr erholen konnte[347]. Selbst das elsässische und das innerfranzösische Kattundruckgewerbe blieben von Erschütterungen nicht verschont. Obwohl mit der staatlichen auch die wirtschaftliche Machtsphäre des ersten Kaiserreiches ausgeweitet worden war, erstreckte sich der Absatz der elsässischen Erzeugnisse nur noch auf Frankreich und Italien[348]. Gleiches traf anscheinend ebenfalls für die innerfranzösischen Druckereien zu, denn Labouchère berichtet für das Unternehmen Oberkampfs, die größte Druckerei Frankreichs jener Zeit[349], „par suite du blocus continental, l' exportation était nulle". Wer nicht genügend Geldmittel besaß, um die knapp und teuer gewordenen Druckböden auf legalem Weg zu beziehen, oder geographisch zu ungünstig lag, um sie sich im Schleichhandel zu beschaffen[350], sah sich gezwungen, den Betrieb einzustellen oder „aus Lumpen gewonnene

---

[345] „Die Engländer, welche . . . im letzten Jahrzehend unsere Messeplätze und Märkte mit ihren Waaren in unzähliger Menge überschwemmten und diese zu jedem Preis so wohlfeil verschleuderten, daß dem deutschen Gewerbefleiß der Untergang gedroht wurde, waren mit einem Male gehemmt . . .", berichten Juch, Kurrer und Dingler in Neues Journal für die Indiennen- oder Baumwollendruckerei, die Leinen-, Seiden- und Wollenzeugdruckerei . . . In Verbindung mit Prof. Dr. K. W. Juch (Chemiker) und W. H. Kurrer (Chemiker und Kattundruck-Fabrikant) herausgegeben von Dr. J. G. Dingler (Chemiker und Fabrikant), 2. Bd., Augsburg und Leipzig wohl 1816 (die vier Bände dieses Werkes wurden von 1815--1818 herausgegeben), S. 16 f.

[346] „Durant le système continental, le prix des indiennes était si élevé qu' il suffisait de faire une nouvelle application de couleurs pour vendre un genre avec cent pour cent de bénéfice." Histoire . . . , a. a. O., S. 307, unten.

[347] Angeführt bei Jenny-Trümpy, a. a. O., S. 69.

[348] Vgl. die Belegstellen (Archivauszüge) bei R. Lévy, a. a. O., S. 228 ff.

[349] Labouchère, a. a. O., S. 161.

[350] Dies war beispielsweise den Elsässern möglich. Vgl. Herkner, a. a. O., S. 90 f., und R. Lévy, a. a. O., S. 73.

Stoffe[351]" zu veredeln. Die Aushebungen während der letzten Kriegsjahre, die Handelskrise von 1811—1815, die finanziellen Zusammenbrüche[352] und schließlich die Besetzungen durch die alliierten Truppen verursachten unter den kleineren Druckereien „une véritable hécatombe[353]". Auch das Oberkampfsche Unternehmen, dessen „Inventaires" von 1797 bis 1812 ununterbrochen Gewinne ausgewiesen hatten — 1805 1,67 Millionen, 1806 519 400,— und 1812 noch 320 000,— frs.[354] —, erlitt von 1813 an große Verluste, wurde 1815 geplündert und vermochte später nicht mehr die alte Stellung zurückzugewinnen. Im Elsaß mußten Tausende von Arbeitern entlassen werden. Ende 1813 schlossen u. a. auch Nicolas Koechlin & Frères vorübergehend den Betrieb. Nach dem Einmarsch der Alliierten wurden verschiedene Manufakturen in Lazarette umgewandelt, zahlreiche Requisitionen durchgeführt, der Stadt und dem Gewerbe hohe Tribute auferlegt und jede industrielle Tätigkeit verhindert[355].

Neben den angeführten Vorteilen und — mehr noch — Nachteilen, die dem kontinentalen Zeugdruck während der Blockade erwuchsen, ist eine Erscheinung besonders erwähnenswert, hat sie doch die Entwicklung der zwischenstaatlichen horizontalen Arbeitsteilung begünstigt, auf die wir schon in einem anderen Zusammenhang hingewiesen haben. England, auf die Belieferung der teilweise verhältnismäßig großen, aber wenig zivilisierten überseeischen Märkte abgedrängt, mußte mehr als bisher zur Massenerzeugung billiger und billigster Artikel übergehen und der mechanischen Seite der Produktion erhöhte Aufmerksamkeit schenken. Die kontinentalen Betriebe, welchen die Versorgung der anspruchsvolleren europäischen Märkte verblieben war, konnten dagegen in verstärktem Maße die Erzeugung relativ hochwertiger Ware pflegen und solcherweise im chemisch-koloristischen Bereich der Zeugdrucktechnik einen Vorsprung gewinnen.

Großbritanniens Drucker wurden dieser Fortschritte sofort gewahr, als ihnen 1815 die Märkte des Festlands teilweise erneut offenstanden. „Die sonst so erfinderischen Briten . . . waren bei wiederhergestellter Kommunikation mit dem Festlande nicht wenig erstaunt, aus unseren Manufakturen solche herrlichen Fabrikate hervorgehen zu sehen . . . Wie weit würden wir es noch im Erfinden und Vervollkommnen in dieser technischen-chemischen Kunst gebracht haben, wenn nicht mit dem den Völkern so un-

---

351 A. Juvet-Michel in Ciba-Rundschau 28, S. 1026, nach einer von Napoléon angeordneten Enquête im Jahre 1806.

352 Bezüglich der Krise im Elsaß vgl. R. Lévy, a. a. O., S. 281 ff.

353 Clouzot, a. a. O., S. 179.

354 Clouzot, a. a. O., S. 60.

355 R. Lévy, a. a. O., S. 285 f., und Histoire . . . , a. a. O., S. 6 f.

entbehrlichen und heilsamen Frieden, zugleich die furchtbare Geisel der englischen Manufaktur-Schleuderei über unsere Fabriken gekommen wäre . . . (denn) In der Klemme nahmen sie nun wieder ihre alte Gewohnheit zu schleudern an, und fuhren damit so lange fort, bis sie ihre gehäuften alten Lager mit beträchtlichem Verlust versilbert hatten . . . ." So lassen sich wiederum Juch, Kurrer und Dingler namens der deutschen Druckereien vernehmen[356], während die Elsässer, die anderen namhaften Konkurrenten der Deutschen, sofort darangingen, durch weitere Entwicklung des Produkts und Ausdehnung der Walzendruckproduktion den Engländern zu begegnen.

Diese, die Elsässer und mit letzteren das Koechlinsche Unternehmen im badischen Lörrach, sind es denn auch, die nach Friedensschluß ebenfalls die schweizerischen Lieferanten stark bedrängten[357]. Einfuhrverbote oder mehr oder weniger prohibitive Schutzzölle seitens Preußens (1815 bzw. 1818)[358, 359], Belgiens (1815), Portugals und Spaniens (1815 bzw. 1816 bis 1825), Frankreichs (1816), Hollands (1816), Rußlands sowie Polens (1822) führten überdies dazu, daß von den Nachbarländern nur noch Süd- und Mitteldeutschland[360] sowie einige italienische Kleinstaaten[361] in größerem Maße beliefert werden konnten. Manufakturen, die aus technischen oder produktmäßigen Gründen dem scharfen Wettbewerb auf diesen Märkten nicht mehr gewachsen waren, gingen ein, wie beispielsweise die Betriebe Genfs und Basels, einige Druckereien Neuenburgs und das letzte stadtbernische Unternehmen. Andere Druckereien wandten sich wieder dem skandinavischen

---

356 A. a. O., Bd. III resp. II, S. 3 ff. bzw. 18 ff.

357 Über den Konkurrenzkampf zwischen der Lörracher Druckerei einerseits und den schweizerischen Druckereien anderseits gibt das heute noch erhaltene „Reisende Copierbuch 1828—1831" der Firma Nicolaus Koechlin und Gebrüder, Lörrach (Vorgängerin der heutigen Manufaktur Koechlin, Baumgartner & Cie., A. G.), einige interessante Aufschlüsse.

358 Die eingeklammerte Jahreszahl bezieht sich auf den Zeitpunkt, an dem das Einfuhrverbot erlassen oder der Prohibitivzoll eingeführt wurde.

359 Den Druckereien des Fürstentums Neuenburg gewährte Preußen von 1820—1851 Vergünstigungen in Form von Zollermäßigungen und Einfuhrkontingenten (die sog. „Neuenburger Privilegien"), die nach Gründung des „Deutschen Zollvereins" auch auf die Mitgliedstaaten ausgedehnt wurden. Für Einzelheiten siehe A. Dreyer, a. a. O., S. 93 ff. resp. 125 ff. — Neuenburg hatte sich 1848 von Preußen gelöst und als Kanton der Schweiz die republikanische Staatsform angenommen; die Privilegien wurden aber erst 1851 aufgehoben — letztere Angabe nach A. Dreyer, a. a. O., S. 145.

360 Hier waren vor allem Bayern, Württemberg, Baden und Sachsen, die nur geringe Finanzzölle erhoben, wichtige Absatzgebiete.

361 Die Eingangszölle der Staaten Toskana, Parma, Modena und des Kirchenstaates waren mäßig, diejenigen der Königreiche Sardinien (Piemont) und Neapel-Sizilien dagegen prohibitiv. Mit den österreichischen Provinzen Lombardei und Venetien, die der Einfuhr gesetzlich verschlossen waren, wurde ein lebhafter Schleichhandel betrieben.

Absatzgebiet zu oder der Erschließung außereuropäischer Märkte[362]. Hier hatten inzwischen auch die Elsässer Fuß gefaßt. Über die Türkei belieferten sie Persien, über New Orleans Mexiko, über New York Westindien sowie einige südamerikanische Staaten, über London dagegen Ostindien, die Philippinen und China, und anscheinend im direkten Verkehr Ägypten, Brasilien, Chile, Peru und die französischen Antillen. Die Exporte der Schweiz und des Elsasses umfaßten hauptsächlich türkischrote Artikel, in deren Erzeugung die Engländer unterlegen waren. Nachdem aber Großbritannien um die Mitte der 1820er Jahre es verstanden hatte, mit einigen Ländern Südamerikas günstige Handelsverträge abzuschließen, verringerte sich auch die Ausfuhr dieser Produkte nach dem amerikanischen Kontinent und erstreckte sich hier im wesentlichen nur noch auf Mexiko und die Vereinigten Staaten von Amerika[363].

Dieser Einbuße in Übersee folgte im vierten Jahrzehnt eine solche in Europa durch die Gründung des Deutschen Zollvereins im Jahre 1834. In der Übernahme des preußischen Schutzzolltarifs durch die übrigen deutschen Staaten und im Erlöschen der „Neuenburger Privilegien" im Jahre 1851[364] ist aber nicht die eigentliche oder gar einzige Ursache des raschen Niedergangs der aargauischen und der Mehrzahl der zürcherischen, thurgauischen und neuenburgischen Druckereien zu sehen, wie im allgemeinen hervorgehoben wird. Noch im Jahre 1846 lieferte England 38,2 Millionen Yards bedruckte und gefärbte Kalikos nach Deutschland und im Jahre 1847 34,6 Millionen Yards, doch wird betont, daß der Rückgang lediglich der Teuerung zuzuschreiben sei[365]. Nach Kurrer[366] führten die Hansestädte 1843 allein an bedruckten englischen Kalikos 32,3 Millionen Yards ein, Holland 9,7 Millionen Yards, wovon wahrscheinlich ein großer Teil im Transit ebenfalls nach Deutschland weitergeleitet wurde[367]. Frankreich, in erster Linie

---

[362] Der Export nach der Türkei war praktisch unbehindert. Von 1718 bis 1838 wurde die Einfuhr nur mit einem Wertzoll von 3 % belegt. Im Jahre 1838 erfolgte eine Erhöhung dieses Satzes auf 5 % und 1861/62 auf ungefähr 8 % (zitiert bei Jenny-Trümpy, a. a. O., S. 437). — Die Vereinigten Staaten von Amerika hatten 1790 die Einfuhr ausländischer Baumwollwaren einem Wertzoll von 7½ % unterworfen und diesen Satz bis 1816 allmählich auf 25 % erhöht. In den Jahren 1836 und 1841 erfolgten Ermäßigungen um 1 bis 3½ %; 1842 wurden baumwollene Druckstoffe mit 30 % belastet, 1857 dagegen nur noch mit 24 %. — Brasilien belastete bis 1828 alle fremde Ware mit einem Wertzoll von 24 %, alsdann mit einem solchen von 15 %.

[363] Histoire . . . , a. a. O., S. 323.

[364] Vgl. S. 157, Anm. 359, letzter Vermerk.

[365] Nach: Das Zollvereinsblatt, 6. Jg., Nr. 8, 1848, S. 127. In den angeführten Mengen ist die Ausfuhr nach Holland und Belgien eingeschlossen, doch wird vermerkt, daß es sich hiebei „größtenteils" um Transitware für Deutschland handelt.

[366] v. Kurrer (1844), a. a. O., S. 154.

[367] Vgl. obige Anm. 365, letzter Satz.

das Elsaß, vermochte dagegen die Menge der durchschnittlichen Jahresausfuhr ins Zollvereinsgebiet an gefärbten und bedruckten, vorwiegend aber bedruckten Baumwollwaren, sowie an Châles, „Mouchoirs", Wollkaschmirs und wollenen „Merinos[368]" von rund 117 000 kg (= schätzungsweise rund 1,4 Millionen Meter bei Annahme eines mittleren Gewichts von ca. 80 g je laufenden Meter) in den Jahren 1832/33 auf rund 222 000 kg (= schätzungsweise rund 2,7 Millionen Meter) in den Jahren 1839/40 zu erhöhen. Im Jahre 1841 ging dieser Export allerdings auf 162 000 kg zurück (schätzungsweise rund 2 Millionen Meter), überstieg aber das jahresdurchschnittliche Ausfuhrvolumen von 1832/33 noch um mehr als ein Drittel. Da zudem betont wird, die Belieferung dieses „wichtigen" Absatzgebietes („ce débouché important") sei auf die Überlegenheit der französischen Produkte und auf den relativ liberalen deutschen Zolltarif zurückzuführen[369], wird deutlich, daß der Niedergang des größten Teils der außerglarnerischen Druckereien nicht nur der Gründung des Deutschen Zollvereins zuzuschreiben ist, sondern noch weiteren, teilweise schon früher erwähnten Faktoren. Von diesen sind aber in erster Linie zu nennen: die fernerhin betriebene Schutzzollpolitik anderer ehemaliger Einfuhrländer zur Förderung der eigenen Textildruckerei, die verschärfte englische und elsässische Konkurrenz, die zunehmende Mechanisierung, die gerade in den 1840er Jahren zu einer Überproduktionskrise und zu empfindlichen Preisstürzen geführt hatte, die allgemeine Depression wegen der schlechten Getreideernten und der politischen Wirren[370] — in gewissem Maße zweifellos aber auch die Schwerfälligkeit einiger Unternehmer im Hinblick auf eine Umstellung der Produktion, sowie die Tatsache, daß die Betätigung in anderen Gewerbezweigen[371] günstigere Erfolgsaussichten bot und deshalb vorgezogen wurde.

Im zitierten französischen Rapport ist auch die Feststellung bemerkenswert, der Export nach den Zollvereinsstaaten sei ebenfalls der Überlegenheit der französischen Erzeugnisse zu verdanken. Mit relativ hochwertigen Fabrikaten konnte demnach nicht nur der englischen Massenware erfolgreich begegnet werden, wie wir bei der Betrachtung der Standortsverhältnisse bereits aufge-

---

368 Bei den letzteren vier Artikelgruppen dürfte es sich ebenfalls vorwiegend um bedruckte Ware gehandelt haben. Im übrigen kommt dieser Frage insofern kaum Bedeutung zu, als die Lieferungen in baumwollener Stückware 1832 und 1833 insgesamt 88 % und anfangs der 1840er Jahre sogar 95 — 97 % der oben angeführten Gesamtmengen ausmachten.

369 Dieser Hinweis sowie das vorhin angeführte Zahlenmaterial nach Bulletin .. 1843 (Bd. XVII), S. 390, 411, 421, 424 und Anhang 6.

370 Diese gipfelten in der Februarrevolution von 1848 in Paris, in der deutschen Revolution von 1848/49, sowie in den Erhebungen in Italien, Österreich und Ungarn.

371 Beispielsweise in der Uhrenindustrie, in der Feinspinnerei und -weberei, im Maschinenbau und in der Tabakindustrie.

zeigt haben, sondern die Produktion von Individualartikeln hatte auch die Überwindung mehr oder weniger hoher Zollschranken ermöglicht.

Gegenüber den schweizerischen Druckereien genossen die elsässischen Unternehmen allerdings den Vorteil des freien Zutritts zum ausgedehnten französischen Markt und der hieraus resultierenden relativ starken Kostendegression, welche die Wettbewerbsfähigkeit auf den übrigen Märkten erhöhte. Die weitere Entwicklung mußte sich deshalb unweigerlich zum Nachteil der westschweizerischen und zugunsten der glarnerischen Zeugdruckerei auswirken, wo in klarer Erkenntnis der veränderten Absatzverhältnisse die Erzeugung von Artikeln entwickelt worden war, die sich weniger für den Walzendruck eigneten und sich als Spezialprodukte somit auch eher zu behaupten vermochten. Der Schaffung neuer Absatzmöglichkeiten durch die Erweiterung der Produktion von Mouchoirs und die Aufnahme der Erzeugung von Orientartikeln (Yasmas oder Türkenkappen, Schleier, Châles und indische Schärpen im Batikgenre) entsprach denn auch die Ausweitung des Marktes durch Ausdehnung des Verkehrs mit den Staaten Nord- und Südamerikas und durch Erschließung der Absatzgebiete des Osmanischen Reiches, Vorder- und Hinterindiens, der Straits Settlements, des Malaiischen Archipels, der Philippinen und anderer fernöstlicher Länder.

Neben einen Teil der italienischen Kleinstaaten und Skandinavien — die einzigen Märkte Westeuropas, die einer unbehinderten Einfuhr weiterhin offenstanden — waren Absatzgebiete im Balkan, in Asien und Übersee getreten. Der Niedergang des westschweizerischen Druckereigewerbes war vom Aufschwung der glarnerischen und einiger anderer ostschweizerischer Unternehmen abgelöst worden, der Handel mit Frankreich und Deutschland, den benachbarten und zum Teil einst wichtigsten Abnehmern schweizerischer Druckstoffe, vom Handel mit ferngelegenen Ländern. Während Europa zum Protektionismus übergegangen war, hatte die Türkei die Mautgebühren weiterhin niedrig gehalten[372]. Indien aber, Europas ältester Lieferant echtfarbiger Druckstoffe und Europas Lehrmeister in der Erzeugung solcher Produkte, war nicht nur vom ehemaligen Absatzgebiet überflügelt und völlig verdrängt, sondern auch im eigenen Markt als Produzent weitgehend ausgeschaltet worden.

Zusammenfassend läßt sich sagen, daß die erste Hälfte des 19. Jahrhunderts also gekennzeichnet ist durch einen grundlegenden Wandel der kommerziellen Verhältnisse und durch die Herausbildung einer ausgeprägten zwischenstaatlichen Arbeitsteilung. Europa versorgte um die Mitte des vergangenen Jahrhunderts nicht nur sich selber, sondern ebenfalls das ehemalige Bezugsgebiet in

[372] Vgl. S. 158, Anm. 362.

Ostindien, außerdem den größten Teil der übrigen Verbraucherkreise Asiens, die Konsumenten Amerikas und die Konsumenten Afrikas. Den Druckereien unseres Kontinents war in erster Linie die möglichst umfassende Belieferung des jeweiligen Inlandsmarktes übertragen. Englands Betriebe hatten sich zudem die Deckung des ausländischen Einfuhrbedarfs an „langer" und relativ preiswerter Ware gesichert, die Betriebe des Elsasses[373] die Deckung des ausländischen Einfuhrbedarfs an „langen", aber relativ hochwertigen Artikeln, die glarnerischen Manufakturen dagegen die Befriedigung der Nachfrage nach Tüchern.

Die ländermäßige Spezialisierung nach Artikeln und Absatzgebieten ist auch für die nachfolgende Freihandelsära typisch (1860 bis 1878), allerdings mit dem Unterschied, daß sich die Absatzverhältnisse erneut änderten. Nach Beendigung der „Cotton-famine", hervorgerufen durch den amerikanischen Sezessionskrieg (1861 — 1865), konnten erstmals Frankreich, Deutschland, Österreich-Ungarn, England, Belgien, Holland, Spanien und Portugal wiederum in größerem Umfange beliefert werden. In England war die Einfuhr fremder Ware frei von jeder Belastung[374], in Frankreich wurde sie mit einem Wertzoll von 15 % belegt, in Österreich-Ungarn, um ein weiteres Beispiel anzuführen, mit einem spezifischen Zoll, der einem wertmäßigen Satz von 17 — 20 % entsprach.

Die Belieferung dieser Staaten bot einen Ausgleich für den Verlust des nordamerikanischen Marktes, nunmehr geschützt durch prohibitive Zölle. Sie bot außerdem einigen Ersatz für den Rückgang der Mouchoirsausfuhr nach Übersee, die England der Schweiz inzwischen entrissen hatte, konnte dagegen kaum für die Stockung des Absatzes glarnerischer „Türkenkappen" entschädigen, der Folge einer Übersättigung des Marktes und einer Finanzkrise im Orient.

Über die Entwicklung des Außenhandels in Zeugdrucken während der Zeitspanne von 1878 bis zum Ausbruch des Ersten Weltkrieges gibt Tab. 22 einigen Aufschluß. Mit wenigen Zahlen spiegelt sie die Folgen der eingetretenen Umwälzungen, einerseits also die Auswirkungen des Umschwungs in schutzzöllnerischer Richtung, der vom Jahre 1878 an allmählich in den

---

373 Zu diesen ist weiterhin die Druckerei Lörrachs zu zählen, die sich bis 1914 in elsässischen Händen befand.

374 Großbritannien hatte bereits 1826 die Prohibitivzölle von 50 — 75 % ad valorem auf 20 % ermäßigt. Peel reduzierte 1845 diesen Satz auf 10 %, Gladstone 1853 auf 5 %. Mit dem Abschluß des Cobden-Vertrags im Jahre 1860 fiel auch diese letzte Belastung. Gleichzeitig wurde die Belieferung des englischen Kolonialreichs in der Weise erleichtert, daß man sämtlichen Nationen die Gleichberechtigung mit den Briten zugestand und zur Ermäßigung oder Aufhebung der Tarife schritt.

Tab. 22. Mutmaßlicher wert- oder mengenmäßiger Umfang des Außenhandels einiger Länder in bedruckten Baumwollgeweben und -tüchern.

Land	Menge oder Wert	Einfuhr				Ausfuhr			
		Jahr 1885	Jahr 1890	Jahr 1907	Jahr 1913	Jahr 1885	Jahr 1890	Jahr 1907	Jahr 1913
Großbritannien	Mill. m	.	.	.	(27 — 28[1])	.	868[2]	1065[2]	1161[3]
Schweiz[4] direkter Verkehr	Tonnen	366	.	385	.	2256	.	956	.
Schweiz[4] Veredlungs-Verkehr	„	154	.	535	.	149	.	403	.
Schweiz[4] direkter Verkehr	kg per Einw.[5]	0,125	.	0,105	.	0,780	.	0,265	.
Schweiz[4] Veredlungs-Verkehr	kg per Einw.	0,055	.	0,150	.	0,050	.	0,110	.
Schweiz[4] insgesamt	Mill. Fr.	3,8	.	7,8	.	18,9	.	9,3	.
Italien[6]	Mill. schw. Fr.	.	15,0	.	4,0	.	0,8	.	37,0
Elsaß	Mill. m	.	.	.	.	1869 / < 82,0 [7]	.	.	1913 / < 60,0 [7]

[1] Schätzung. Vgl. S. 169, Tab. 23, Anm. 3.
[2] 950 resp. 1166 Millionen Yards, zitiert bei Landauer, a. a. O., S. 67.
[3] Vgl. S. 168, Tab. 23, Anm. 2.
[4] Unsere Berechnungen fußen auf dem Zahlenmaterial, zitiert bei Adolf Jenny, Sonderabdruck, a. a. O., S. 54 ff.
[5] 1885: 2,9 Millionen Einwohner, 1907: 3,6 Millionen Einwohner (Statistisches Jahrbuch der Schweiz, 1941, S. 38 f.).
[6] Zahlenmaterial nach Kertesz, a. a. O., S. 251. Die von Kertesz angeführten Markbeträge haben wir in Frankenbeträge umgerechnet, Kurs 123,6.
[7] Weniger als der Umfang der Gesamtproduktion, der 1869 rund 82 Millionen Meter erreichte und 1913 schätzungsweise 60 Millionen Meter. Vgl. unsere Ausführungen auf S. 164.

meisten kontinental-europäischen Staaten herbeigeführt worden war, anderseits sowohl die Auswirkungen des Aus- und Aufbaus der Textildruckerei seitens ehemaliger Einfuhrländer[375], als auch

[375] Über den Ausbau der Maschinendruckerei seit ca. 1840 bis ca. 1900 unterrichtet Tab. 2, S. 33. Zur Orientierung über das schätzungsweise Ausmaß der Entwicklung der Produktionsmenge während der gleichen Zeit vgl. unsere Ausführungen auf S. 203.

die weitere Erstarkung der englischen Konkurrenz. Wie sehr sich die Verhältnisse änderten, zeigt am besten das Beispiel Italiens. Der Umfang der Einfuhr dieses alten Abnehmers schweizerischer Druckstoffe erreichte 1913 nur noch rund ein Viertel der Einfuhr von 1890, qualitative und preisliche Verschiebungen nicht berücksichtigt[376], der Umfang der Ausfuhr dagegen mehr als das Fünfundvierzigfache des früheren Exportwertes. Unter der Herrschaft des Schutzzolls[377] hatte sich die Zahl der Druckfabriken von vier im Jahre 1878 auf 25 im Jahre 1900 erhöht; durch Nutzung der standortsbedingten Produktionsvorteile[378] war es möglich geworden, sich aktiv in den Außenhandel einzuschalten. Im Gegensatz hiezu ging der Export der Schweiz gewichtsmäßig um 43 % zurück, wertmäßig sogar um die Hälfte[379].

Während 1885

a) Deutschland im aktiven Veredlungsverkehr schweizerische Druckware geliefert werden konnten,	149 Tonnen
b) den Donauländern, der europäischen und asiatischen Türkei sowie Britisch- und Niederländisch-Indien im „direkten" Verkehr rund . .	760 „
c) Italien (432 t), Österreich-Ungarn (421 t), Frankreich (185 t) und Spanien (165 t) aber . . . . und	1203 „
d) den „übrigen" Ländern zusammen rund . . .	293 „
Gesamtausfuhr	2405 Tonnen

oder ungefähr 94 % des Produktionsumfangs, belief sich 1901 die „direkte" Ausfuhr nach

b) dem Balkan und den erwähnten Orientstaaten auf zumindest . . . . diejenige nach	797 Tonnen[380],
c) Italien (47 t) und Österreich-Ungarn (48 t) aber nur noch auf	95 „
Übertrag	892 Tonnen

376 Die Preise, die 1900 etwas tiefer lagen als 1890, scheinen bis 1913 teilweise wieder auf den Stand von 1890 gestiegen zu sein.

377 Im Jahre 1879 belief sich der Zollsatz auf Lire 149,20 und 1889 auf Lire 160,— per 100 kg bedruckter Baumwollgewebe, gegen Lire 112,50 im Tarif vom Jahre 1868 und einen noch niedrigeren Satz im freihändlerischen Tarif von 1851 ff. Nach Angaben bei Jenny-Trümpy, a. a. O., S. 599 f.

378 Vgl. unsere Ausführungen auf S. 120.

379 Diesen und den nachfolgenden Angaben liegen die von A. Jenny-Trümpy zitierten Erhebungen zugrunde, a. a. O., S. 661, und Sonderabdruck, S. 54 ff.

380 In dieser Menge fehlt noch der größenmäßig nicht zitierte Export nach der europäischen Türkei.

Übertrag	892 Tonnen
und der Export nach	
d) Frankreich, Spanien und den „übrigen“ Ländern nur noch auf total	381 „
Gesamtausfuhr ohne Berücksichtigung des aktiven Veredlungsverkehrs mit Deutschland .	1273 Tonnen

oder rund 56 % der Gewichtsmenge von 1885, wiederum ohne Berücksichtigung des Umfangs des aktiven Veredlungsverkehrs mit Deutschland, der für 1901 nicht ausgewiesen wird.

Im Jahre 1907 stieg der aktive Veredlungsverkehr mit	
a) Deutschland auf	173 Tonnen.
Der Export im „direkten“ Verkehr und nunmehr auch im aktiven Transitveredlungsverkehr nach den	
c) und d) mitteleuropäischen, westeuropäischen und „übrigen“ Ländern scheint dagegen noch kleiner geworden zu sein, denn die Ausfuhr in diesen Verkehrsarten fiel um weitere 87 t auf	1186 Tonnen[381].
Die Gesamtausfuhr in der Höhe von . . .	1359 Tonnen

belief sich aber gleichwohl noch auf rund 89 % des Produktionsumfangs.

Wird nun das Durchschnittsgewicht eines Meters fertigbedruckter Exportware mit 60 Gramm angenommen[382], so ergibt sich eine metermäßige Abnahme von insgesamt schätzungsweise rund 40 auf schätzungsweise 22—23 Millionen Meter, oder eine Verringerung der Kopfquote von ungefähr $13\frac{1}{2}$ auf ungefähr $6\frac{1}{2}$ Meter.

Damit ist die Verdrängung schweizerischer Druckstoffe aber noch nicht in ihrem ganzen Ausmaß sichtbar geworden. Verglichen mit den Verhältnissen in den 1860er Jahren beläuft sie sich vielmehr auf ungefähr rund 35 Millionen Meter, vorausgesetzt allerdings, das verwendete Zahlenmaterial widerspiegle den tatsächlichen Sachverhalt[383]. Da in diesem Falle die damalige Ausfuhr-

[381] 956 Tonnen Druckware, Rohgewebe schweizerischen Ursprungs, und 230 Tonnen Druckware aus der Transitveredlung, Rohgewebe englischen Ursprungs.

[382] Vgl. dieserhalb S. 169, Anm. 5 zu Tab. 23.

[383] Für die 1860er Jahre schätzte man allein die mittlere Jahresproduktion der Druckereien des Kantons Glarus auf rund 48 Millionen Meter, die durchwegs „auswärts“ Absatz gefunden haben (z. T. wohl in der übrigen Schweiz, größtenteils aber im Ausland — d. Verf.). Der Wert dieser Produktionsmenge wurde auf Fr. 25 Millionen veranschlagt (Bruttoproduktionswert), der Wert der Produktion der übrigen schweizerischen Druckereien dagegen nur auf

menge auf 55 — 60 Millionen Meter geschätzt werden kann[384], im Werte von Fr. 31 — 33 Millionen, fiel die Kopfquote[385] von rund Fr. 12,30 in der Mitte des siebten Jahrzehnts auf rund Fr. 2,60 im Jahre 1907, und die Ausfuhrmenge je Kopf der Bevölkerung ging nicht nur um rund 7 m zurück, sondern um 15 bis 16 m.

Dieser Rückgang der Ausfuhr von schätzungsweise ungefähr

55 — 60 Mill. m in den 1860er Jahren (Kopfquote 21 — 23 m) auf schätzungsweise

40 Mill. m im Jahre 1885 (Kopfquote 13 — 14 m) und schließlich auf ungefähr

22 — 23 Mill. m im Jahre 1907 (Kopfquote 6 — 7 m)

traf das schweizerische Zeugdruckgewerbe insofern doppelt schwer, als kein Ersatz auf dem Inlandsmarkt gefunden werden konnte. Wohl erhöhte sich der Verbrauch von 1885 — 1907 absolut und relativ[386]. Die Steigerung der Nachfrage wurde aber nicht durch inländische Druckware gedeckt, trotzdem auch die Schweiz in den 1880er Jahren ein gemäßigtes Schutzzollsystem eingeführt hatte[387]. So wie schon 1885 der größte Teil des Gesamtbedarfs mit auslän-

---

Fr. 7 — 9 Millionen (= rund 10 — 15 Millionen Meter, wenn der Umrechnung zumindest der durchschnittliche glarnerische Bruttoproduktionswert von Cts. 52 je Meter zugrunde gelegt wird — d. Verf.). Zahlenmaterial zitiert bei Jenny-Trümpy, a. a. O., S. 534 ff. Die Schätzung der glarnerischen Produktionsmenge beruht auf den Größenordnungen, aufgestellt nach den Schätzungen durch eine Fabrikinspektion im Jahre 1864. Obwohl uns das errechnete Produktionsvolumen relativ hoch erscheint, legen wir es unserer Analyse zugrunde, einmal mangels anderweitiger Angaben, dann auch unter Berufung auf Adolf Jenny-Trümpy, der als wohl bester Sachkenner das Zahlenmaterial der Enquête akzeptiert zu haben scheint.

[384] Gesamterzeugung schätzungsweise 58 — 63 Millionen Meter (nach einer Schätzung, die wir aber nur mit allen Vorbehalten übernehmen — vgl. obige Anm.) abzüglich maximal 3 Millionen Meter Inlandsverbrauch. Da sowohl für 1885 als auch für 1907 der „mutmaßliche" Anteil des Inlandskonsums an schweizerischer Druckware mit 160 Tonnen angegeben wird (Jenny-Trümpy, Sonderabdruck, a. a. O., S. 54 f.), = 2 bis 2,6 Millionen Meter bei einem Durchschnittsgewicht von 60 — 80 g je Meter, kann angenommen werden, daß auch während der 1860er Jahre der Verbrauch einheimischer Druckware kaum größer war. Der Konsum eigener Industrieerzeugnisse scheint besonders im Kanton Glarus gering gewesen zu sein, klagte man doch in den 1840er Jahren im „Gemälde des Kantons Glarus", „daß der Glarner in den höheren wie in den niederen Ständen, mit wenigen Ausnahmen, sich in keine Elle eigenen Fabrikats kleidet . . ." (zitiert bei Jenny-Trümpy, a. a. O., S. 390).

[385] Der Berechnung haben wir den durchschnittlichen Wert eines Meters Exportware im Jahre 1907 zugrunde gelegt, also Fr. 9,25 Millionen : 22,6 Millionen m = Fr. 0,41 per Meter. — Einwohnerzahl Mitte der 1860er Jahre = rund 2,6 Millionen (Schätzung nach den Angaben für 1860 und 1870, Stat. Jahrbuch der Schweiz, 1941, S. 9).

[386] Mengenmäßig je Kopf der Bevölkerung um ca. 25 %.

[387] Im Jahre 1904 wurde der Einfuhrzoll für bedruckte Baumwollgewebe auf Fr. 60,— per 100 kg festgesetzt. Der Import erfuhr somit eine Belastung von rund Cts. 5 je Meter 80 g schwerer Ware, was einem Wertzoll von ca. 7 — 10 % entsprochen haben dürfte.

discher Ware befriedigt worden war (rund 76 %), so wurde auch 1907 die zusätzliche Menge importiert, so daß der Anteil des Gesamtimports am Inlandsverbrauch nunmehr rund 85 % betrug. Hievon entfielen rund 35 % (1885 rund 54 %) auf die „direkte" Einfuhrware[388], vorwiegend von England, Frankreich, Italien, dem Elsaß und Deutschland geliefert — teilweise also von ehemaligen Absatzgebieten. Die restlichen 50 % (1885 rund 22 %) setzten sich dagegen ausschließlich aus elsässischen und deutschen Drucken auf schweizerischen Rohtüchern zusammen, die im passiven Veredlungsverkehr zollfrei wiedereingeführt werden konnten[389].

Auch im Elsaß hat die Ausfuhr während der Freihandelsperiode ihren Kulminationspunkt erreicht. Vorwiegend durch Ausweitung des Exports konnte die Produktionsmenge von 51 Millionen Meter im Jahre 1860 auf die Rekordhöhe von über 82 Millionen Meter gesteigert werden[390]. Leider erfahren wir nicht, in welchem Ausmaß die Ausfuhr nachher gesunken ist. Da aber im Jahre 1913 nur noch rund 60 Millionen Meter produziert[391] und größtenteils in Deutschland abgesetzt wurden[392], muß der Rückgang erheblich gewesen sein[393].

Ganz verdrängen konnte man die Elsässer Nouveautés aber selbst vom Pariser Markte nicht. Nachdem es einigen der ältesten und einst berühmtesten Unternehmen angezeigt geschienen hatte, unter dem Zwang der neuen Verhältnisse zu liquidieren, oder zumindest den angegliederten Druckereibetrieb stillzulegen[394] bzw.

---

[388] Vgl. Tab. 22. — Auf den Veredlungsverkehr werden wir an anderer Stelle ausführlicher zu sprechen kommen.

[389] Vgl. Tab. 22.

[390] Bi-Centenaire . . ., a. a. O., S. 28.

[391] Nach Mitteilung des Syndicat des Manutentionneurs d' Alsace in Mülhausen, durch Vermittlung der Société Industrielle de Mulhouse in Mülhausen.

[392] Nach der Angliederung Elsaß-Lothringens an das Deutsche Reich im Jahre 1871 wurde allmählich Deutschland der wichtigste Abnehmer elsässischer Druckware (Centenaire . . ., a. a. O., S. 245; Henry Laufenburger, a. a. O., S. 142 und 146, sowie Laufenburger et Pflimlin, a. a. O., S. 17, unten).

[393] In Bi-Centenaire . . ., a. a. O., S. 29 (erste Spalte unten), wird der Rückgang der elsässischen Produktion bedruckter Gewebe im wesentlichen einer Bevorzugung unigefärbter und buntgewebter Textilien zugeschrieben. Wir hegen einigen Zweifel, daß der Nachfrageverschiebung so großes Gewicht beizumessen ist, zumal die Zahl der Walzendruckmaschinen von 100 im Jahre 1878 auf 160 im Jahre 1914 gestiegen ist und beispielsweise die Druckerei Lörrachs, die ähnliche Artikel erzeugte wie die elsässischen Betriebe, von 1869 bis 1914 die Produktion erheblich ausweiten konnte — trotz der stärker gewordenen elsässischen Konkurrenz auf dem Inlandsmarkt! Die Zunahme der Zahl der Walzendruckmaschinen im Elsaß läßt unserer Ansicht nach auf eine Erneuerung des Produktionsapparates schließen, um durch Kostensenkung auf den Auslandsmärkten wieder wettbewerbsfähiger zu werden.

[394] Hofer-Grosjean (1876), Steinbach, Koechlin & Cie. (1879), Dollfus-Mieg & Cie. (1888), Weiss-Fries & Cie. (1899), Thierry-Mieg. Die eingeklammerte Jahreszahl bezieht sich auf den Zeitpunkt der Liquidation des Unternehmens oder der Stillegung des Druckereibetriebs. Histoire . . ., a. a. O., S. 420 resp. 426, 447 und 432.

ihn nach Frankreich zu überführen[395], bemühten sich die verbliebenen Häuser desto intensiver um die Belieferung des deutschen Marktes. Der Steigerung der Wettbewerbsfähigkeit auf den ausländischen Absatzgebieten dienten einerseits koloristische und musterungsmäßige Neuschöpfungen, anderseits die Rationalisierung des Produktionsapparates[396] sowie die Verarbeitung billiger Rohware der Schweiz[397] und Englands, die unter der Bedingung der Wiederausfuhr in bedrucktem Zustand zollfrei im Transitveredlungs-Verkehr eingeführt werden konnte.

Nachdem wir in großen Zügen die Wandlung skizziert haben, die sich während der Endphase des Hochkapitalismus vollzogen hat, sei der Umfang zu ermitteln versucht, den der Binnen- und Außenhandel am Schluß dieser Epoche angenommen hat, also in den letzten Jahren vor Ausbruch des Ersten Weltkrieges.

Tab. 23 führt diesen Versuch vor Augen. Wie schon bei früheren Analysen, ist auch jetzt wieder hervorzuheben, daß wir lediglich schätzen können. Mit Ausnahme der Angaben für die Schweiz und teilweise für Großbritannien, basieren die ländermäßigen Gesamtmengen der Ein- und Ausfuhr auf dem Zahlenwerk, das A. Kertesz für sämtliche Bereiche der Textilindustrie und für sämtliche Länder „nach den statistischen Unterlagen der einzelnen Staaten" zusammengestellt hat[398]. Leider weisen nur wenige Produktionsländer den Außenhandel in Druckstoffen gesondert aus, so Großbritannien, die Schweiz, Italien, Österreich-Ungarn und Frankreich. Die meisten übrigen Staaten fassen ihn mit dem Verkehr in gebleichten, gefärbten und buntgewebten Stoffen zusammen, so daß man auf Mutmaßungen angewiesen ist, um zu Ziffern zu gelangen, die für den Zeugdruck allein Gültigkeit haben. Überdies ist lediglich für Großbritannien und die Vereinigten Staaten von Amerika der Umfang des Exports in Metern angeführt. Sonst werden fast durchwegs Gewichts- und Wertgrößen zitiert, vielfach überhaupt nur Wertgrößen. Um uns auch dieses Zahlenmaterial näherzubringen, haben wir es in Meter umgerechnet, unter Verwendung supponierter Gewichts- oder Wertsätze,

---

395 Boeringer, Zurcher & Cie. (J.-J. Zurcher & Cie.) in Cernay verlegten 1882 ihr Unternehmen nach Epinal und schlossen 1883 den Betrieb in Cernay. Henry Laufenburger, a. a. O., S. 144, sowie Histoire ..., a. a. O., S. 435.

396 Vgl. in obiger Anm. 393 unsere Bemerkung hinsichtlich der Erneuerung des Produktionsapparates.

397 Die schweizerische Fein- und Mittelfeinweberei, die unter dem Protektionismus des Auslandes „enorm" litt, belieferte damals die elsässischen Drukkereien „oft zu Notstandspreisen mit großen Quantitäten". Nach Caspar Jenny, a. a. O., S. 577.

398 A. Kertesz: Die Textilindustrie sämtlicher Staaten, Braunschweig 1917, 741 Seiten sowie eine Einleitung und abschließende Bemerkungen. Das Studium dieses aufschlußreichen und selten gewordenen Werkes verdanken wir der Anregung von Herrn Prof. Dr. R. Haller.

Tab. 23. Schätzungsweiser Umfang des Binnen- und Außenhandels in bedruckten Baumwollgeweben und Baumwolltüchern[1] im Jahre 1913 (Schweiz im Jahre 1907[4]).

Land	Ausfuhr		Einfuhr		Produktion für den Inlandsverbrauch[13] Mill. m ca.
	insgesamt Mill. m ca.	per Einwohner m ca.	insgesamt Mill. m ca.	per Einwohner m ca.	
(1)	(2)	(3)	(4)	(5)	(6)
Großbritannien	1125[2]	26,2	27—28[3]	0,6	124—125[14]
Schweiz	22—23[5]	6,25	11—12[6]	3,2	2—3
Italien	70—71[7]	2,0	7—8[8]	0,2	115—116
Österreich-Ungarn	25—26[9]	0,5	4—5[10]	0,1	178—179
Frankreich	11—12[11]	0,3 s. Anm. [15]	4—5[12]	0,1 s. Anm. [15]	134—135
Rußland[16] u. Polen		k		k	
Deutschland u. Elsaß		m evtl. h		k	
Spanien		m evtl. h		k	
Niederlande	150—200	h	55—60	h	840—850
Portugal		m		m	
Belgien		m evtl. h		h	
Schweden		k		h	
Europ. Produktionsländer	1400—1450		110—115		1400
Vereinigte Staaten von Amerika	50—100[17]	m		k	
Mexiko	.	.	60—70[18]	k	750—800
Japan	.	.		k	
Einfuhrländer	.	.	1285—1365	k bis h	.[19]
Total	1450—1550		1450—1550		2150—2200[19]

[1] Taschentücher („Mouchoirs"), Kopftücher, Halstücher, Turban-, Brust-, Lenden-, Schürzen- und Wickeltücher sowie Shawls für den Orient und Afrika (europäische und asiatische Türkei sowie Britisch- und Niederländisch-Indien usw.: „Yasmas" oder „Türkenkappen", „Sari", „Sarong", „Slendang" usw.; Afrika: „Kanga", „Kisutu" usw.).

[2] Bedruckte baumwollene Stückware („Cotton manufactures, piece goods, printed: other sorts" — gemeint sind andere Artikel als bedruckte Shawls etc.): 1 176 576 900 „linear yards" im Werte von £ 16 045 813, zuzüglich bedruckte baumwollene Tücher etc. („printed flags, handkerchiefs, and shawls in the piece"): 54 167 200 „linear yards" im Werte von £ 698 510. Nach Board of Trade: Statistical Abstract for the United Kingdom for each of the fifteen years

1913 and 1921 to 1934. Seventy-ninth Number. London 1936, S. 406. — Der Durchschnittswert eines Meters ausgeführter baumwollener bedruckter Stückware belief sich nach den obigen Angaben auf ca. Cts. 36 (billige Massenware!).

[3] Ergebnis der Verrechnung von Mark 13,4 Millionen = Fr. 16,56 Millionen, Umfang der wertmäßigen Einfuhr nach Kertesz, a. a. O., S. 112, mit Cts. 60 per Meter, schätzungsweiser Durchschnittswert eines Meters eingeführter bedruckter Stückware.

[4] Angaben nach Adolf Jenny: Die schweizerische Baumwollindustrie, Sonderabdruck aus dem Handwörterbuch der schweizerischen Volkswirtschaft..., a. a. O., S. 55 f.

[5] Direkte Ausfuhr	9 557 Mztr.
Transit-Veredlungsverkehr mit englischer Rohware	2 298 „
Aktiver Veredlungsverkehr mit Deutschland	1 729 „
	13 584 Mztr. zu

60 g Durchschnittsgewicht per laufenden Meter Druckware. — Nach den Angaben von A. Jenny-Trümpy, a. a. O., S. 536, unten, 641 und 679, kann bei durchschnittlich 80 cm breiter Ware ungefähr mit diesem mittleren Gewichtssatz gerechnet werden. — Das Durchschnittsgewicht sämtlicher von England ausgeführter bedruckter Stückware (billige Massenware) schätzt Kertesz, a. a. O., S. 112, auf 80 g per laufenden Meter.

[6] Direkte Einfuhr	3848 Mztr.
Passiver Veredlungsverkehr mit Deutschland	5350 „
	9198 Mztr. zu schätzungs-

weise 80 g Durchschnittsgewicht per laufenden Meter.

[7] 6986 Tonnen Stückware + 64 Tonnen Taschentücher und Shawls = insgesamt 7050 Tonnen (nach Kertesz, a. a. O., S. 251) zu schätzungsweise 100 g Durchschnittsgewicht per laufenden Meter. Da Italien in erster Linie Flanelle und andere gerauhte Artikel exportierte, haben wir der Verrechnung ein höheres Durchschnittsgewicht zugrunde gelegt, als für die englische Exportware angenommen wurde.

[8] 524 Tonnen Stückware + 42 Tonnen Taschentücher und Shawls (nach Kertesz, a. a. O.) = insgesamt 566 Tonnen zu schätzungsweise 70 — 80 g Durchschnittsgewicht per laufenden Meter.

[9] 2264 Tonnen (nach Kertesz, a. a. O., S. 217) zu schätzungsweise 80 — 100 g Durchschnittsgewicht per laufenden Meter, da zur Belieferung des Balkans relativ viel Rauhware erzeugt wurde.

[10] 330 Tonnen (Kertesz, a. a. O.) zu schätzungsweise 70 — 80 g Durchschnittsgewicht per laufenden Meter.

[11] 914 Tonnen (nach Kertesz, a. a. O., S. 153) Stückware und Taschentücher zu schätzungsweise 80 g Durchschnittsgewicht per laufenden Meter.

[12] 365 Tonnen (Kertesz, a. a. O.), Stückware und Taschentücher zu schätzungsweise 70 — 80 g Durchschnittsgewicht per laufenden Meter.

[13] Die eingesetzten Größenordnungen — ausgenommen die Schätzungen für die Vereinigten Staaten von Amerika, für Japan und für den asiatischen Teil Rußlands — beruhen auf der Annahme, daß sich in den namentlich angeführten Ländern der jährliche Gesamtverbrauch je Kopf der Bevölkerung auf durchschnittlich 3½ m Druckware belief. Diese Kopfquote dürfte kaum allzu stark von der Wirklichkeit abweichen, läßt sich doch für die Schweiz ein Verbrauch von 3½ bis 4 m je Einwohner ermitteln, wenn wir die von Adolf Jenny, a. a. O., S. 56, zitierte Gewichtsmenge des Inlandskonsums in der Höhe von 10 798 Mztr. im Jahre 1907 mit einem schätzungsweisen Durchschnittsgewicht von 70 — 80 g per laufenden Meter und einer Bevölkerungszahl von 3,6 Millionen verrechnen. Auch bei einer schätzungsweisen Reduktion der Einfuhrmenge

reiner Importländer, wie u. a. Dänemark, Norwegen, Kanada und verschiedene mittel- und südamerikanische Staaten, auf den Kopf der Bevölkerung, gelangen wir zu einem ähnlichen Ergebnis. Der Umfang der Erzeugung für den Inlandsverbrauch der Produktionsländer errechnet sich demnach aus $3\frac{1}{2}$ m $\div$ Kopfquote der Einfuhr $\times$ Einwohnerzahl. — Aus späteren Ausführungen wird hervorgehen (vgl. unsere Darlegungen auf S. 204), daß die Verbrauchsquote der Vereinigten Staaten von Amerika wesentlich über der Verbrauchsquote der europäischen Staaten liegt. Der Schätzung des Produktionsvolumens für den Binnenverbrauch dieses Landes haben wir deshalb eine Kopfquote von ca. 7 m zugrunde gelegt.

[14] Nach dem Zahlenmaterial bei Landauer, a. a. O., S. 67, wurden 1907 in Großbritannien insgesamt 1326 Millionen Yards bedruckter Baumwollstoffe produziert und hievon 1166 Millionen Yards exportiert. Auf die Produktion für den Inlandsverbrauch entfallen demnach 160 Millionen Yards = 146 Millionen Meter, das sind rund $3^{1}/_{2}$ m je Kopf der Bevölkerung oder rund 4 m inkl. der Einfuhr, woraus hervorgeht, daß unsere Berechnung für 1913 eher zu niedrig ausgefallen ist als zu hoch.

[15] Die Schätzung der restlichen Ausfuhr- bzw. Einfuhrquoten erfolgte nach den Angaben bei Kertesz, a. a. O. Da für die betreffenden Länder die Warengruppe Druckstoffe nicht gesondert ausgewiesen wird, sondern zusammen mit der Warengruppe gefärbte, oder gefärbte und buntgewebte, oder gebleichte, gefärbte und buntgewebte Stoffe, handelt es sich bei unseren Angaben nur um mutmaßliche Größen.

h bedeutet hohe Einfuhr- bzw. Ausfuhrquote, d. h. 1 m und mehr je Kopf,
m „ mittlere „ „ „ „ „ 50 bis 99 cm „ „
k „ kleine „ „ „ „ „ unter 50 „ „ „

[16] Inklusive des asiatischen Teils, aber mit einer vermutlich kleineren Verbrauchsquote als im europäischen Teil.

[17] Die Ausfuhrmenge gefärbter oder bedruckter Baumwollgewebe wird mit 158 265 000 m angegeben (Kertesz, a. a. O., S. 487).

[18] Vereinigte Staaten von Amerika 1913/14 wertmäßige Einfuhr gefärbter oder bedruckter Baumwollgewebe: Fr. 42,5 Millionen; Mexiko 1907 wertmäßige Einfuhr gefärbter oder bedruckter Baumwollgewebe: Fr. 5,1 Millionen; Japan 1911 wertmäßige Einfuhr bedruckter Baumwollgewebe: Fr. 3,3 Millionen. (Nach Umrechnung der bei Kertesz zitierten Markbeträge in Schweizer Franken, a. a. O., S. 487 resp. 512 und 592). Die von uns ermittelte mengenmäßige Größe von 60 — 70 Millionen Meter beruht auf der Annahme, sowohl die Vereinigten Staaten von Amerika als auch Mexiko hätten jeweils die Hälfte bis zwei Drittel der zitierten wertmäßigen Einfuhrvolumina in bedruckter Ware bezogen und der Wert eines Meters importierten Druckstoffes habe im Durchschnitt Cts. 40 bis 60 betragen.

[19] Ohne Berücksichtigung der kleingewerblichen und hausindustriellen Erzeugung, die vornehmlich in der Türkei, in Persien, in Britisch- und Niederländisch-Indien einen gewissen Umfang erreichte.

---

wie in den Vermerken zur Tabelle angegeben. Der Berechnung des europäischen und amerikanischen Binnenhandels liegt eine Kopfquote von $3^{1}/_{2}$ bzw. 7 Metern zugrunde[399]. Aus der Belegstelle geht hervor[400], daß diese Verbrauchsmengen je Kopf der Bevöl-

[399] Die Kopfquote von $3^{1}/_{2}$ m bezieht sich auf den Verbrauch in Europa, Kanada, Mittel- und Südamerika; die Kopfquote von 7 m auf den Verbrauch in den Vereinigten Staaten von Amerika.

[400] Vgl. S. 169, Tab. 23, Anm. 13.

kerung als Durchschnittsgrößen mit der Wirklichkeit ungefähr übereinstimmen dürften und deshalb als Hilfszahlen verwendbar sind. Unter den nicht angeführten Einfuhrländern befinden sich ebenfalls Produzenten mit vorwiegend kleingewerblicher oder überhaupt nur hausindustrieller Produktionsweise[401]. Da wir weder das Ausmaß ihrer Erzeugung kennen noch das Ausmaß ihres Binnen- und Ausfuhrhandels, und allzu gewagte Schätzungen vermeiden wollen, sind die betreffenden Tabellenfächer leer gelassen. Schließlich ist zu erwähnen, daß unsere Übersicht nur den Handel in Baumwolldrucken erfaßt. Der Handel in Woll-, Seiden- und Leinendrucken war relativ klein und kann ignoriert werden, ohne dadurch die Allgemeingültigkeit unserer Aussagen wesentlich zu vermindern[402]. Es sei aber nochmals betont, daß fast alle unsere Zahlen hypothetischer Natur sind und mehr oder weniger ungenau. Immerhin haben sie orientierenden Wert und vermitteln ein Bild der Größe und ländermäßigen Gliederung des Handels in bedruckten Kattunen, das ohne diese Darstellung trüber wäre.

Betrachten wir nun das Zahlenmaterial selber. Tab. 23 führt uns deutlich Großbritanniens Vormachtstellung im Ausfuhrhandel vor Augen, von der wir schon öfters gesprochen haben. Fast jeder offene Markt wurde in erster Linie durch England beliefert. Dies trifft nicht nur für die einzelnen Absatzgebiete innerhalb des britischen Reiches zu, sondern ebenfalls für die übrigen, handelspolitisch ungeschützten oder nur wenig geschützten Märkte Europas, Mittel- und Südamerikas, Asiens und Afrikas. Von sämtlichen Abnehmern scheint Britisch-Indien der wichtigste gewesen zu sein, wurden doch 1910 allein an „Prints und Chintz[403]" rund 152, und 1912 rund 179 Millionen Yards eingeführt, ohne Berücksichtigung des Imports „bunter Saris, Dhutis, Lungis und Scarves[404]" in der Höhe von 83 Millionen Yards im Jahre 1910 und 113 Millionen Yards im Jahre 1912, die teilweise ebenfalls bedruckt waren[405].

China, der nächste große Verbraucher englischer Textilerzeugnisse, hat nur relativ wenig Druckstoffe konsumiert, andere, vorwiegend südasiatische Völker dagegen wieder verhältnismäßig viel, wie beispielsweise die Perser, die auch aus Rußland relativ große Mengen bedruckter Baumwollgewebe importiert haben, sowie die Türken und Malaien.

Wie stark die Position des englischen Kattundruckgewerbes war, geht auch aus der Tatsache hervor, daß sämtliche übrigen

---

[401] Beispielsweise die Türkei, Persien und Niederländisch-Indien.

[402] Da nur ein paar wenige Länder den Handel mit bedruckten Woll-, Seiden- und Leinengeweben separat ausweisen, könnten wir ihn überhaupt nicht einmal genauer festhalten.

[403] Bedrucktes Baumwollgewebe mit Oberflächenglanz.

[404] Wickel-, Lenden- und Turbantücher sowie Shawls.

[405] Zahlenmaterial nach Kertesz, a. a. O., S. 621. — Die Einfuhrmengen des Jahres 1912 werden als „außergewöhnlich" bezeichnet, die den „üblichen Bedarf des Landes erheblich überschritten haben dürften".

europäischen und außereuropäischen Produktionsländer zusammen kaum mehr als ein Viertel der Gesamtausfuhrmenge geliefert haben. Entweder waren es die eigenen Kolonien, die noch versorgt werden konnten, teilweise auch benachbarte, also relativ leicht zu überwachende und schnell zu bedienende Absatzgebiete, oder aber Spezialmärkte, es sei denn, man habe gleich den Engländern hin und wieder ebenfalls zu Unterpreisen verkauft[406] oder verstanden, verlockendere Musterungen herauszubringen.

Selbst Italien, das sich innerhalb kurzer Zeit anscheinend die zweite Stelle unter den Exportländern erringen konnte, folgte Großbritannien fast überall nur in erheblichem Abstand. Argentinien, eines der wichtigsten Absatzländer für italienische Druckware, bezog 1913 aus Italien lediglich 13 % des wertmäßigen Umfangs seiner Einfuhr an baumwollenen Druckstoffen, aus England dagegen 68 %, also rund fünfmal mehr[407]. Auch die Türkei, Ägypten und Griechenland, weitere wichtige Importländer italienischer Drucke, befriedigten den Bedarf an Massenware nach wie vor hauptsächlich mit englischen Erzeugnissen und erst in zweiter Linie mit den Produkten Italiens.

Griechenland und die Türkei deckten sich ebenfalls in Österreich, Böhmen und Ungarn ein; für die Druckereien der Donaumonarchie wichtiger waren aber die Märkte Rumäniens, Bulgariens und Serbiens[408].

Die Artikel des Elsasses und Deutschlands, der mengenmäßig vermutlich drittgrößten, musterungsmäßig jedoch führenden Lieferanten, fanden sich beinahe in jedem Land, üblicherweise aber nur in relativ geringen Mengen. Mit den neuartigen Voile- und Wollmousseline-Dessins und den hochwertigen Möbelstoffen kamen die Druckereien Wesserlings, Thanns, Mülhausens und Lörrachs jener Nachfrage nach Individualware entgegen, die trotz des verhältnismäßig hohen Preises gedeckt sein will, jedoch bloß einen kleinen Teil des Gesamtbedarfs ausmacht. Massenware konnten die rheinisch-westfälischen Betriebe liefern. Auch die billigen „Afrikadrucke" wurden zumeist hier erzeugt, wo die Standortsbedingungen zur Produktion relativ preiswerter Artikel günstiger waren als im Elsaß oder in Süddeutschland.

---

406 Vgl. unsere Ausführungen auf S. 37 betr. die Gründung der „Calico Printers' Association" in Manchester, die hauptsächlich „infolge der scharfen Konkurrenz (gemeint ist in erster Linie die Konkurrenz der englischen Druckereien unter sich — d. Verf.) und Preisschleudereien" erfolgt war, sowie Jenny-Trümpy, a. a. O., S. 649 f., wonach „eine ganze Anzahl englischer und zum Teil auch deutscher und italienischer Fabriken mit öffentlicher Rechnungsablegung davon Zeugnis geben, daß sie von Zeit zu Zeit große Warenbestände ohne Nutzen, ja mit wirklichem Verlust abstoßen und dadurch die ganze Preisbasis auf ein ungesundes Niveau herabdrücken".

407 Berechnung nach den Angaben bei Kertesz, a. a. O., S. 526. Siehe auch unsere Ausführungen auf S. 121, Anm. 253.

408 Kertesz, a. a. O., S. 216.

Buntbedruckte Negerschürzen, Lendentücher, Shawls und Kopftücher für die Eingeborenen Afrikas lieferten ebenfalls England, Nordfrankreich, Belgien, Portugal, Holland und die Schweiz[409].

Durch den Übergang zur Produktion solcher Artikel hatte sich die Glarner Mouchoirsdruckerei ein neues Absatzgebiet erschlossen. Die Batikdruckereien konnten dagegen weiterhin Niederländisch-Indien beliefern, die Straits Settlements und die Philippinen, wurden hier aber nicht nur von den Engländern stärker als je bedrängt, die gelernt hatten, die „Kindersarongs" und „Kain pandjangs" nunmehr im Walzendruckverfahren herzustellen, sondern in zunehmendem Maße auch von den leistungsfähigen Druckereien Hollands.

Auf den Philippinen erwuchs Europa eine große Konkurrenz in den Vereinigten Staaten von Amerika. Seit dem erfolgreichen Ausgang des Krieges mit Spanien (1898) war diese Konkurrenz auch in Südamerika fühlbar geworden. Japan, früher ebenfalls ein relativ großer Abnehmer europäischer Baumwolldrucke, hatte dagegen selber die Erzeugung billiger Maschinendruckware aufgenommen. Von 1910 auf 1911 sank der Wert der eingeführten baumwollenen Druckstoffe um rund Fr. 13 Millionen auf Fr. 3,3 Millionen[410]. Bald sollte auch dieser Restposten größtenteils verschwinden, die Ausfuhr, mit Dumpingpreisen forciert, aber schnell ansteigen.

Gesamtheitlich gesehen kann festgestellt werden, daß der Außenhandel in Druckstoffen in den letzten Jahren vor Ausbruch des Ersten Weltkrieges einen beachtlichen Umfang angenommen hat. Vorwiegend exportorientiert war aber nur die Kattundruckerei Großbritanniens, der Schweiz und Hollands, das neuerstandene holländische Zeugdruckgewerbe jedoch ausschließlich als Lieferant des niederländisch-indischen Kolonialreiches. Schon Italien scheint über die Hälfte der Produktion auf dem Inlandsmarkt abgesetzt zu haben, die Zeugdruckerei der übrigen Länder aber noch mehr. Da es sich hier in einzelnen Fällen um relativ große Märkte handelt[411], nahm auch der Binnenhandel mit inländischer Ware einen erheblichen Umfang an. Im Total dürfte er denjenigen des Außenhandels übertroffen haben, den Ausfuhr- und Einfuhrhandel als *einen* Posten betrachtet.

Leider sind wir nicht in der Lage, die *weitere Entwicklung* in ähnlicher Weise ziffernmäßig zu belegen, auch läßt sich nicht feststellen, inwieweit die Steigerung des Verbrauchs buntgewebter und gestickter Baumwollstoffe den Konsum bedruckter Erzeugnisse beeinflußt hat.

---

409 Vgl. u. a. *Kertesz*, a. a. O., S. 723 und 729.

410 Nach *Kertesz*, a. a. O., S. 589 f.

411 Dies trifft insbesondere für Rußland, Deutschland und die Vereinigten Staaten von Amerika zu.

Auf den Rückschlag zur Zeit des Ersten Weltkrieges, als vor allem der Handel in europäischen Drucken rasch sank und selbst zu Bekleidungszwecken vereinzelt sogar bedruckte Papiergewebe vertrieben wurden, folgte der Aufschwung der 1920er Jahre, seinerseits abgelöst von der Kontraktion des Volumens des Binnen- und Außenhandels während der Weltwirtschaftskrise anfangs der 30er Jahre.

Neben die Hochschutzzollpolitik, die Mitte der 1920er Jahre schon von verhältnismäßig vielen Ländern betrieben wurde und 1932 auch in England, dem alten Freihandelsland, Eingang gefunden hatte, traten nun Zahlungs-, Clearings- und Kompensationsabkommen. Mit Kontingentierungen und Devisenausfuhrbeschränkungen sollte der Import gedrosselt, mit Abwertungen und Prämiensystemen der Export gefördert werden.

Typisch für diese Zeit des vielseitig gebundenen Wirtschaftsverkehrs, des Preiszerfalls, der wachsenden Arbeitslosigkeit und dem hieraus resultierenden Kaufkraftschwund sind vor allem zwei Erscheinungen: einerseits die vielen unbefriedigenden Jahresabschlüsse, Sanierungen und Stillegungen, anderseits die Verschärfung des Konkurrenzkampfes auf allen Märkten.

Während 1930 im Elsaß 160 Walzendruckmaschinen in Betrieb standen, liefen 1937 nur noch 78. Selbst die restlichen drei Druckereien Mülhausens, die 1930 1500 Arbeiter beschäftigt hatten, waren acht Jahre später stillgelegt[412]. In den Jahren vor Ausbruch der Krise wurden 70 % der Produktion exportiert, 1931 ging das Volumen der Ausfuhr um zwei Drittel zurück, nach dem Auftreten der japanischen Konkurrenz im Jahre 1933 noch mehr[413]. Vorwiegend wegen der Einengung des Exportmarktes dürfte es auch in England zu zahlreichen Stillegungen gekommen sein, ist doch die Produktion von rund 1326 Millionen Yards bedruckter Baumwollgewebe im Jahre 1907 auf rund 712 Millionen Yards bedruckter Baumwoll-, Seiden-, Kunstseiden- und Leinengewebe im Jahre 1935 zurückgegangen[414].

---

[412] Bulletin ... 1938, S. 7 und 35. — Über die Entwicklung der elsässischen Produktionsmenge während der Jahre zwischen den beiden Weltkriegen unterrichtet Bi-Centenaire ..., a. a. O., S. 29 f. Vgl. dieserhalb auch S. 201, Anm. 7 zu Tab. 25.

[413] Bi-Centenaire ..., a. a. O., S. 30.

[414] Die Ausfuhr in den verschiedenen Positionen bedruckter Baumwollgewebe sank von 1230,7 Millionen Yards im Jahre 1913 auf 551,7 Millionen Yards im Jahre 1929 und 441,6 Millionen Yards im Jahre 1934. Der Umfang des Exports bedruckter Seiden-, Kunstseiden- und Leinengewebe im Jahre 1934 ist uns nicht bekannt. Für die Seiden- und Kunstseidenartikel fehlen die Angaben in der Literatur, die uns zur Verfügung stand, für die Leinenstoffe und das Jahr 1935 sind sie dagegen mit den Angaben für die gefärbte Ware in einem Posten zusammengefaßt. Die Ausfuhr in diesen Textilien kann aber nicht erheblich gewesen sein, denn an bedruckten Seidengeweben wurden im Jahre 1935 insgesamt nur rund 7,6 Millionen Yards produziert und an bedruckten Leinengeweben nur rund 5,7 Millionen, während für die bedruckten Kunstseidenge-

Erhebliche Verluste erlitt u. a. ebenfalls das italienische Zeugdruckgewerbe, und in Deutschland mußten allein in einem Fall über 10 Millionen Reichsmark Aktienkapital eingebüßt werden.

Um die Inlandsmärkte kämpften in erster Linie die einheimischen Drucker, die Ersatz für den Ausfall im Export suchten, um die außereuropäischen Märkte mehr als je auch überseeische Produzenten. In Europa standen der „direkten" Ausfuhr vor allem noch die Märkte Hollands, der Nord- und Randstaaten und des Balkans offen, der Ausfuhr im aktiven Veredlungsverkehr in erster Linie die Schweiz, Deutschland, Italien und in geringerem Umfange u. a. auch Großbritannien, Österreich, Ungarn sowie die Tschechoslowakei. Sowohl die Druckerei der Vereinigten Staaten von Amerika als auch die Druckerei Japans hatte sich stark entwickelt. In Südamerika war Brasilien zur Erzeugung von Walzendruckware übergegangen, in Europa u. a. ebenfalls Rumänien und Jugoslawien, während andere europäische Staaten den Produktionsapparat unter dem Regime des Zollprotektionismus ausdehnen konnten. Rationalisierungen, niedere Lohnsätze, Ausfuhrvergütungen oder Dumpingpreise zu Lasten des inländischen Konsumenten hatten Englands Vorsprung in der Preisgestaltung aufholen lassen, Verbesserungen des Produkts den Vorsprung der Elsässer in der Kollektionsgestaltung. Dennoch läßt sich weiterhin eine mehr oder weniger ausgeprägte zwischenstaatliche Arbeitsteilung erkennen. Seiden- und hochwertige Kunstseidendrucke lieferten vor allem Lyon, Basel, Zürich[415], Mailand, Como und Krefeld, hochwertige Baumwolldrucke, wie Transparent- und Opalartikel, die ostschweizerischen, andere baumwollene Spezialprodukte, wie Phantasie-Voiles, „Tobralco", Chintze usw., in erster Linie die englischen Betriebe. Englands Kattundruckereien exportierten nach wie vor ebenfalls Stapelware. Ähnliche Erzeugnisse brachten auch ein Teil der kontinentaleuropäischen Betriebe zur Ausfuhr sowie die Fabriken der Vereinigten Staaten von Amerika und die Fabriken Japans. Andere „Kattun"- und ehemalige Wollmousselinedruckereien

---

webe und das Jahr 1938 ein Exportvolumen von rund 4,3 Millionen Yards² angeführt wird. Bei den übrigen Angaben handelt es sich um laufende Yards — „linear yards". Zur Orientierung über den Umfang der Produktion und der Ausfuhr in den Jahren 1907 und 1913 vgl. Tab. 23 (S. 168), Zeile Großbritannien, und Erläuterungen Ziffer 2 und 14. Für näheren Aufschluß über die Errechnung des Produktionsumfangs im Jahre 1935 vgl. Tab. 25, Erläuterungen Ziffer 11 (S. 201).

Die Ausfuhrziffern für bedruckte Baumwollware und die Jahre 1913, 1929 sowie 1934 entstammen dem Statistical Abstract for the United Kingdom, a. a. O., 1936, S. 406 f.; die Ausfuhrziffer für bedruckte Kunstseidengewebe und das Jahr 1938 wurde uns bekanntgegeben und ist dem Werk entnommen: Export of Produce and Manufacture of the United Kingdom. Annual Statement of the trade of the United Kingdom with British Countries and Foreign Countries. 1939 compiled in the Statistical office of the Customs and Excise Department; London, Vol. II, S. 285.

[415] Zürich ist hier als Vertriebsplatz gemeint und nicht als Produktionsort.

des Elsasses, Deutschlands, Italiens und Ungarns exportierten dagegen vorwiegend qualitativ und musterungsmäßig höherstehende Massenware, glarnerische Betriebe sowie spezialisierte Drukkereien Englands, Frankreichs, Hollands, Belgiens und Westfalens weiterhin Exotendrucke für die Eingeborenen Afrikas und Ostasiens.

Im Bereich der Mechanik hatte inzwischen der Filmdruck eine starke Verbreitung gefunden, während auf gewebetechnischem Gebiet die Zellwollartikel neben die Baumwollartikel getreten waren, so wie ein Jahrzehnt früher die Kunstseidenerzeugnisse neben die Seidenerzeugnisse. Selbst „devisenstarke" Länder, wie Holland, die Schweiz, Schweden, Norwegen und Dänemark, hatten die neuartige, seidige Zellwollmousseline der altbekannten rauhen Wollmousseline bevorzugt und in der Vorkriegszeit, als die Konjunktur wieder ansteigend war, in erheblichen Mengen aus Deutschland und Italien importiert. Während der Jahre des Zweiten Weltkrieges wäre die kontinentaleuropäische Versorgung mit Druckstoffen unstreitig schlechter gewesen, wenn die Textildruckerei nicht schon frühzeitig die Veredlung der Zellwolle aufgegriffen und Produkte geschaffen hätte, die nicht nur Ersatzgewebe sind, sondern in relativ vielen Fällen „Nouveautés" und vollwertige Gebrauchsartikel.

Im Verlauf der vorangegangenen Untersuchung haben wir zu verschiedenen Malen den Veredlungsverkehr berührt. Da diesem handelspolitischen Mittel zur Überbrückung von Zollschranken und Nutzung ausländischer Produktionsvorteile gerade im Bereich des Textildrucks teilweise erhebliche Bedeutung zukommt, sei es im folgenden noch etwas näher betrachtet. Von einer geschichtlichen Darstellung nehmen wir Abstand. Wir wollen lediglich festhalten, daß Frankreich schon 1791 die „admission temporaire" zugestanden hat. Was es damals nur für kurze Zeit und ausschließlich den Elsässern einräumte, gestattete es 1861 allgemein. Während Frankreich zu dieser Zeit aber bloß den aktiven Veredlungsverkehr zuließ[416], beruhten die Vereinbarungen von 1869[417] zwischen der Schweiz und Deutschland, die in ihrem Ursprung anscheinend auf das Jahr 1812 zurückgehen[418], auf Gegen-

[416] In neuerer Zeit gestattete es vereinzelt ebenfalls den passiven Veredlungsverkehr.

[417] Handelsvertrag vom 13. Mai 1869, Artikel 5.

[418] Badische Landzollordnung vom 2. Januar, wonach schweizerische Ware zollfrei eingeführt werden konnte, wenn sie nach dem Veredlungsprozeß wieder ausgeführt wurde. — Vgl. auch §§ 43 und 111 — 118 des Zollvereinsgesetzes von 1837 resp. 1869, sowie die handelsvertraglichen Vereinbarungen der Schweiz mit Deutschland von 1891 (Artikel 6) mit dem Zusatzvertrag vom 12. XI. 1904 (Artikel 6), und den Notenwechsel vom 14. VII. 1926 über den Textilveredlungsverkehr. — Die allgemeinen gesetzlichen Bestimmungen des Veredlungsverkehrs der Schweiz sind in den Zolltarifgesetzen von 1851, 1902 und 1925 verankert.

Tab. 24. Schätzungsweiser Umfang des schweizerischen Außenhandels in Textildruckgeweben im Jahre 1938 nach der Schweizerischen Handelsstatistik 1938, Band I und II[1].

	Einfuhr			Ausfuhr				
					im aktiven VV[3]			
	direkt[2]	im passiven VV[3]	direkt u. im pass. VV	direkt[2]	Transit	übr. VV	Tr. u. übr. VV	direkt u. akt. VV
	(1)	(2)	(3)	(4)	(5)	(6)	(7)	(8)
(1) Menge in Tonnen	120	800	920	323	310	227	537	860
(2) Menge in Mill. Meter[4]	1,3	9,0	10,3	4,8	3,7	2,8	6,5	11,3
(3) Wert in Mill. Franken	1,9	6,8	8,7	8,5	6,2	6,3	12,5	21,0
(4) Durchschnittswert per Tonne in Franken[5]	16 000	8 500	9 500	26 500	20 000	27 500	23 000	24 500
(5) Durchschnittswert per Meter in Franken[5]	1,45	0,75	0,85	1,75	1,65	2,25	1,90	1,85

[1] Positionen: Baumwollgewebe 366 a, b, 370, 375; Shawls usw. 380; Leinengewebe 412; Seidengewebe 447 d 1, 2, 6, 7; Zellwollgewebe 447 e 1, 2, f 3, 4, g 3, 4; Kunstseidengewebe 447 h 2, 5, 6; Wollgewebe 475 b. — Konfektionswaren aus bedruckten Geweben, also fertig verarbeitete Kleider, Wäschestücke, Decken usw., sind in unserer Aufstellung nicht enthalten, da der Schweizerischen Handelsstatistik keine näheren Angaben über die Ein- bzw. Ausfuhrmengen entnommen werden können.

[2] Das angeführte Zahlenmaterial beruht durchwegs auf Schätzungen. Die Ermittlung der genauen Größenordnungen ist aus der veröffentlichten Handelsstatistik, Band I, insofern unmöglich, als in einzelnen Positionen die Mengen der ein- und ausgeführten bedruckten Gewebe mit denjenigen der gefärbten oder gemusterten Gewebe — Webmusterung — zusammengezogen sind, beispielsweise Position 412 resp. Positionen 447 f 3, 4, g 3, g 4, h 5. Um Überschätzungen zu vermeiden, haben wir bei den betreffenden Posten den Druckstoffen teils nur die Hälfte, teils zwei Drittel der zitierten Gewichtsmengen zugeordnet und die entsprechenden mutmaßlichen Werte.

[3] Nach Band II der Handelsstatistik, wo der Veredlungsverkehr in bedruckten Stoffen gewichts- und wertmäßig gesondert ausgewiesen ist.

[4] Nach unserer Umrechnung der Gewichtsmengen in Fertigmeter auf Grund von angenommenen Durchschnittsgewichten je Artikelgruppe und Fertigmeter.

[5] Von uns nach dem vorausgegangenen Zahlenmaterial errechnet.

seitigkeit. Wie aus früheren Darlegungen hervorgeht[419], gewährten später u. a. auch Österreich, Italien, Großbritannien und die Tschechoslowakei den passiven Veredlungsverkehr.

[419] Vgl. S. 175.

An Hand der Tab. 24, die über den mutmaßlichen Umfang der schweizerischen Ein- und Ausfuhr von Textildrucken im Jahre 1938 unterrichtet, sei nun aufgezeigt, welchen Anteil die verschiedenen Formen des Veredlungsverkehrs am Gesamtaußenhandel eines Landes in der betreffenden Warengruppe haben können. Obwohl unser Zahlenmaterial teilweise auf Schätzungen beruht, deshalb nur beschränkte Gültigkeit hat und im Tabellenteil auch nur unter den üblichen Vorbehalten wiedergegeben wird[420], ist es doch typisch für die Struktur des Außenhandels eines relativ kleinen Landes mit hochentwickeltem Produktionsapparat zur Zeit des Protektionismus. Einer Einfuhr von verhältnismäßig billiger Stapelware im Durchschnittswert von schätzungsweise Fr. 0,85 je Meter[421] steht eine Ausfuhr von verhältnismäßig teurer Qualitätsware gegenüber im Durchschnittswert von schätzungsweise Fr. 1,85 je Meter[421], einem gewichtsmäßigen Passivum von 60 Tonnen (263 Tonnen im Veredlungsverkehr) ein wertmäßiges Aktivum von Fr. 12,3 Millionen (Fr. 5,7 Millionen im Veredlungsverkehr)[422]. Der qualitative Unterschied würde noch sichtbarer werden, wenn im Ausfuhrposten nicht rund 144 Tonnen „Afrikadrucke[423]" enthalten wären (das sind rund 17 % der gewichtsmäßigen Gesamtausfuhrmenge) zum Mittelwert von Fr. 890,— per Doppelzentner (100 kg), gegenüber einem Mittelwert von rund Fr. 1550,— per Doppelzentner für die restlichen 67 Tonnen der Position 366 a (bedruckte Baumwollgewebe im Gewicht von 6 kg und darüber per 100 m^2) und einem Mittelwert von Fr. 3312,— per Doppelzentner für 285 Tonnen der Position 366 b (bedruckte Baumwollgewebe im Gewicht von weniger als 6 kg per 100 m^2)[424].

Da selbst die kontingentierte Einfuhrmenge teilweise mit relativ hohen Zöllen belegt war, importierte man mehrheitlich Ware aus dem Veredlungsverkehr, also schweizerische Rohware, die im Wege des passiven Veredlungsverkehrs im benachbarten Ausland bedruckt[425] und alsdann zollfrei wieder eingeführt werden konnte. Dadurch wurde ermöglicht, die Nachfrage nach Stapelware zu befriedigen, ohne daß man gezwungen war, das Angebot auf Kosten der Variationsbreite der inländischen Erzeugung oder der Qualität zu ändern[426]. In gleicher Weise bezog das hochschutzzöllnerische

---

420 Bezüglich der Einschränkungen vgl. S. 177, Tab. 24, Anm. 2.

421 Vgl. letzte Zeile der Zahlenübersicht.

422 Vgl. Spalten 8 und 7 mit Spalten 3 und 2 der Zeile 1 resp. 3.

423 Baumwollware für Südwestafrika.

424 Zahlenangaben nach der Schweizerischen Handelsstatistik 1938, Bd. I, S. A. 69 f.

425 Zum größten Teil in Deutschland, zu kleineren Teilen im Elsaß, im übrigen Frankreich und in Italien.

426 Vgl. in diesem Zusammenhang unsere Ausführungen auf S. 133 ff., wo wir über das Gesetz der Massenproduktion sprachen, das in großen Ländern von vornherein wirksam ist, in kleinen, wie die Schweiz, dagegen relativ selten.

Ausland[427] im passiven, für die Schweiz aber aktiven Freipaßverkehr hochwertige Drucke, die es selber nicht erzeugen konnte, oder nur zu relativ höheren Kosten[428].

Während die Schweiz in diesen Fällen die veredelte ausländische Rohware zollfrei nach dem Ursprungsland zurückführte, exportierte sie im Wege des Transit-Veredlungsverkehrs bedruckte Rohware ausländischer Herkunft nach Drittländern in Europa, Nord- und Südamerika, Afrika und Ostasien. Mengenmäßig überstieg dieser Export, der nur mit Hilfe der verhältnismäßig billigen Rohware des Auslands ermöglicht wurde, die Ausfuhr im „übrigen" aktiven Veredlungsverkehr. Mit dieser zusammen überstieg er auch den „direkten" Export, also die Ausfuhr rein schweizerischer Ware[429].

Verglichen mit den Verhältnissen vor Ausbruch des Ersten Weltkrieges, als allein an bedruckten Baumwollgeweben im

Transit-Veredlungsverkehr	230	Tonnen im Werte von Fr. 1,6 Millionen
ausgeführt werden konnten, im übrigen aktiven Veredlungsverkehr[430]	173	Tonnen im Werte von Fr. 1,2 Millionen,
an Freipaßware insgesamt	403	Tonnen im Werte von Fr. 2,8 Millionen
und an „direkter" Exportware	956	Tonnen im Werte von Fr. 6,5 Millionen,
insgesamt also	1359	Tonnen im Werte von Fr. 9,3 Millionen[431],

ist der gewichtsmäßige Export von Freipaßware gestiegen, aber nicht in einem Umfange, um den erheblichen Rückgang der „direkten" Ausfuhr zu kompensieren[432]. Aufschlußreich ist jedoch, daß gleichwohl noch schätzungsweise 73 % der mutmaßlichen Produktionsmenge exportiert und schätzungsweise 70 % des mutmaßlichen mengenmäßigen Inlandsverbrauchs importiert wurden[433].

[427] Beispielsweise Deutschland, Italien, Großbritannien, Ungarn und die Tschechoslowakei.

[428] Vgl. Tab. 24, Spalte 6, „Ausfuhr im übrigen aktiven Veredlungsverkehr".

[429] Vgl. Spalte 7 mit Spalte 4, Zeilen 1 bis 3.

[430] Bei diesen Posten handelt es sich ausschließlich um deutsche Freipaßware.

[431] Das zitierte Zahlenmaterial bezieht sich auf das Jahr 1907. Vgl. S. 169., Tab. 23, Anm. 5.

[432] Vgl. Tab. 24, Zeile 1, Spalten 5, 6 und 7 resp. 4 mit obigen Angaben.

[433] In der Zeit vor Ausbruch des Zweiten Weltkrieges belief sich der Umfang der Jahresproduktion auf schätzungsweise 15—16 Millionen Meter. Vgl. S. 201., Tab. 25, Anm. 5.

Noch aufschlußreicher ist aber die Ausweitung des Gesamtausfuhrwerts um mehr als das Doppelte[434] gegenüber der Verringerung der Gesamtausfuhrmenge um rund ein Drittel. Die Steigerung des mittleren Tonnenwertes von rund Fr. 6850,— auf Fr. 24 500,— oder Fr. 23 500,— bis Fr. 24 000,—, wenn wir für 1938 auch nur den Export bedruckter Baumwollgewebe berücksichtigen (Positionen 366 a und b), bringt weniger die Preiserhöhung zum Ausdruck als vielmehr den Wandel in der qualitativen Höhe der Produktion. Ohne die Entwicklung der Erzeugung hochwertiger Seiden- und Kunstseidenartikel und ohne die Erschließung des Gebiets der „Hochveredlung[435]", das die Grundlage eines neuen ostschweizerischen Baumwolldruckgewerbes bildet, wäre der mengenmäßige Export noch kleiner gewesen, so wie er auch kleiner gewesen wäre, wenn keine Möglichkeit bestanden hätte, vermittelst des aktiven Veredlungsverkehrs entweder die Zollmauern zu überwinden oder den ausländischen Kostenvorsprung im Bereich der Rohwarenproduktion.

Beachtenswert ist ebenfalls der Umfang des passiven Veredlungsverkehrs mit Deutschland. Von den insgesamt eingeführten 800 Tonnen im Werte von Fr. 6,8 Millionen (Spalte 2, Zeilen 1 und 3) entfiel allein auf den Import aus Deutschland ein gewichtsmäßiger Anteil von 682 Tonnen (85 %) im Werte von Fr. 5,5 Millionen (81 %), oder rund die Hälfte des mutmaßlichen Inlandsverbrauchs in Metern.

Solange der wertmäßigen Größe dieses Einfuhrpostens ein Ausfuhrposten von wertmäßig ähnlicher Bedeutung gegenüberstand, war der relativ erhebliche Unterschied zwischen beiden mengenmäßigen Größenordnungen tragbar[436], zumal mit der Einfuhr aus Deutschland der wesentlichste Teil des schweizerischen Bedarfs an relativ preiswürdiger Ware gedeckt werden konnte. Mittelwert des Imports aus Deutschland im passiven Veredlungsverkehr: Fr. 8000,— bis 8100,— je Tonne[437] oder schätzungsweise ca. Fr. 0,75 je Meter; Mittelwert des Exports nach Deutschland im Transit-

---

[434] Fr. 9,3 Millionen im Jahre 1907 verglichen mit Fr. 21,0 Millionen im Jahre 1938.

[435] Vgl. dieserhalb: 100 Jahre Heberlein 1835—1935, der Firma Heberlein & Co., A.-G., Wattwil, S. 92 ff. und 108.

[436] Der Einfuhr im passiven Veredlungsverkehr von 682 Tonnen im Werte von Fr. 5,5 Millionen stand eine Ausfuhr im Transit- und übrigen aktiven Veredlungsverkehr von rund 129 Tonnen im Werte von Fr. 4,2 Millionen gegenüber. Wie groß der „direkte" Außenhandel war, läßt sich nicht genau feststellen (s. Ziffer 2 unserer Anmerkungen zu Tab. 24). Möglicherweise erfolgte ein Ausgleich der wertmäßigen Differenz von ca. Fr. 1,3 Millionen, während der mengenmäßige Unterschied von ungefähr 553 Tonnen bei weitem nicht kompensiert wurde (Ziffernmaterial zusammengestellt nach der Schweizerischen Handelsstatistik 1938, Bd. II).

[437] Berechnet nach der Schweizerischen Handelstatistik 1938, Bd. II.

und übrigen aktiven Veredlungsverkehr: Fr. 32 500,— bis 32 600,— je Tonne[438] oder schätzungsweise ca. Fr. 2,35 je Meter.

Nachdem aber dieser Warenaustausch auf einen Bruchteil des bisher üblichen Umfangs zurückgegangen ist[439] und der passive Veredlungsverkehr mit andern Ländern nicht in dem Maße erweitert werden kann, daß der Ausfall an deutscher Stapelware restlos ausgeglichen wird, müssen die schweizerischen Drukkereien die Lieferung der fehlenden Menge billiger Ware übernehmen. Werden sie dieser Aufgabe nachkommen können, ohne das bisherige preisliche Gleichgewicht fühlbar zu stören?

Von der zukünftigen Zollpolitik des Auslandes und den wettbewerblichen Verhältnissen wird es jedenfalls abhängen, inwieweit die Schweiz den gegenwärtigen Export verhältnismäßig preiswürdiger Artikel aufrechterhalten und dadurch den Vorteil der Kostendegression wahren kann, der nötig ist, um in der Deckung des inländischen Bedarfs an Massenerzeugnissen nicht erneut in eine fast gänzliche Abhängigkeit vom Import zu geraten.

2. Die Vertriebsweise.

In welcher Weise erfolgte der Absatz der Ware, die schon im Mittelalter in beschränktem Rahmen vertrieben wurde und seit rund zweieinhalb Jahrhunderten in neuer Gestalt Gegenstand eines weltweiten Handels ist?

Bei der Erörterung dieser Frage zeigt sich zunächst, daß für den Zeugdruck gilt, was im allgemeinen für die gesamte Textilindustrie charakteristisch ist. Die Erzeugung bedruckter Stoffe zum Zwecke des Erwerbs, an die sich das Problem der Vertriebsweise knüpft, zerfällt einerseits in die Erzeugung für bekannten Absatz, anderseits in die Erzeugung für den anonymen Markt, kurz Kunden- bzw. Marktproduktion genannt. Wie aus früheren Darlegungen hervorgeht[440], ist im weiteren auch nach der Betriebsweise zu unterscheiden, also nach dem Kriterium, ob für fremde Rechnung gearbeitet wird oder für eigene, d. h. ob Lohndruck vorliegt oder Eigendruck.

---

[438] Vgl. S. 180., Anm. 437.

[439] Nach einer Feststellung des Bundesrates im Juni 1946 sind sowohl das schweizerisch-deutsche Abkommen vom 5. XI. 1932 über den gegenseitigen Warenverkehr als auch der Notenwechsel vom 14. VII. 1926 über den Textil-Veredlungsverkehr dahingefallen (Notiz in der Neuen Zürcher Zeitung vom 27. VI. 1946, Nr. 1136). Für den Verkehr „mit den deutschen Druckereien der Besetzungszonen (sowie mit der Tschechoslowakei und mit Ungarn)" wurden in der Folge aber „Kontingente freigegeben . . ., die in einem gewissen Verhältnis zum Inlandumsatz der schweizerischen Druckerei stehen müssen . . . Es zeigte sich aber, daß die Zuverlässigkeit des Auslandes noch zu wünschen übrig läßt; die zugeteilten Kontingente sind daher bis jetzt nur schwach benützt worden". (Basler Handels- und Industrieverein: 71. Jahresbericht der Basler Handelskammer über das Jahr 1946. Basel 1947, S. 217.)

[440] Vgl. S. 126 f. und insbesondere S. 130 f.

Lohndruck ist für die Druckerei logischerweise immer Kundenproduktion. Als Fassonier[441] vertreibt der Lohndrucker aber lediglich eine Leistung: die Umwandlung des rohen Gewebes in ein konsumfähiges Produkt. Ein kommerzielles Unternehmertum besitzt das Eigentum an der Ware: eine Weberei[442], die ihre Artikel in veredeltem Zustand selbst vertreibt, verschiedentlich auch ein Bekleidungs- oder ein anderes Verarbeitungsgewerbe[443], relativ häufiger noch ein rein kommerzieller Unternehmer, der Manipulant[444], wie der Großhändler genannt wird, der die Veredlung besorgen läßt. Auf Grund der Kenntnisse des Marktes bestimmen diese Organe Richtung und Umfang der Produktion. Sie tun es auf eigene Rechnung und Gefahr und unter Übernahme der Sorge um den Absatz, der besonders beim Vertrieb modeabhängiger Artikel sehr elastisch ist.

Anders liegen die Verhältnisse bei Eigendruck. Die Eigendruckerei vertreibt nicht nur eine Leistung, sondern ein Sachgut. Auch arbeitet sie nicht nur auf Bestellung, sondern auch für einen unbekannten Bedarf. Bei Eigendruck-Kundenproduktion wird im direkten Auftrag eines Bestellers eigene Rohware veredelt, bei Eigendruck-Marktproduktion eigene Rohware spekulativ auf Lager gedruckt und ab Lager vertrieben. Im Unterschied zum Lohndruck lastet also bei Eigendruck-Kundenproduktion das Risiko der Eindeckung mit Rohware auf der Druckerei, bei Eigendruck-Marktproduktion zudem das Risiko, das mit dem Absatz der Fertigware verbunden ist, die für den Markt erzeugt wird.

Es würde den Rahmen unserer Arbeit sprengen, wenn wir die Aufgabengebiete der Lohn- und der Eigendruckerei näher beleuchten und auf die Erörterung der Vor- und Nachteile der beiden Unternehmungsformen eintreten wollten. Die bisherigen Ausführungen dürften genügen[445], um in der Lohndruckerei den Typ der rein-industriellen Unternehmung erkennen zu lassen, die sich auf die Erfüllung der technischen Funktionen der Produktion konzentriert, in der Eigendruckerei aber den Typ der kommerziell-industriellen Unternehmung, welche noch händlerische Funktionen ausübt.

---

[441] Im französischen Sprachgebiet „façonnier" geschrieben.

[442] Im Frühkapitalismus und zum Teil auch noch zu Beginn des Hochkapitalismus trat an die Stelle der Weberei ein Verleger.

[443] „Konfektion" oder übrige serienmäßige Verarbeitung von Textilien zu Bekleidungs-, Garnitur-, Ausstattungs- und Dekorationszwecken.

[444] In Deutschland wird der Manipulant in der Regel „Ausrüster" genannt oder gar „selbstausrüstender Großhandel". Da aber diese Bezeichnungen leicht auf die Ausübung der technischen Funktion schließen lassen, verwenden wir sie nicht.

[445] Vgl. auch S. 122 f. Produktionspolitik, Abschnitt: Vertikale Unternehmungsintegration und Differenzierung, sowie S. 128 f. Kapitalstruktur, Abschnitt: Kapitalbedarf.

Aus einer solchen Verschiedenheit der Betriebssysteme kann geschlossen werden, daß ebenfalls die Absatzorganisationen voneinander abweichen. In der Tat trifft dies auch zu[446]. Der Unterschied vergrößert sich mit der Menge der dispositiven Arbeit, die bei Eigenveredlung verrichtet wird. Er ist am geringsten, wenn auch die Eigendruckerei nur auf Bestellung produziert, und am ausgeprägtesten, sofern sie ausschließlich auf Lager arbeitet und die Funktion der Vorratshaltung selber erfüllt. Während aber der Eigendruck an den weiten Kreis der Abnehmer von Fertigware gelangen kann, muß sich der Lohndruck an den verhältnismäßig engen Kreis der Eigentümer von Rohware wenden. Aus produktionstechnischen Gründen kann er zudem nur an jene Gruppe möglicher Besteller herantreten, die in der Lage ist, geschlossene Druckposten in Arbeit zu geben.

Es zeigt sich also bereits, daß bei Lohndruck üblicherweise ein kleinerer Vertriebsapparat aufzuziehen ist als bei Eigendruck. Letztlich ist dieser Tatbestand überhaupt die zwangsläufige Folge der gesellschaftlichen Funktionenspaltung, welche zur Verringerung der Spannungen, die aus der Zerschlagung des Produktionsprozesses resultieren, eine relativ enge Zusammenarbeit zwischen dem Industriellen und dem Manipulanten bedingt[447] und im Idealfall dem Träger der kommerziellen Aufgaben der Produktion schlechthin die gesamte Verantwortung für die Alimentierung des Erzeugungsapparates überbindet. Hieraus nun zu schließen, bei Lohndruck fehle ein selbständiger Außenhandel, wie behauptet wurde, ist jedoch unzulässig. In der Regel bleibt er aber hinter dem Umfang des Binnen- und indirekten Ausfuhrhandels zurück und wickelt sich aus den oben erwähnten Gründen auch nur mit einem verhältnismäßig begrenzten Kreis von Auftraggebern ab, so daß die Lohndruckerei ebenfalls im Ausland der Sorge enthoben ist, einen ausgedehnten Vertriebsapparat zu unterhalten.

Bei der Betrachtung der Entwicklung der Absatzorganisation, zu der wir nun übergehen wollen, wird sich verschiedentlich zeigen, ob im einzelnen Fall die Eigendruckerei als Anbieter auf dem Markte der Fabrikate auftrat oder der Auftraggeber der

---

446 Eine Darstellung der Absatzorganisationen der Mischform (Lohn- und Eigendruckerei oder Eigen- und Lohndruckerei, je nach der Betriebsweise, die überwiegt) und der vertikalen Unternehmungsintegration (Spinnerei, Weberei und Druckerei) kann unterbleiben. Neue Momente würden sich kaum ergeben. Zudem gilt mehr oder weniger auch für diese Unternehmungsformen, was jeweils für den entsprechenden „reinen" Typ gesagt wird.

447 Unter Manipulant ist hier und im folgenden nicht nur der „reine" Händler gemeint, der auf eigene Rechnung ausrüsten läßt, sondern ebenfalls die kommerziell organisierte Weberei sowie das kommerziell organisierte Bekleidungs- und Verarbeitungsgewerbe, welche die selber erzeugten bzw. eingehandelten Rohgewebe dem Drucker zur Veredlung übergeben und die konsumreife Ware alsdann in unverarbeitetem resp. verarbeitetem Zustand vertreiben.

Lohnveredlunganstalt. Immer läßt es sich nicht aufweisen. Mangels statistischen Materials werden wir auch nicht für jede Wirtschaftsepoche und jedes Land angeben können, ob der Eigendruck als Betriebssystem vorgeherrscht hat oder der Lohndruck.

Beginnen wir wieder mit der Darlegung der Verhältnisse zur Zeit des „primitiven" Zeugdrucks.

Soweit der mittelalterliche Zeugdruck ein bürgerliches Gewerbe war, kann angenommen werden, daß er vorwiegend als Lohnwerk betrieben wurde[448]. Weber, Verleger, Kleinhändler und Konsumenten gaben die eigenhändig angefertigte oder in ihrem Auftrag gewobene Ware in Arbeit. Sowohl der selbständige Weber als auch der Händler verkauften das Druckerzeugnis in der öffentlichen Kaufstätte, in der Marktbude oder hausierend zumeist unmittelbar an den Verbraucher der näheren Umgebung. Der Fernhandel dürfte in erster Linie in den Händen des Verlegers gelegen haben, der zu diesem Zweck die Jahrmärkte und Messen besuchte. Wichtiger als die Produktion für den Handel scheint die Erzeugung direkt für den Verbrauch gewesen zu sein, nach unseren früheren Darlegungen[449] also die Produktion für den geistlichen und weltlichen Grundherrn, dessen Bauern das Tuch gewebt hatten und der es nun zu Dekorations- oder Bekleidungszwecken veredeln ließ.

Mit der Einführung des „modernen" Zeugdrucks änderten sich die Betriebs- und Vertriebsverhältnisse insofern, als fortan nicht mehr der Lohndruck und der direkte Verkehr zwischen dem Produzenten und dem Konsumenten typisch waren, sondern das Nebeneinander von Lohn- und Eigendruck sowie der mittelbare Verkehr zwischen Erzeuger und Verbraucher. Diese Aussage gilt schon für die Anfangsperiode des neuen Gewerbes.

In den holländischen Kattundruckereien, also in den anscheinend ältesten Zeugdruckmanufakturen Europas, wurde Lohnwerk verrichtet[450], vermutlich aber auch Eigendruckware[451] erzeugt. Jeremias Neuhofer. Augsburgs erster „moderner" Zeugdrukker, war Eigendrucker[452]; Schüle, einige Jahrzehnte später Augsburgs berühmtester Druckstofflieferant, ließ zuerst in Augsburg und Hamburg im Lohn drucken, ging aber zum Eigendruck über, sobald er die technischen Kenntnisse erworben und das „Drucker-Zeichen" erhalten hatte[453]. Solange zwischen der „Küpfer'schen Cotton- und Indiennefabrique" in Lörrach und dem

---

[448] Im Gegensatz hiezu dürfte der klösterliche Zeugdruck zumeist in der Form des Eigendrucks ausgeübt worden sein. Da wir uns aber nur mit dem bürgerlichen Gewerbezweig befassen, brauchen wir auf jene Erscheinung nicht weiter einzugehen.

[449] Vgl. S. 97 f., S. 109 und S. 148.

[450] Ryhiner, a. a. O., S. 73, unten.

[451] Vgl. L. A. Driessen, a. a. O., S. 2249.

[452] K. Kasper, a. a. O., S. 63 f.

[453] v. Seida, a. a. O., S. 157 ff., 162 f., 166 ff., 171 ff.

Handelshaus Peter Merian und Comp. in Basel[454] eine Personal- und Kapitalvereinigung bestand, arbeitete der Lörracher Betrieb zumeist als Eigendruckerei, nachher fast ausschließlich als Lohndruckerei[455]. Oberkampf in Jouy war in erster Linie Eigendrucker, belief sich doch von 1795—1801 die jährliche Lohndruckproduktion auf nur ca. 1/2 bis 6 % der jeweiligen Gesamterzeugung[456]. Auch die bedeutenderen Mülhausener Manufakturen scheinen größtenteils Eigendruckereien gewesen zu sein. Es arbeiteten hier aber ebenfalls Lohndruckereien sowie verschiedene Mischbetriebe[457]. Das Ryhinersche Unternehmen in Basel bestand in der Form der Eigendruckerei[458]. Gleiches trifft für die Manufakturen der Stadt Bern zu, jedoch nur für die ersten Jahrzehnte ihrer Tätigkeit, denn schon um die Mitte des 18. Jahrhunderts waren sie lohnindustriell organisiert[459]. J. H. Streiff, der Begründer der glarnerischen Zeugdruckerei, vertrieb hauptsächlich Eigendruckware, im Gegensatz zu verschiedenen nachfolgenden Konkurrenten in der näheren und weiteren Umgebung, die ausschließlich im Lohn druckten[460]. Umgekehrt verhielt es sich im Neuenburgischen. Hier wurde ursprünglich nur Lohnarbeit verrichtet und erst später, und auch nur teilweise, zur Eigenfabrikation und zum Mischtypus übergegangen[461].

Damit sei die Reihe der Beispiele abgeschlossen. Zur gesellschaftlichen Spaltung der Funktionen haben im wesentlichen der Kapitalmangel geführt, die Abhängigkeit von einem Handelshaus oder die Bevorzugung der Arbeitsteilung. Die Funktionenvereinigung ist vor allem dem Wunsch nach größerer Selbständigkeit zuzuschreiben und dem Streben nach Steigerung des Gewinns durch Aneignung der Gewebemarge. Welches Betriebssystem vorgeherrscht hat, kann nicht festgestellt werden, auch nicht, wenn wir die Reihe der Beispiele weiterführen würden, was leicht möglich wäre.

Schon klarer läßt sich erkennen, daß die Einführung der großbetrieblichen Produktionsweise zumeist auch den Großvertrieb nach sich gezogen hat. Verschiedenenorts allerdings zwangsweise.

---

454 Dieses Handelshaus wurde am 1. I. 1743 durch Peter Merian-Wettstein, Handelsmann und Groß-Rat, sowie Johann Heinrich Heitz-Ochs, Handelsmann und Groß-Rat, gegründet (Staatsarchiv Basel, Handel und Gewerbe K 3 1, Ragionenbuch 1, 1719—1790). J. R. Merian, der Verfasser des in Anm. 455 erwähnten Lebenslaufes, ist der Sohn des oben angeführten Peter Merian.

455 J. R. Merian: Lebens-Lauff ..., a. a. O., S. 38 f., 62 und 103 f., sowie v. Zinzendorf, a. a. O., S. 295. — Erst unter den Koechlin, also seit dem Jahre 1808 und damit in hochkapitalistischer Zeit, pflegte man vor allem wieder die Eigenfabrikation.

456 Berechnet nach den Angaben bei Clouzot, a. a. O., S. 59.

457 Herkner, a. a. O., S. 36, und Bulletin . . . 1874, S. 218 f.

458 Ryhiner, a. a. O., S. 75.

459 Fetscherin, a. a. O., S. 71.

460 Jenny-Trümpy, a. a. O., S. 179 und 192 f.

461 Alice Dreyer, a. a. O., S. 33 f., 43 ff., 46, 49 f. und 82 f.

Entweder zum Schutze des zünftigen Kaufmannsstandes, wie u. a. in Bern[462] und Mülhausen[463], oder dann zugunsten eines Händlers, der als Gegenleistung für eine finanzielle Unterstützung das Recht des Alleinverkaufs forderte. Relativ viele Manufakturen arbeiteten aber vorwiegend für den ortsfernen Absatz und konnten schon deshalb kaum der Vermittlertätigkeit des selbständigen Handels entbehren.

Der Lokalverkauf wickelte sich im allgemeinen über die ansässigen Detaillisten ab, gewöhnlich über die „Laden haltenden Tuch- und Seidenhandelsleuth", die „stückweis" kauften und „ellenweis" verkauften, der Fernhandel dagegen teils über die Binnenmarkt-Grossisten und Exporteure, teils über eine einheimische Kaufmannschaft, die im Ausland etabliert war, vielfach aber über die auswärtigen Händler und Importeure selber. Verschiedentlich war der Abnehmer ein „Bankier, Commissionär et Speditor", der sich ebenfalls mit dem „Spekulationshandel" befaßte; im Falle des Überseehandels war der Käufer auch ein Reeder. Bei Eigendruck trat der Produzent als Verkäufer der Fertigware auf, bei Lohndruck dagegen der Manipulant[464]. Beide wandten sich an den gleichen Kundenkreis und beide vertrieben ihre Artikel auch auf die gleiche Weise: ab Lager am Geschäftssitz, ab Lager auf dem nahen Wochenmarkt oder auf der ferner-gelegenen Messe, und durch Reisende oder Agenten mit Hilfe von Proben. Damit soll aber nicht gesagt sein, daß nicht auch am Lager Verkäufe „auf Lieferung" getätigt wurden, sei es auf Grund vorgelegter Ware, sei es auf Grund unterbreiteter Muster. Typisch für jene Zeit ist jedoch das Angebot fertiger Warenposten bzw. der Kauf konsumreifer und vom Käufer besichtigter Partien, und typisch für die Vertriebsverhältnisse während der ersten Jahrzehnte des neuen Gewerbes ist außerdem, daß der Verkauf dieser Partien relativ häufig am Orte der Erzeugung erfolgte. Solange die Nachfrage das Angebot überstieg, war der Verkäufer der Sorge um den Absatz enthoben. „On venait leur enlever chez eux leurs marchandises . . . Les marchands de la Lorraine vinrent

[462] Vgl. Fetscherin, a. a. O., S. 79, wonach der Indiennefabrikant Engelhard im Februar 1710 aufgefordert wurde, „seinen Laden von nun an zubeschliessen, und keine Indienne andersten als Stukweise in billichen preis zu verkaufen, damit die Jänigen, so laden halten und Ellenweis verkaufen, auch desto ohngehinderter durchkommen könnind".

[463] Hier ist am 5. 7. 1753 „decidiert worden: . . ., daß (der Bürger) mit der Waare so er fabriziert nur en gros und nicht en détail handle. Hiemit nur Stückweis verkaufen und nicht unter einem Stück um den Lohn drucken soll", während am 15. 9. 1756 „das Begehren der Herren Kaufleuthen nicht unbillich (gefunden) und . . . den Herren fabricanten (im weiteren verboten wurde) . . . vielerley Muster auf einem Stükh . . . zu druken". Ferner wies man sie an: „Ihre Restlein . . . an niemand anders als die Kauffleuth (zu) verkaufen . . ." (Zitiert bei Dollfus-Ausset, a. a. O., Bd. II, S. 442 und 444, sowie bei R. Lévy, a. a. O., S. 10, Schlußpassus der Anm. von S. 9, und S. 246, Anm. 1).

[464] Siehe S. 183, Anm. 447.

en foule[465] demander des toiles imprimées en Suisse . . . outre cela l' Italie en demanda beaucoup par l' entremise des marchands de Turin, qui vinrent les acheter", berichtet Ryhiner für die Zeit bis 1750 und für die Schweiz[466]. Ähnliches läßt uns Penot für die zweite Hälfte des 18. Jahrhunderts und das Elsaß wissen[467], während v. Zinzendorf wiederum für die Schweiz und das Jahr 1764 hervorhebt[468]: „Gedruckte Schnupftücher und Indiennes . . . sind auf diese Messe gekommen (gemeint ist die Zurzacher Messe — d. Verf.), doch eben nicht die allerbesten, weil die meisten fremden Kaufleute in die Fabrick-Oerter reisen und sich da bey den Fabrikanten selbst versehen."

Dennoch darf die Bedeutung des Güterabsatzes auf den Großhandelsmärkten nicht unterschätzt werden. Da man einige dieser Stätten in verschiedenen Fällen regelmäßig zum Einkauf der Rohmaterialien besuchte, lag es nahe, dort gleichzeitig die eigenen Fabrikate zu vertreiben. Im weitern konnte eine Institution weder vom Verkäufer noch vom Käufer einfach übergangen werden, die sich seit Jahrhunderten als eine der zweckdienlichsten Formen der Absatzorganisation erwiesen hatte, als solche weit verbreitet war und zur Zeit des unentwickelten Verkehrswesens am raschesten eine allgemeine Marktübersicht vermittelte. Als schließlich die Ausbreitung der Zeugdruckerei und die hieraus resultierende Entwicklung der Konkurrenz die Stellung des Käufers verbessert hatten, war eine Lage geschaffen, bei der die Lieferanten bedruckter Stoffe die Messen überhaupt beschicken mußten. In der Schweiz zog man in erster Linie auf die Jahrmärkte von Genf, Zurzach und Basel, in Frankreich auf die Messen von Straßburg, Dijon, Autun, Lyon und Beaucaire, in Deutschland nach Augsburg, Nürnberg, Frankfurt am Main, Leipzig, Danzig und Königsberg, und in Italien nach Bergamo, Bolzano, Reggio sowie Sinigaglia. An diesen Messeplätzen traf man nicht nur den einheimischen Käufer an, sondern relativ häufig ebenfalls den ausländischen. So stellten sich in Zurzach in den 1760er Jahren außer den Schweizern auch Kaufleute aus Schwaben ein sowie Kaufleute aus dem Elsaß, aus Lothringen, Frankreich und Italien[469]. Nach Beaucaire in der Pro-

---

[465] Die Sperrungen haben wir vorgenommen.

[466] Ryhiner, a. a. O., S. 75 bzw. 76.

[467] „Presque toutes les ventes avaient lieu sur place, principalement pour la consommation de la France et de quelques maisons de Genève, qui faisaïent le commerce avec l'Italie." Zitiert bei R. Lévy, a. a. O., S. 255.

[468] v. Zinzendorf, a. a. O., S. 291.

[469] v. Zinzendorf, a. a. O., S. 291. Nach dem oben angeführten Zitat ist allerdings anzunehmen, daß man damals in Zurzach weniger bedruckte Baumwollgewebe kaufte als vielmehr die übrigen Artikel, die feilgeboten wurden. Wir erwähnen die geographische Herkunft der Händler trotzdem, um zu zeigen, welche Bedeutung dem Besuch einer solchen Messe zukommen konnte, sei es zur Anknüpfung von Verbindungen, sei es zur Orientierung über die Bedürfnisse verschiedenster Absatzgebiete.

vence reisten sowohl die Händler Südfrankreichs als auch die Händler Spaniens, Korsikas, Italiens und Algiers, und Leipzig war das wichtigste mitteleuropäische Einkaufszentrum der Polen, Balten und Russen.

Daß aber Produzent und Manipulant damals auch schon den Geschäftssitz des Kunden aufsuchten, erfahren wir u. a. von Johann Rudolf Merian, der 1756 von einer sechswöchigen Geschäftsreise durch die Franche Comté, Lothringen und das Elsaß „starke Commissionen" nach Hause gebracht und bereits im folgenden Jahre wieder eine „nicht ohnfruchtbare" Reise durch Lothringen nach Paris unternommen hatte[470].

Größere Verbreitung erlangte der Güterabsatz am Orte des Käufers jedoch erst während der Periode des Hochkapitalismus. Wie wir nun sehen werden, wurde allmählich zur Regel, was bisher die Ausnahme gewesen war. Der Einkauf am Sitze des Lieferanten hörte zwar nie ganz auf, auch nahm der Absatz auf der Messe besonders zu Beginn der hochkapitalistischen Wirtschaftsepoche teilweise noch einen beachtlichen Umfang an. Mehr Bedeutung kam aber den Vertriebsformen zu, deren Entwicklung die Verschärfung der Konkurrenz erzwungen hatte, und die erkennen lassen, daß an Stelle des Verkäufers nunmehr der Käufer umworben war. Nicht nur ließ man ihn durch Reisende und Agenten regelmäßig besuchen, indem man an den wichtigsten Konsum- und Einkaufsplätzen Verkaufshäuser und „Dépôts" unterhielt oder Konsignatare bestellte, führte man sogar ein permanentes Lager in seiner Nähe, wo er jederzeit und mühelos seine Bestände ergänzen konnte. Vom passiven Warten des Kunden war man zum aktiven „Angreifen" des Kunden übergegangen, vom periodischen Absatz auf der Messe zum kontinuierlichen Absatz am Orte der Niederlage.

Obwohl die Mülhausener Firma Nicolas Koechlin et Frères schon in den 1820er Jahren ihre Erzeugnisse in Paris, Lyon, Bordeaux und Toulouse durch Filialgeschäfte vertrieb, in Mailand, Rom, Neapel, Brüssel, Moskau, Persien, New York, Mexiko, auf den Antillen und in Rio de Janeiro durch eigene Agenturen von Dépôts und in London, Cadiz, Gibraltar, Alexandrien, Bombay, Kalkutta, Batavia sowie Lima von ständigen Ablagen aus[471], so steht doch fest, daß damals im allgemeinen nur Europa direkt beliefert wurde, die überseeischen und asiatischen Märkte dagegen über Handelshäuser und Kommissionäre des ausführenden Landes oder benachbarter Staaten. Der Vertrieb nach Nordafrika erfolgte zumeist über Händler in Genua und Livorno. Mit Amerika

---

[470] Lebens-Lauff . . ., a. a. O., S. 44 f. Bei J. R. Merian handelt es sich um den Sohn des Gesellschafters des Handelshauses Peter Merian und Comp. in Basel. das die Küpfersche Druckerei in Lörrach kommanditierte. Vgl. unsere Ausführungen auf S. 184 f.

[471] Bulletin . . . 1852, Bd. 24, S. 200 f.

und Ostindien arbeitete man teilweise über Handelshäuser in Barcelona, Lissabon, Bordeaux, Amsterdam und Hamburg. Ein Teil des kontinentaleuropäischen Handels mit Amerika wickelte sich auch über die „shippers“ (Exporteure) in London und Manchester ab sowie über amerikanische Firmen in Paris[472], der Absatz nach dem Orient hauptsächlich über griechische, schweizerische „und andere“ Zwischenhändler in Ancona, Sinigaglia, Triest, Wien und Konstantinopel, die ihrerseits mit „griechisch-orientalischen Einkäufern“ in Verbindung standen oder mit St. Gallischen Häusern in Smyrna und in andern kleinasiatischen Städten[473].

Erst um die Mitte des letzten Jahrhunderts nahm der unmittelbare Verkehr mit dem ferngelegenen Käufer ein größeres Ausmaß an. Und wiederum rückten in relativ vielen Fällen Produzent und Manipulant das Lager an den Kunden heran. Gleichgültig, wer beliefert wurde, ob Chile, Argentinien oder Nordamerika, ob China, die Philippinen oder Australien, wenn man nicht eine Filiale mit der Versorgung des Kunden betraute, so mußte ein Konsignatar dieser Aufgabe nachkommen, beispielsweise ein Handelshaus, das von einem Angehörigen des Ausfuhrlandes geleitet und vom Lieferanten kommanditiert wurde, oder ein Vertreter, dem man einen angemessenen Kredit einräumte.

Es liegt im wesentlichen in der Entwicklung des Verkehrswesens begründet, wenn diese Vertriebsweise in der Folge eine gewisse Rückbildung erfuhr. Sobald die Vervollkommnung in der Nachrichtenübermittlung die Verständigung zwischen dem Lieferanten und dem Abnehmer erleichtert und die Verbesserung der Beförderungstechnik die Transportzeit verkürzt hatte, brauchte das Lager nicht mehr in der Nähe des Kunden zu liegen. Die bedeutenderen Eigendrucker und Manipulanten unterhielten zwar weiterhin Verkaufshäuser an den größten Knotenpunkten des Verkehrs. Im übrigen verdichtete man das Netz der Agenturen, die nur nach Probe verkauften. Dadurch konnte der Markt auf einfachere Weise meist ebenso intensiv bearbeitet werden, letztlich aber mit geringeren Kosten, was aus Wettbewerbsgründen wichtig war.

Soweit sich obige Darlegungen auf den Export bezogen, ist teilweise ersichtlich geworden, daß sich dieser Handel über Grossisten abgewickelt hat. Nun sei hinzugefügt, daß schon während der Frühperiode des Hochkapitalismus der Verkehr mit dem Großhändler anscheinend relativ stark verbreitet war, gleichgültig, ob

---

[472] Nach Penot waren gegen 1830 in Paris bereits „plus de douze maisons intermédiaires américaines“ etabliert (zitiert bei R. Lévy, a. a. O., S. 247). — Trotzdem hier Angehörige des Importlandes als Käufer auftraten, liegt insofern kein direkter Verkehr mit dem Land des Verbrauchs vor, als es sich um Zwischenhändler handelte, die im Ausfuhrland etabliert waren.

[473] Jenny-Trümpy, a. a. O., S. 355 f.

man den Binnenmarkt belieferte oder den Auslandsmarkt. „Besuchen Sie nur Grossisten, denn Sie wissen, daß wir im Prinzip nicht mit Detaillisten arbeiten", lautet eine Anweisung der Druckerei in Lörrach an den Reisenden in Bayern[474], und R. Lévy stellt für die 1830er Jahre und das Elsaß fest: „Les marchands en gros avaient pris alors une importance très grande . . . (et) jouaient un rôle prépondérant, surtout pour l' exportation[475]". Der unmittelbare Absatz an den Kosumenten dürfte damals ganz zum Stillstand gekommen, der direkte Vertrieb an Kleinhändler zumindest bei Eigendruck nach Möglichkeit vermieden worden sein. Was angezeigt schien, als Technisierung und Kapitalakkumulation noch am Anfang ihrer Entwicklung standen, mußte sich am Ende des Hochkapitalismus geradezu aufdrängen. Je mehr im Bereich der Erzeugung Mechanisierung und Konzentration fortschritten, im Bereich der Verteilung dagegen die Vergrößerung der Zahl der Betriebe, fiel dem Großhandel die Aufgabe zu, die zersplitterte Nachfrage zusammenzufassen und den Ausgleich zu schaffen zwischen der zentralisierten Massenproduktion einerseits und dem dezentralisierten Kleinbedarf anderseits.

Man könnte annehmen, diese Entwicklung habe allmählich zu einer relativen Vermehrung der Zahl der Lohndruckereien geführt, indem die Grossisten, die bisher nur Fertigware vertrieben hatten, sukzessive ebenfalls den Einkauf der Rohware an sich rissen und zu Manipulanten wurden. In der Schweiz trat gerade das Gegenteil ein. Im Laufe des 19. Jahrhunderts fand der Eigendruck die größere Verbreitung. Nicht nur hatten sich Lohnveredler der Eigenfabrikation zugewendet, auch Manipulanten waren hiezu übergegangen, sei es, daß sie sich mit einer bestehenden Druckerei vereinigt, sei es, daß sie selber eine solche errichtet hatten und fortan ausschließlich die selbst veredelte Ware ausboten. Der Neuenburger Zeugdruck hielt sich am längsten in den beiden Eigendruckereien von Cortaillod und Boudry[476]. Die Betriebe in Islikon-Frauenfeld und Richterswil, in der zweiten Hälfte des 19. Jahrhunderts die größten Druckereien der Schweiz, arbeiteten ebenfalls auf eigene Rechnung[477], und für den glarnerischen Textildruck bezeugt Jenny-Trümpy, die Funktionenvereinigung, die schon in der ersten Hälfte des vorigen Jahrhunderts eingesetzt hatte, sei „von den günstigsten Folgen begleitet" gewesen[478]. Auch

[474] Auszug aus dem: Reisende Copierbuch 1828—1831 der Firma Nicolaus Koechlin und Gebrüder, Lörrach, Vorgängerin der heutigen Manufaktur Koechlin, Baumgartner & Cie., A. G., Lörrach in Baden. — Die zitierte Stelle ist aus der französischen Sprache übersetzt und dem Brief vom 18. April 1828 entnommen.

[475] R. Lévy, a. a. O., S. 247 f.

[476] Vgl. A. Dreyer, a. a. O., S. 144 und 150 f.

[477] Vgl. Jenny-Trümpy, a. a. O., S. 129 ff. und 483 ff.

[478] Jenny-Trümpy, a. a. O., S. 365 und 395.

im Elsaß war der Eigendruck während des ganzen 19. Jahrhunderts die Regel. Erst vor Ausbruch des Ersten Weltkrieges gingen einige Häuser zum Lohndruck über, „désireuses de ne pas superposer aux fluctuations du marché de l'impression celles du marché du coton“, wie in „Bi-Centenaire . . .“ ausgeführt wird[479]. In England scheint dagegen die Lohnveredlung vorgeherrscht zu haben. „Die englischen Druckereien arbeiten sehr stark im Lohn“, ist in einem offiziellen Bericht von 1873 vermerkt[480], und Landauer stellte 1912 fest: „Einige wenige Druckereien waren mit eigener Weberei verbunden, andere druckten im Lohn und gleichzeitig für eigene Rechnung, viele andere — und dies war wohl die Mehrzahl — druckten nur im Lohn[481]“. Wie die Verhältnisse in den anderen Ländern lagen, entzieht sich unserer Kenntnis. Wir wissen nur, daß beispielsweise in Deutschland etliche größere Eigendruckereien arbeiteten. Da in Italien, Rußland und in der Donaumonarchie vor 1914 verschiedene der bedeutendsten Druckereibetriebe mit Spinnwebereien in einer Vertikalintegration zusammengefaßt waren[482], dürfte ebenfalls hier die Eigenveredlung relativ stark vertreten gewesen sein.

Auch im Spätkapitalismus, dessen Vertriebsverhältnisse wir nunmehr betrachten wollen, findet sich der Eigendruck noch relativ häufig, so in Deutschland und Italien, u. a. aber ebenfalls in Spanien, Schweden, Österreich, Ungarn, in der Tschechoslowakei und in Polen. In England scheint die Entwicklung in erster Linie zu einem Rückgang des Lohndrucks geführt zu haben; im Elsaß und in der Schweiz hat sich dieses Betriebssystem dagegen verbreitet. Von den acht Druckereien, die 1929 im Elsaß in Betrieb standen, befaßten sich nur noch drei mit der Eigenveredlung. In der Zeit zwischen den beiden Weltkriegen scheint auch im innerfranzösischen Textildruckgewerbe die Lohnfabrikation vorgeherrscht zu haben. Fest steht, daß die Textildruckerei der Schweiz während der gleichen Zeit vorwiegend lohnindustriell organisiert war[483]. Im Gegensatz zu den Verhältnissen im Elsaß, liegen heute in der Schweiz aber keine Anzeichen vor, die auf eine Neubelebung des Eigendrucks deuten[484].

---

479 Bi-Centenaire . . . , a. a. O., S. 35.

480 Zitiert bei Jenny-Trümpy, a. a. O., S. 621.

481 Landauer, a. a. O., S. 68.

482 Vgl. unsere Ausführungen auf S. 124.

483 Von den fünfzehn Druckereien der Schweiz arbeitet heute (1947) nur ein Unternehmen größtenteils auf eigene Rechnung. Drei weitere Unternehmen liefern neben der Eigendruckware in bedeutendem Ausmaß auch Lohndruckware, die restlichen elf Druckereien überhaupt nur solche (nach erhaltener Auskunft).

484 Vgl. Bi-Centenaire . . ., a. a. O., S. 35, wo angeführt wird: „Aussi semble-t-on constater de nos jours (1946 geschrieben) un regain de faveur pour le travail à forfait.“

Nach unseren vorangegangenen Ausführungen haben die ersten Eigendrucker und Manipulanten sowohl mit dem Grossisten als auch mit dem Detaillisten verkehrt, die Eigendrucker des Hochkapitalismus dagegen meist nur mit dem Grossisten. Wie wir nun sehen werden, ist seither ein weiterer Wandel im Vertrieb eingetreten. Agenturen, teilweise auch Reisende, Verkaufshäuser und Niederlagen sind zwar weiterhin die wichtigsten Vermittler zwischen dem Produzenten[485] und dem Abnehmer. Einerseits entstand aber im Bekleidungs- und Verarbeitungsgewerbe[486] ein neuer Kundenkreis, anderseits hat sich in den Warenhäusern, Versandhäusern, Filialgeschäften und Einkaufsorganisationen der Detaillisten eine Käuferschicht entwickelt, die auf Grund ihrer Stellung als Großabnehmer eine Rückkehr zur direkten Belieferung des Einzelhandels erzwungen hat. Wenn auch im Textildruck der Produzent[487] noch nicht detailliert, wie es in anderen Gewerbezweigen schon seit längerer Zeit der Fall ist, so zeigt doch das Beispiel des Warenhauskonzerns, der sich einen Veredlungsbetrieb angegliedert hat, daß zumindest auf Seite des Einzelhändlers Ansätze bestehen, den gesamten Produktionsprozeß in einer Hand zu vereinigen, also sowohl zu erzeugen als auch das Erzeugnis auf direktestem Weg dem Verbraucher zuzuführen.

Trotz dieser Tendenzen zur Ausschaltung des Zwischenhandels hat sich der Grossist zu behaupten verstanden. Von den hauptsächlichsten Gründen seien erwähnt: 1. Durch den Vertrieb eigener Dessins, der sog. „Engagements, Reservate oder Exklusivitäten", schafft er sich eine Monopolposition, in der er sich selbst jenen Abnehmern gegenüber durchzusetzen vermag, die ihn sonst zu umgehen trachten[488]; 2. die große Variationsbreite des Produkts macht ihn zum unentbehrlichen Sortimenter, der besonders dem Spezialgeschäft die Möglichkeit verschafft, den vielfältigen Kleinbedarf an wenigen Stellen zu decken; 3. als Versorger der noch beträchtlichen Zahl unabhängiger Einzelhändler entbindet er den Fabrikanten weiterhin von der Verrichtung der Kleinarbeit, welche die Betreuung und Überwachung dieses Käuferkreises mit sich bringt; 4. in der Eigenschaft als Lagerhalter erfüllt er nach wie vor eine Funktion, die gerade beim Vertrieb modeabhängiger Artikel von wesentlicher Bedeutung ist; 5. als Vermittler zwischen dem Produzenten und dem Detaillisten übt er nach beiden Seiten hin zudem eine beratende Tätigkeit aus; 6. üblicherweise relativ

---

485 Gemeint ist das Druckereiunternehmen bei Eigendruck bzw. der Manipulant bei Lohndruck.

486 Siehe S. 182, Anm. 443.

487 Vgl. obige Anm. 485.

488 Da wir auf diese Erscheinung an anderer Stelle ausführlicher zu sprechen kommen, brauchen wir uns hier nicht weiter damit zu befassen.

kapitalkräftig, ist er außerdem imstande, seinen Verpflichtungen in der Regel kurzfristig nachzukommen, dem Kunden aber einen langfristigen Kredit zu gewähren.

Zum Abschluß unserer Ausführungen, die nur einen summarischen Überblick über die Entwicklung der Vertriebsweise gewährten und in erster Linie die wichtigsten Änderungen aufzeigen wollten, welche im Laufe der Zeit eingetreten sind, seien noch einige Bemerkungen zur Spezialisierung gemacht sowie zum Kapitalexport.

Wenn auch die bedruckten Stoffe eine eigene Warengattung darstellen, so hat sich zumindest in Kontinentaleuropa der Handel unseres Wissens doch nur relativ selten ausschließlich mit dem Absatz solcher Gewebe befaßt. Sowohl der Manipulant als auch der Grossist und der Detaillist vertreiben und vertrieben die Drucke üblicherweise neben den unigefärbten und den buntgewebten Textilien, vereinzelt auch neben den Weißwaren. Dennoch läßt sich insofern eine gewisse Spezialisierung erkennen, als jede dieser Warenkategorien getrennt geführt und ein „Rayon" zuweilen stärker ausgebaut wird als die andern. In jedem Fall spezialisiert sich der Großhandel nach der Gegend und nach dem Großverbraucherkreis (Konfektion u. a. Verarbeitungsgewerbe), den er beliefert, der Kleinhandel nach der Bevölkerungsschicht, deren Bedarf er decken will. Bei Großhandel erfolgt zudem eine Spezialisierung nach dem Material (früher gewöhnlich nach Baumwolle, Wolle und Leinen einerseits sowie nach Seide anderseits, heute üblicherweise nach Baumwolle, Zellwolle und Leinen einerseits und nach Kunstseide sowie Seide anderseits), nach dem Bedarfszweck (Oberbekleidung, Tücher, Wäsche, Ausstattung und Dekoration) und nach der Qualität (Stapel-, d. h. Massenerzeugnisse, Qualitäts-, d. h. Individualware, Standardartikel, „Nouveautés"). Im Kleinhandel ist weniger die Spezialisierung nach dem Material anzutreffen als nach dem Bedarfszweck und nach der Qualität. Eine Sonderstellung nehmen die Warenhäuser sowie die Versandgeschäfte ein, führen sie doch in der Mehrzahl die unterschiedlichsten Erzeugnisse und hiebei auch die verschiedenartigsten Druckartikel.

Nach früheren Darlegungen hat der Kapitalexport seit jeher wesentlich zur Entwicklung des Zeugdrucks beigetragen[489]. Es entbehrt nicht einer gewissen Tragik, daß diese Entwicklung neben der positiven öfters eine ebenso schwerwiegende negative Seite aufweist. Der Ausbau der Textildruckerei im einen Land war gewöhnlich von der Schrumpfung des Produktionsapparates im andern Land begleitet, das den erwähnten Ausbau finanzieren half.

---

[489] Vgl. unsere Ausführungen auf S. 144 f.

Soweit die Investitionen im Ausland nicht auf monopolistische Bestrebungen zurückgeführt werden können, waren sie in der Regel die Folge der protektionistischen Handelspolitik des betreffenden fremden Staates. Indem der direkte Import und der passive Veredlungsverkehr gedrosselt oder überhaupt unterbunden wurden, blieb dem bisherigen Exporteur nur die Wahl, entweder die Einbuße hinzunehmen oder im ehemaligen Absatzgebiet selber zu produzieren bzw. produzieren zu lassen. Die Errichtungen von Filialbetrieben und Tochterunternehmungen im Ausland, die bereits während der napoleonischen Periode stattgefunden haben[490] — wenn überhaupt nicht schon früher[491] — und die auch nachher immer wieder stattfanden[492], sobald die Zölle prohibitiv wurden, sind denn auch nichts anderes gewesen als eine vertriebspolitische Maßnahme — in verschiedenen Fällen eine Maßnahme von weittragender Bedeutung, wie zum Schluß noch betont sei.

3. Die Marktform.

Sehen wir nun, wie die Anbieter und Nachfrager von Textildrucken während der überblickten Zeitspanne einander gegenübertraten. Wir betrachten also nur die Marktform zwischen dem Produzenten und dem Abnehmer bedruckter Stoffe und nicht auch die Stellung des Druckers gegenüber seinem Lieferanten und gegenüber den Produktionsfaktoren, wie beispielsweise die Arbeit. Auch gehen wir nicht auf die Fülle der Einzelheiten ein, sondern heben jeweils nur die typischste Erscheinung hervor. Wie bisher, sei erneut mit der Darlegung der Verhältnisse im „primitiven“ Zeugdruckgewerbe begonnen.

Wenn sich für das Textildruckgewerbe der Zeit des ständisch geordneten Wirtschaftslebens schon eine Marktfigur nachweisen läßt, dann dürfte sie dem Kollektivmonopol auf der Angebotsseite am nächsten kommen. Wie das Beispiel Venedigs zeigt[493], wurden die ansässigen Drucker gegen den auswärtigen

[490] Vgl. dieserhalb u. a. A. Dreyer, a. a. O., S. 78, oben und Anm. 2, sowie Histoire..., a. a. O., S. 457, betreffend die Gründung der Druckerei Robert Petitpierre & Cie. in Thann.

[491] Verschiedene der schweizerischen Gründungen in Frankreich, die A. Juvet-Michel erwähnt (Ciba-Rundschau 28, a. a. O., S. 1044) und die größtenteils in die zweite Hälfte des 18. Jahrhunderts fallen, dürften in einem mehr oder weniger direkten Zusammenhang mit der französischen Zollpolitik jener Zeit gestanden haben.

[492] Beispiele hiefür sind: Die Gründungen schweizerischer Betriebe in Österreich während der ersten Hälfte des 19. Jahrhunderts (vgl. A. Dreyer, a. a. O., S. 122, und Jenny-Trümpy, a. a. O., S. 95 sowie 320), in Italien nach 1878 (vgl. Jenny-Trümpy, a. a. O., S. 670 f.), in Deutschland die Errichtung der Filialdruckerei der Mülhausener Firma Dollfus-Mieg & Cie. in Rötteln in Baden im Jahre 1850, sowie u. a. auch die elsässischen Gründungen in Thaon und Epinal nach 1871 (vgl. H. Laufenburger, a. a. O., S. 144).

[493] Vgl. S. 148.

Wettbewerb geschützt. Eine Konkurrenzierung unter sich kam überhaupt nicht in Frage. Was mit dem Zunftgeist unvereinbar war, der statischen Wirtschaftsgesinnung zuwiderlief und nach Kundenfang oder Kundenabtreibung aussah, war verpönt. Aus den gleichen sittlichen Gründen nützte der Anbieter seine an sich feste Stellung auch nicht dem Nachfrager gegenüber aus. Meist wäre es überhaupt unmöglich gewesen. Der Kreis der Abnehmer, in erster Linie also die geistlichen und weltlichen Herren, war zu begrenzt, ihr Einfluß innerhalb des Wirtschaftsgebietes im allgemeinen zu weitreichend, als daß man eine Übervorteilung hätte wagen dürfen. Zudem würde sie sich in einer Senkung der Nachfrage ausgewirkt haben, vereinzelt wohl auch in einer Verschiebung der Nachfrage zugunsten der Webstoffe, die man ja gerade durch erschwingliche Nachahmungen zu ersetzen trachtete.

Was für die Periode der „Bedarfsdeckungswirtschaft" gilt, hat keine Gültigkeit mehr für die Zeit, als das Erwerbsstreben unmittelbares Ziel des Produzenten wurde und die Befriedigung der ungesättigt gebliebenen Nachfrage nach dem neuen Artikel Aussicht bot, dieses Ziel zu erreichen. Die früher in einem anderen Zusammenhang zitierten Gewinnsummen lassen erkennen, daß vor allem der Großbetrieb verstanden hat, die Situation zu nutzen[494]. Zwar trat er nicht als Alleinverkäufer auf. Immerhin scheint er gegenüber der Menge der Nachfrager, die ihn aufsuchen kamen und unter sich in einem uneingeschränkten Wettbewerb standen, einen maßgeblichen Teil des Angebots beherrscht zu haben. Aber auch die einzelnen Manufakturen mittleren und kleineren Umfangs dürften in der Preisfestsetzung insofern eine relativ starke Position eingenommen haben, als die Gesamtnachfrage das Gesamtangebot wesentlich überstieg und der Käufer bekanntlich zu ihnen reiste, „pour leur e n l e v e r chez eux leurs marchandises[495]". Zusammenfassend kann also gesagt werden, daß ein Sachverhalt vorlag, der alle Merkmale an sich trägt, die charakteristisch sind für das O l i g o p o l.

Diese Marktkonstellation änderte sich, als die räumliche Entwicklung des Zeugdrucks einerseits und die Mechanisierung des Verfahrens anderseits zu einer wesentlichen Steigerung des Angebots geführt hatten. Ob wir die Verhältnisse auf dem zollgeschützten Inlandsmarkt betrachten oder auf dem Exportmarkt, immer zeigt es sich, daß an Stelle der Schwierigkeiten in der Deckung des Bedarfs teilweise Schwierigkeiten im Absatz getreten sind und der zunehmende Wettbewerb unter den Produzenten größtenteils jene Situation geschaffen hat, die man heute mit dem Ausdruck m o - n o p o l i s t i s c h e o d e r u n v o l l k o m m e n e K o n k u r -

---

[494] Vgl. S. 6 f., Anm. 13.

[495] Vgl. S. 186 f.

renz bezeichnet. Hieran haben auch die Kartellierungen[496] nichts zu ändern vermocht, die beispielsweise in der Schweiz schon auf die 1870er Jahre zurückgehen[497] und seit Anfang des 20. Jahrhunderts ebenfalls in anderen Ländern relativ stark verbreitet sind. Da diese Organisationen nur selten internationalen Charakter annehmen, blieb die Konkurrenz der ausländischen Lieferanten in unverminderter Schärfe bestehen, wenn nicht auf dem geschützten Inlandsmarkt, so doch auf den offenen Märkten des Auslandes. Aber auch die Vereinheitlichung der Preise und Konditionen[498] der Lieferanten des gleichen Landes hat den Wettbewerb unter den Verbandsmitgliedern nicht beseitigt. Bei Eigendruck erstreckten sich die Vereinbarungen in der Regel nur auf die wichtigsten Artikelgruppen, so daß immer gewisse Ausweichmöglichkeiten blieben. Im übrigen führten die Konventionen dazu, daß der Konkurrenzkampf stärker denn je im Bereich der Musterung ausgefochten wird. Wie schon obige Andeutung erkennen läßt, stehen natürlich auch die verschiedenartigen Druckböden miteinander im Wettbewerb. Gleiches gilt in geringerem Maße ebenfalls von den unterschiedlichen Echtheitsgraden der Färbungen (mehr oder weniger lichtecht, waschecht, kochecht) und von den verschiedenen Eigenschaften der Ausrüstungen (knitterfest, schrumpffest, wasserabstoßend). Da aber der einzelne Druckstoff in erster Linie wegen seiner zeichnerischen und farblichen Erscheinungsform gekauft wird, ist es dieser Sachverhalt, den wir vor allem betrachten müssen.

Es gibt wohl wenig Gewerbezweige, die der äußeren Produktdifferentiation einen so weiten Rahmen gewähren wie der Textildruck. Welches Material und welche Qualität auch immer zu illuminieren sind, stets kann auf eine Formen- und Farbenwelt zurückgegriffen werden, die schier unbegrenzte Möglichkeiten zur Veränderung des Musterungsbildes bietet. Die Präferenzen auf

---

[496] Hierunter seien sowohl die Kartelle als auch die kartellartigen Vereinbarungen verstanden, wie Gentlemen's agreement, Aufstellung von Richtlinien, Verabredungen usw.

[497] 1871 Bildung der „Vereinigung der schweizerischen Türkischrot-Drukker". Vgl. J e n n y - T r ü m p y, a. a. O., S. 630. — Über die Entwicklung des Verbandswesens und der Kartellbildungen im schweizerischen Veredlungsgewerbe (Industrie und Handel) unterrichten u. a.: J a k o b S c h i e ß : Die Kartelle in der schweizerischen Textil-Veredlungsindustrie, Dissertation Zürich, Weinfelden 1923; 100 Jahre Heberlein 1835—1935, a. a. O., S. 50 ff. und 92, sowie R i c h a r d B a u m g a r t n e r : Wandlungen in der ostschweizerischen Textilindustrie. Eine Untersuchung über grundlegende Voraussetzungen zu erfolgreicher Zusammenarbeit verschiedener Unternehmungen mit gleichen Interessen in Handel und Industrie, Dissertation Bern, Zürich 1942.

[498] Die Bildung von Gebiets- und Mengenkartellen ist im Textildruck eine relativ seltene Erscheinung und braucht hier nicht weiter berücksichtigt zu werden. — Zur Orientierung über das Quotenkartell des ungarischen Textildruckgewerbes in der zweiten Hälfte der 1920er Jahre vgl. H. v. H o l t z e r, a. a. O., S. 175 ff.

Seiten der Nachfrager weichen auch dermaßen voneinander ab, und der sozial-psychologisch bedingte Wunsch nach Abhebung ist selbst unter der Herrschaft der Mode noch so ausgeprägt, daß die Schaffung einer großen Variationsbreite schlechterdings unerläßlich ist, wenn die Gunst vieler Abnehmer gewonnen werden soll. Jedes originäre Muster stellt ein Monopolgut dar, das in verschiedenen Staaten durch Eigentumsrecht vor Nachahmung geschützt ist und in Konkurrenz mit anderen Mustern steht, die zumeist ebenfalls Monopolgüter sind. Wie nicht näher dargelegt werden muß, ziehen jene Dessins den größten Teil der Nachfrage auf sich, die am attraktivsten wirken, sei es durch eine getreue Spiegelung des Modebildes oder beispielsweise durch eine bestechende Kolorierung. Auch ist offensichtlich, daß jeder Produzent bestrebt ist, solche Muster zu schaffen. Beim Vertrieb nicht-kartellierter Ware können sie zu einem erhöhten Preis abgesetzt werden, ohne daß zu befürchten ist, der Umfang der Nachfrage werde dadurch verringert. Beim Absatz preisgebundener Artikel läßt sich die Gewinnchance dagegen nur auf dem Wege der Kostendegression verbessern. Eines der wichtigsten Mittel hiezu ist aber der Versuch, mit Hilfe verlockender Muster die erforderliche Ausweitung des Produktionsvolumens zu erzielen.

Den Verhältnissen zwischen dem Produzenten und dem Großabnehmer ähnlich sind die Verhältnisse zwischen den einzelnen Stufen des Handels, zwischen dem Lieferanten von Stückware und dem Verarbeitungsgewerbe sowie zwischen dem Detaillisten und dem Verbraucher. Einer Masse von Käufern tritt üblicherweise wiederum eine Vielzahl von Verkäufern gegenüber, und wiederum ist jeder dieser Anbieter bemüht, vermittelst des Vertriebs origineller und modisch richtiger Dessins einen möglichst großen Kundenkreis an sich zu ziehen. Wenn er seine relative Monopolposition nicht ausnutzen kann, weil die Wiederverkaufspreise durch den Lieferanten festgesetzt sind, so vermag er doch in all den Fällen die Vorteile der Umsatzsteigerung herauszuholen, in denen seine Ware vom Markte bevorzugt wird.

Befindet sich aber der einzelne Druckartikel nicht auch mit andersartigen Textilien in Konkurrenz, beispielsweise mit unigefärbten, buntgewebten, gewirkten oder bestickten Erzeugnissen? Ein Blick in die Auslage eines Textilwarengeschäfts läßt erkennen, daß dies tatsächlich relativ häufig zutrifft. So wie die verschiedenen Druckmusterungen unter sich im Wettbewerb stehen, so stehen auch die Drucke als Warengattung zumeist mit einer Reihe anderer Warengattungen im Wettbewerb, die das nämliche Bedürfnis befriedigen wollen. Wie kommt es denn, daß sich die bedruckten Stoffe immer wieder durchzusetzen vermögen?

Nach unseren früheren Darlegungen soll in der gemäßigten Klimazone die Bekleidung nicht nur schützen und verhüllen, sondern ebenfalls schmücken und unterscheiden sowie auszeichnen[499]. Untersucht man nun die zur Gewebeverzierung erfundene Färberei, Stoffmalerei, Kunstweberei, Wirkerei, Stickerei und Druckerei auf den Grad ihrer Zweckmäßigkeit hin, so erweist sich der Textildruck als dasjenige Verfahren, welches das Problem der Erzielung einer effektvollen und variationsreichen Musterung auf die wirtschaftlichste Weise zu lösen vermag.

Wie wir bereits aufgezeigt haben, ist die Entwicklung des „primitiven" Zeugdrucks Europas vornehmlich diesem Tatbestand zuzuschreiben[500]. Fest steht, daß auch die „moderne" Stoffdruckerei nie den bekannten Aufschwung hätte nehmen können, wenn sie nicht in der Lage gewesen wäre, das Bedürfnis nach sinnenfreudigem Aufputz und nach dekorativen Ausstattungsgegenständen zu niedrigeren Kosten zu stillen als die andern Schmucktechniken des Textilgewerbes. Weil die Indiennedruckerei ebenfalls den minderbemittelten Bevölkerungskreisen ermöglichte, den Wunsch nach eleganter Bekleidung zu befriedigen, vermochte sie sich innert verhältnismäßig kurzer Zeit zum Großgewerbe zu entwickeln. Indem die Drucke relativ preiswert blieben und für die meisten Verwendungen ebenso geeignet wie die teureren Warengattungen — wenn nicht gar geeigneter —, konnten sie aber auch das populäre Gebrauchsgut werden, das sie heute sind. Dennoch ist sowohl auf dem Gebiete der Technik als auch im Bereich der Musterung die ununterbrochene Anspannung aller Kräfte erforderlich, um der Gunst der Verbraucher teilhaftig zu bleiben. Unter dem Ansporn des Erwerbsstrebens wird die Konkurrenz andauernd zur Verbilligung, Verbesserung und Veränderung ihres Produktes gezwungen, so daß der Textildruck nur durch eine ständige Anpassung an die neuen Wettbewerbsbedingungen seine Stellung im Markte behaupten kann.

Welche größenmäßige Bedeutung kommt nun dem Verbrauch an bedruckten Geweben zu, gemessen am Verbrauch an den übrigen Textilien? Diese Frage wollen wir im Zusammenhang mit der Darstellung der Entwicklung des Produktionsumfangs beantworten, zu der wir nunmehr übergehen.

VI. Die Entwicklung des Produktionsumfangs.

Unserer Betrachtung der Entwicklung der Produktionsmengen und des Verbrauchs bedruckter Textilien sind einige Bemerkungen allgemeiner Natur vorauszuschicken. Bei der Prüfung der zugänglich gewesenen Literatur und der veröffentlichten oder angegeben erhaltenen Zahlenwerte hat sich gezeigt, daß dieses Material nicht

---

499 Vgl. S. 3 f.: Ursprung und Herkunft (der Textildrucke).

500 Vgl. unsere Ausführungen auf S. 14 f.

ausreicht, um den erwünschten Überblick zu erhalten. Nur für Großbritannien, das Elsaß und die Schweiz konnten Größen beigebracht werden, die erkennen lassen, wie sich das Textildruckgewerbe dieser Länder während der vergangenen eineinhalb Jahrhunderte entwickelt hat. Allerdings handelt es sich zumeist nur um Schätzungen, so daß unsere Angaben mit einiger Reserve aufgenommen werden müssen. Für die anderen Länder waren die benötigten Ziffern nicht aufzutreiben. W. H. von Kurrer hat uns zwar über die vermutliche Größe und Leistung des Produktionsapparates der europäischen Kattundruckerei um ca. 1840 unterrichtet[501]. Gleiche Angaben für einen früheren oder späteren Zeitpunkt fehlen aber. Allerdings kennen wir die ungefähre Zahl der Walzendruckmaschinen, die um ca. 1900 in Europa, Amerika und Japan in Betrieb standen[502], wissen jedoch nichts Genaues über den Produktionsumfang. Über die Gegenwartsverhältnisse war noch weniger zu erfahren[502a]. Eine auf internationaler Basis aufgezogene Erhebung läßt sich heute noch nicht durchführen. Um gleichwohl einigen Aufschluß über die Ausweitung des gesamten Produktionsvolumens zu erhalten, haben wir den jeweiligen Umfang der Erzeugung zur Zeit vor Ausbruch der beiden Weltkriege mit Hilfe der mutmaßlichen Verbrauchsquoten errechnet und die solcherweise gewonnenen Größenordnungen der Kurrerschen Schätzung für ca. 1840 gegenübergestellt.

Im Hinblick auf dieses Vorgehen muß wohl nicht betont werden, daß sowohl unser Zahlenmaterial als auch unsere Aussagen, die hierauf beruhen, einen hypothetischen Charakter haben. Für Vergleichszwecke besitzen die Schätzungen immerhin wesentliche Bedeutung. Obwohl im einzelnen ungenau, lassen sie die Entwicklung zumindest in den großen Umrissen ziffernmäßig erkennen. Dennoch wäre es verfehlt, unseren Angaben mehr als einen richtungweisenden Wert beizumessen.

Sehen wir diese Zahlen nunmehr etwas näher an. Tab. 25 zeigt zunächst die mutmaßliche Entwicklung der Produktionsmengen der Textildruckerei der Schweiz, des Elsasses und Großbritanniens seit dem Ende des 18. Jahrhunderts bis in die Zeit vor Ausbruch des letzten Weltkrieges. Im einzelnen haben wir diesem Zahlenmaterial nichts beizufügen. Es läßt deutlich die Überflügelung der Schweiz durch das Elsaß und Großbritannien erkennen[503], die dominierende Stellung dieses letzteren Landes, den Einfluß der Schutzzollpolitik und der räumlichen Ausweitung des Textildruckgewerbes sowie die Auswirkungen der Weltwirtschaftskrise —

[501] W. H. v. Kurrer (1844), a. a. O., S. 288 f., und Tab. Kurrer 1.

[502] Vgl. unsere Tab. 2, S. 33.

[503] Zur Orientierung über die Entwicklung der Produktionsmengen Englands von 1750 bis 1796 vgl. S. 201, Tab. 25, Anm. 8.

[502a] Vgl. Vorwort.

Tatsachen also, die wir bereits bei der Betrachtung der Absatzverhältnisse gewürdigt haben.

Die für Europa und die ganze Welt angeführten Größenordnungen müssen dagegen etwas näher beleuchtet werden. Wie in Spalte 8 unserer Tab. 25 angegeben, schätzte man um ca. 1840 den Produktionsumfang der europäischen Kattundruckerei auf ungefähr 744 Millionen Meter. Hievon produzierten Großbritannien,

Tab. 25. Schätzungsweise Entwicklung des Produktionsumfangs der Textildruckerei seit dem Anfang der hochkapitalistischen Wirtschaftsepoche.

Zeitpunkt	Schweiz		Elsaß[6]		Großbritannien		Europa		Welt	
	Prod. in Mill. m ca.	Kopfquote in m ca.	Prod. in Mill. m ca.	Kopfquote in m ca.	Prod. in Mill. m ca.	Kopfquote in m ca.	Prod. in Mill. m ca.	Kopfquote in m ca.	Prod. in Mill. m ca.	Kopfquote in m ca.
(1)	(2)	(3)	(4)	(5)	(6)	(7)	(8)	(9)	(10)	(11)
Ende des 18. Jahrh.	18,0[1]	11,.	6,6	11,0	26,0[8]	3,.	.	.	.	.
ca. 1840	22,5[2]	10,.	29,0	28,.	450,0[9]	22,.	744,.[12]	3,0	.	.
1860er Jahre	58,0 bis 63,0[3]	22,. bis 24,.	82,.	78,.	.	.	.	.	.	.
1900 bis 1913	24,0 bis 25,0[4]	6,5 bis 7,.	50,0 bzw. 60,0	44,. bzw. 49,.	1212,0[10]	29,.	2900,0 bis 3000,0[13]	6,5	3800,0 bis 4000,0[14]	2,0 bis 2,5
1930er Jahre	15,0 bis 16,0[5]	3,5 bis 4,.	98,0 bzw. 72,0[7]	84,. bzw. 60,.	650,8[11]	14,.	.	.	5500,0 bis 6500,0[15]	2,5 bis 3,0

[1] Nach der Schätzung von Jenny-Trümpy, a. a. O., S. 134, die sich auf die Produktionsverhältnisse im letzten Viertel des 18. Jahrhunderts bezieht.

[2] Schätzungsweise 750 000 Stück zu 40 — 50 Ellen (durchschnittlich ca. 30 m) Zitiert bei W. H. v. Kurrer, a. a. O., S. 288 f., und Tab. Kurrer 1.

[3] Mitte der 1860er Jahre. Produktion im Kanton Glarus: schätzungsweise 48 Millionen Meter (Schätzung einer Fabrikinspektion im Jahre 1864, zitiert bei Jenny-Trümpy, a. a. O., S. 534, oben, und 536, unten); Produktion in der übrigen Schweiz: schätzungsweise 10 — 15 Millionen Meter (Umrechnung des von Jenny-Trümpy, a. a. O., S. 535, Anm. 1, geschätzten Bruttoproduktionswerts). Vgl. dieserhalb unsere Angaben auf S. 164, Anm. 383.

[4] Schätzungsweiser Produktionsumfang im Jahre 1907. Umrechnung der bei Ad. Jenny, Sonderabdruck, a. a. O., S. 55, zitierten Produktionsmengen in Meterzentnern. Vgl. dieserhalb unsere Angaben in Tab. 23 (S. 168), Zeile Schweiz, und Anm. 5. Der Umrechnung der Produktionsmenge für den Inlandsverbrauch in der Höhe von „mutmaßlich" 160 Tonnen haben wir ein Durchschnittsgewicht von schätzungsweise 60 — 80 g per laufenden Meter zugrunde gelegt.

[5] Schätzungsweiser Umfang der Jahresproduktion in den Jahren vor Ausbruch des Zweiten Weltkrieges:

Verfahren	Produktionsmenge	Produktionsapparat
Maschinendruck	ca. 14 000 000 m	ca. 36 Walzendruckmaschinen
Schablonen-(Film-)druck	„ 1 200 000 „	Drucktischlänge ca. 3200—3500 m
Handdruck	„ 250 000 „	„ „ 2000 m
Insgesamt	ca. 15 450 000 m	Fertigmeter für alle Verwendungszwecke, Veredlungsverkehrsware inbegriffen

Diese Angaben wurden uns von Herrn Dr. jur. Hans Hefti gemacht, Verband der Schweizerischen Textil-Veredlungs-Industrie, Schwanden, auf Grund der Schätzungen seitens des Kontrolleurs dieses Verbandes, Abteilung Druck. Es wird betont, daß es sich lediglich um Schätzungen handelt, die weder für 1938 noch für ein anderes Jahr dieser Zeit genau zutreffen. Nach einer Mitteilung von Fabrikantenseite scheint es sich eher um eine etwas zu hohe Produktionsmenge zu handeln.

[6] Die zitierten Produktionsmengen beziehen sich auf die Jahre 1786, 1839, 1869, 1900, 1913, 1928 und 1938 und beruhen durchwegs auf Schätzungen. Teilweise sind die Angaben dem Bi-Centenaire ... entnommen, a. a. O., S. 26 ff. und S. 31, teilweise verdanken wir sie der Société Industrielle de Mulhouse und dem Syndicat des Manutentionneurs d'Alsace in Mülhausen. Zu Vergleichszwecken mit den Verhältnissen in der Schweiz und in Großbritannien ist der Berechnung der Kopfquote nicht nur die Bevölkerungszahl des Departements Haut-Rhin zugrunde gelegt, wo das gesamte Textildruckgewerbe lokalisiert ist, sondern ebenfalls die Bevölkerungszahl des Departements Bas-Rhin.

[7] Von 1928 bis 1930 sank der Produktionsumfang vom jemals erreichten Höchststand von 98 auf 78 Millionen Meter, von 1930 bis 1936 auf 55 Millionen Meter, um 1938 wieder auf 72 Millionen Meter zu steigen. Schätzungen des Syndicat des Manutentionneurs d'Alsace. Vgl. auch unsere Ausführungen auf S. 174.

[8] Produktion der englischen Kattundruckerei im Jahre 1796 nach den Fabrikationssteuerlisten: 28.5 Millionen Yards. Zitiert bei Jenny-Trümpy, a. a. O., S. 205. — Nach Kurrer (a. a. O., S. 148 f.) und Baines (zitiert bei Jenny-Trümpy, a. a. O., S. 65 f.) schätzte man um 1750 die Produktion Englands an leinenen und halbbaumwollenen Druckgeweben noch auf 50 000 Stück (ca. 1 Million Meter, wenn der Umrechnung die damals auf dem Kontinent übliche Stücklänge von 15 bis 16 aunes zu 1,19 m zugrunde gelegt wird). Erst nach Einführung der Walzendruckmaschine im Jahre 1785 setzte die starke Ausweitung des englischen Produktionsvolumens ein.

[9] Produktion bedruckter Baumwollgewebe Englands, Schottlands und Irlands: 15 Millionen Stück zu 40 bis 50 Ellen (durchschnittlich 30 m). Nach einer Erklärung von Sir Robert Peel im Jahre 1841. Zitiert bei W. H. v. Kurrer, a. a. O., S. 152, und Tab. Kurrer 1.

[10] Produktion bedruckter Baumwollgewebe des Vereinigten Königreichs im Jahre 1907: 1326 Millionen Yards. Zitiert bei Landauer, a. a. O., S. 67.

[11] Produktion bedruckter Baumwollgewebe (622,2), Seiden- (7,6), Kunstseiden- (76,5) und Leinenware (5,7) im Jahre 1935: insgesamt 712,041 Millionen Längenyards (linear yards). Nach: Final Report on the Fifth Census of Production and the Import Duties Act Inquiry 1935, Part 1, London 1938, S. 186 ff. und 192.

[12] Nach der Kurrerschen „Wahrscheinlichkeitsberechnung über den Umfang der Kattundruckerei in Europa", a. a. O., S. 288 f., und Tab. Kurrer 1, in der folgende Produktionsmengen angeführt sind:

England, Schottland und Irland	15 000 000	Stück	Böhmen	1 400 000	Stück
Rußland	2 500 000	„	Schweiz	750 000	„
Frankreich	2 400 000	„	Österreich	360 000	„
Preußen	1 100 000	„	Belgien und Holland	280 000	„
Sachsen	460 000	„	Italien	150 000	„
Übrige deutsche Bundesstaaten	380 000	„	Ungarn	20 000	„
			Polen	9 000	„

Insgesamt 24 809 000 Stück zu 40 bis 50 Ellen (durchschnittlich 30 m). Über Größe und Zusammensetzung des Produktionsapparates orientieren unsere Tab. 2 (S. 33) und 10 a (S. 63).

[13] Schätzung. Summe der mutmaßlichen Ausfuhrmenge in bedruckter Baumwollware (angeführt in Tab. 23, Zeile Europäische Produktionsländer, Spalte 2, S. 168), des mutmaßlichen Umfangs der Produktion in bedruckter Baumwollware für den Inlandsverbrauch (angeführt in Tab. 23, Zeile idem, Spalte 6) und des mutmaßlichen Umfangs der Produktion bedruckter Woll-, Seiden-, Leinen- und ähnlicher Artikel.

[14] Schätzung. Summe der mutmaßlichen Ausfuhrmenge in bedruckter Baumwollware (angeführt in Tab. 23, Zeile Total, Spalte 2, S. 168), des mutmaßlichen Umfangs der Produktion in bedruckter Baumwollware für den Inlandsverbrauch (angeführt in Tab. 23, Zeile Total, Spalte 6), des mutmaßlichen Umfangs der hausindustriellen und kleingewerblichen Erzeugung und des mutmaßlichen Umfangs der Produktion bedruckter Woll-, Seiden-, Leinen- und ähnlicher Artikel. — Über die ungefähre Zahl der Walzendruckmaschinen, die damals in den einzelnen Ländern in Betrieb standen, orientiert Tab. 2 (S. 33).

[15] Schätzung auf Grund der Annahme, daß sich der jährliche Gesamtverbrauch an bedruckten Geweben in Europa, Kanada, Mittel- und Südamerika auf 3½ bis 4 m je Kopf der Bevölkerung belief, in den Vereinigten Staaten von Amerika auf 10 bis 14 m und in Asien, Australien, auf Neuseeland, den Südseeinseln sowie in Afrika auf rund 1½ m. Vgl. dieserhalb unsere Ausführungen im Haupttext.

---

das Elsaß und die Schweiz rund 500 Millionen Meter oder durchschnittlich 21 bis 22 Meter je Kopf der Bevölkerung. Die übrigen rund 244 Millionen Meter wurden von Rußland, Frankreich (ohne Elsaß), Deutschland, Böhmen, Österreich, Belgien, Holland, Italien, Ungarn und Polen erzeugt[504]. Für diese Ländergruppe ergeben sich als mittlere Kopfquote ca. 1,3 m; Österreich — Böhmen erzielte mit ca. 3 m die höchste Kopfquote, Ungarn mit ca. 0,05 m die niedrigste, während Deutschland mit ca. 1,8 m und Rußland mit ca. 1,5 m etwas über dem Durchschnitt lagen, Frankreich ihn dagegen gerade erreichte. Wenn wir nun annehmen, in Europa seien damals jährlich ungefähr 2 m Druckware je Kopf der Bevölkerung verbraucht worden, so ergibt sich, daß nur Großbritannien, das Elsaß, die Schweiz und Österreich — Böhmen den Inlandsver-

[504] Die Verteilung der Gesamtproduktionsmenge auf die einzelnen Länder geht aus Anm. 12 zu Tab. 25 hervor.

brauch aus der eigenen Erzeugung decken konnten[505], die übrigen Produktionsländer dagegen noch Ware einführen mußten. Da Europa im Jahre 1840 rund 250 Millionen Einwohner zählte[506], wurden — unter sonst gleichbleibenden Umständen — 500 Millionen Meter der gesamteuropäischen Produktion zur Versorgung Europas benötigt, während den außereuropäischen Konsumtionsgebieten rund 244 Millionen Meter geliefert werden konnten. Exporteure waren also Großbritannien, das Elsaß und die Schweiz, in wesentlich kleinerem Maße — relativ gesehen — ebenfalls Österreich — Böhmen.

Betrachten wir nun die Verhältnisse vor Ausbruch des Ersten Weltkrieges.

Unseren Ausführungen in Anm. 13 zu Tab. 23 (S. 169) ist zu entnehmen, daß damals die Bevölkerung Europas, Kanadas, Mittel- und Südamerikas durchschnittlich ca. $3^1/_2$ m baumwollene Druckware je Kopf und Jahr konsumiert haben dürfte. In den Vereinigten Staaten von Amerika wurde im Mittel vermutlich zumindest die doppelte Menge je Einwohner verbraucht[507], in Afrika, Asien, Australien und auf den Südseeinseln im Durchschnitt dagegen wohl kaum mehr als 1 bis $1^1/_2$ m. Multiplizieren wir diese Mittelwerte mit den jeweiligen Bevölkerungsziffern, so erhalten wir einen Gesamtverbrauch von maximal 4 Milliarden Metern. Dieses Ergebnis scheint nicht zu hoch zu sein, hat doch E. Grandmougin die Weltproduktion jener Zeit sogar auf vier bis fünf Milliarden Meter jährlich geschätzt[508]. Demnach kann wohl angenommen werden, daß auch unsere Berechnung der Steigerung der Produktion Europas seit 1840 um mehr als zwei Milliarden Meter nicht übertrieben ist. Gegenüber 1840 konnte die durchschnittliche Kopfquote der Produktion Großbritanniens, des Elsasses und der Schweiz von 21 bis 22 m auf 27 bis 28 m erhöht werden, diejenige der übrigen europäischen Produktionsländer dagegen von ca. 1,3 m auf rund 4 m. Mußten diese Länder um 1840 zur Deckung der supponierten Verbrauchsmenge von 2 m je Kopf der Bevölkerung verschiedentlich relativ erhebliche Quantitäten importieren, so waren sie nunmehr in der Lage, außer der Befriedigung des erhöhten Eigenverbrauchs noch ungefähr einen halben Meter Druckware je Einwohner zu exportieren.

Ob in der Zeit zwischen den beiden Weltkriegen der Produktionsumfang der europäischen Textildruckerei eine weitere Aus-

[505] Daß beispielsweise die Schweiz zumeist für den Export arbeitete und einen erheblichen Teil des inländischen Konsums an Druckstoffen mit Importware deckte, ist in diesem Zusammenhang unwesentlich.

[506] Genau 250,962 Millionen. Nach H. d. St., IV. Aufl., 2. Bd., Jena 1924, S. 688.

[507] Vgl. dieserhalb unsere Ausführungen auf S. 204.

[508] Vgl. Enzyklopädie der technischen Chemie, a. a. O., S. 95.

dehnung erfahren hat, ließ sich aus den eingangs erwähnten Gründen nicht ermitteln. Wenn es der Fall war, so dürfte die Ausdehnung aber nur relativ gering gewesen sein, obwohl das Wachstum der Bevölkerung und die anscheinend erneute Steigerung der Verbrauchsquote eine verhältnismäßig starke Ausweitung ermöglicht hätten. Die Steigerung der Erzeugung erfolgte vor allem in den Vereinigten Staaten von Amerika und in Japan. Einmal zur Dekkung des eigenen Bedarfs. Dann aber auch zur Versorgung der übrigen außereuropäischen Märkte, von denen die alten europäischen Lieferanten in zunehmendem Maße verdrängt wurden.

Für die Vereinigten Staaten von Amerika und das Jahr 1937 wird der Verbrauch bedruckter Stoffe mit 14 m je Einwohner angegeben, für Europa dagegen mit ungefähr 4 m[509]. Unsere Schätzung des schweizerischen Konsums im Jahre 1938 ergibt eine Kopfquote von rund $3^1/_2$ Metern[510]. Das Druckerkartell Ungarns setzte 1926 das Inlandsangebot auf 30 Millionen Meter fest[511], was ebenfalls einer Kopfquote von ungefähr $3^1/_2$ Metern entspricht. Möglicherweise sind also die Verbrauchsmengen von 14 m resp. 4 m etwas zu hoch angesetzt. Sollten sie als Durchschnittswerte dennoch ungefähr stimmen, und sollten in den übrigen amerikanischen Staaten ebenfalls rund 4 m Druckware je Einwohner konsumiert worden sein, in Afrika, Asien, Australien, Neuseeland und auf den Südseeinseln aber durchschnittlich $1^1/_2$ m, so läßt sich für 1937 eine Weltproduktion von $6^1/_2$ Milliarden Metern errechnen. Diese Größenordnung reduziert sich auf $5^1/_2$ Milliarden Meter (genauer 5,65 Milliarden Meter), wenn der Verbrauch in den Vereinigten Staaten von Amerika nur rund 10 m je Kopf der Bevölkerung betrug und nur $3^1/_2$ m in den anderen Staaten dieses Erdteils sowie in Europa.

Nehmen wir nunmehr vereinfachend an, die Produktion sämtlicher $5^1/_2$ bis $6^1/_2$ Milliarden Meter sei im Walzendruckverfahren erfolgt. Bei einer mittleren Leistung von 1 000 000 m je Maschine und Arbeitsjahr zu 2400 Stunden (300 Tage zu je acht Stunden) wären ungefähr 6000 Druckmaschinen in Betrieb gestanden oder 3000, sofern man durchwegs in zwei Schichten gearbeitet hätte. Da je Druckmaschine und Schicht durchschnittlich ca. 30 Arbeitskräfte Gesamtpersonal tätig sind[512], beschäftigten die Textildruckereien der Welt theoretisch rund 200 000 Personen. Dies aber sind ca. $1^1/_2$ % der insgesamt 14 Millionen Arbeitskräfte, die sich nach den Erhebungen des Bureau International du Travail in den 1930er Jahren in der Textilindustrie der Welt betätigten, oder

---

509 Bi-Centenaire . . . , a. a. O., S. 74.

510 Ergebnis der Verrechnung der Produktion, abzüglich der Ausfuhr und zuzüglich der Einfuhr (Ziffernmaterial nach Tab. 24 und 25, S. 177 und S. 200), mit der Bevölkerungszahl von 4,19 Millionen.

511 Zitiert bei H. v. Holtzer, a. a. O., S. 177.

512 Vgl. unsere Ausführungen auf S. 43.

Literaturverzeichnis.

Bancroft, Edward: Neues Englisches Färbebuch. Herausgegeben und mit Anmerkungen und Zusätzen versehen von J. G. Dingler und W. H. v. Kurrer, Band I und II. Nürnberg 1817 bzw. 1818.

Basel, Staatsarchiv: Handel und Gewerbe K 3 1, Ragionenbuch 1, 1719 — 1790.

Baumgartner, Richard: Wandlungen in der ostschweizerischen Textilindustrie. Dissertation Bern. Zürich 1942.

Bernoulli, Christoph: Betrachtungen über den wunderbaren Aufschwung der gesamten Baumwollen-Fabrikation . . . Basel 1825.

Berthoud, Eugène: Traité de la Gravure sur rouleaux. Mulhouse/Paris 1906.

Bi-Centenaire de l' impression sur étoffe en Alsace. Bulletin No III — IV de la Société Industrielle de Mulhouse. Mulhouse 1946.

Board of Trade: Statistical Abstract for the United Kingdom for each of the fifteen years 1913 and 1921 to 1934. Seventy — ninth Number. London 1936.

Braun, Friedrich: Einiges über Batik-Technik. In: Zeitschrift für Farben- und Textil-Chemie. Braunschweig 1903.

Britt, B.: Die Wirtschaftlichkeit des Filmdrucks. In: Melliand Textilberichte. Heidelberg 1935.

Bruck, W. F.: Textilrohstoffe und Textilwirtschaft. a) Allgemeines und Gesamterzeugung, b) Baumwollwirtschaft. In: Handwörterbuch der Staatswissenschaften, IV. Auflage, 8. Band. Jena 1928.

Bulletin de la Société Industrielle de Mulhouse, Mulhouse: Alle Jahrgänge von 1828 bis 1946.

Bureau International du Travail: L' Industrie textile dans le monde. Problèmes économiques et sociaux. Tome I et II. Genève 1937.

Centenaire (Le) de la Société Industrielle de Mulhouse 1826 — 1926. Tome II: L' Industrie et le Commerce à Mulhouse et dans le Haut-Rhin de 1900 — 1925. Mulhouse-Dornach 1926.

Ciba-Rundschau Nr. 1: Färberei im Mittelalter (Leix Alfred, Koelner Paul, Chevalier A.). Basel 1936.

— Nr. 9: Handelswege und Farbenmärkte im Mittelalter (Leix Alfred). Basel 1937.

— Nr. 10: Die Farbhölzer (Schaefer Gustav). Basel 1937.

— Nr. 24: Mittelalterlicher Zeugdruck in Europa (Schaefer Gustav, Haller R.). Basel 1938.

— Nr. 28: Der französische Zeugdruck im 18. Jahrhundert (Juvet-Michel A.). Basel 1938.

— Nr. 36: Textilornamentik (Born W.). Basel 1939.

— Nr. 37: Volkstümliche Textilkunst (Lambert A.). Basel 1939.

— Nr. 45: Baumwollhandel und Baumwollgewerbe im Mittelalter (Wescher H.). Basel 1940.

— Nr. 47: Zur Geschichte der Türkischrot-Färberei (Schaefer G.). Basel 1940.

— Nr. 61: Von der holländischen Kattundruckerei und Baumwollindustrie (Driessen L. A.). Basel 1943.

ca. $^1/_2$ ‰ aller Menschen, die eine produktive Arbeit verrichteten[513]. Die Verhältniszahlen von $1^1/_2$ % und $^1/_2$ ‰ erhöhen sich natürlich, sobald dem Personal der Druckereien noch die Arbeitskräfte im Verarbeitungsgewerbe, im Handel und in der Kapitalgüterindustrie hinzugezählt werden. Wie viel Personen die Textildruckerei mittelbar beschäftigte, läßt sich aber nicht eruieren, so daß wir in dieser Hinsicht von einer weiteren Analyse Abstand nehmen müssen.

Dagegen können wir noch die größenmäßige Bedeutung des Verbrauchs bedruckter Gewebe ungefähr herausarbeiten, gemessen am Gesamtverbrauch an Textilien.

Nach den Berechnungen, die ebenfalls das Bureau International du Travail angestellt hat, dürfte 1928/29, also zur Zeit der größten Nachkriegsblüte, der jährliche Verbrauch an Textilien aller Art 5,470 kg oder schätzungsweise 55 Yards je Kopf der Weltbevölkerung betragen haben, wovon vermutlich 4,160 kg oder ca. 42 Yards auf den persönlichen Verbrauch und auf den Verbrauch im Haushalt entfielen, und 1,310 kg oder ca. 13 Yards auf den Verbrauch in Industrie und Landwirtschaft[514]. Unsere Schätzung des Weltverbrauchs an bedruckten Geweben während der 1930er Jahre ergibt eine Kopfquote von $2^1/_2$ bis 3 m (vgl. S. 200, Tab. 25, Spalte 11, letzte Zeile). Wird nun diese Größenordnung mit der oben angeführten Größenordnung von 42 Yards verrechnet, die wir als ebenso viele Meter betrachten wollen, so erhalten wir eine Textildruckquote von 6 bis 7 %. Verglichen mit dem Gesamtverbrauch an Textilien war der Verbrauch bedruckter Stoffe also nicht so groß, wie unsere bisherigen Darlegungen vielleicht glauben machten. Die Verhältniszahl kann aber gar nicht hoch sein, erstreckt sich doch der Konsum an Textilien auf dermaßen viele Warengattungen, daß auf die einzelne Gewebeart überhaupt nur ein relativ geringer Anteil entfällt.

Erst nach Berücksichtigung dieses Sachverhaltes läßt sich die größenmäßige Bedeutung richtiger würdigen, die dem Druckstoff im Verbrauch von Textilien heute zukommt. Ohne die stete Änderung des Bedarfsschemas durch den fortwährenden Wechsel des Musterungsbildes hätte sich das Volumen der Erzeugung zweifellos nie in dem Ausmaß entwickelt, das unsere Übersicht mehr oder weniger genau spiegelt. Die Produktionsmenge wäre aber auch kleiner geblieben, wenn der Textildruck den Wunsch nach schmückender und persönlichkeitsbetonender Bekleidung nicht auf eine verhältnismäßig wirtschaftliche Weise befriedigte.

---

513 Vgl. Bureau International du Travail: L'Industrie textile dans le monde. Problèmes économiques et sociaux, Genève 1937, S. 29.

514 Vgl. Bureau International du Travail: L'Industrie textile . . . , a. a. O., S. 187.

Ciba Aktiengesellschaft: Die Farbstoffe der Gesellschaft für Chemische Industrie in Basel und deren Anwendung, Band IV. Textildruckerei, IV. Auflage. Basel 1940, Eigenverlag der Gesellschaft.

Clouzot, Henri: Histoire de la Manufacture de Jouy et de la Toile imprimée en France. Paris et Bruxelles 1928.

Delormois, M.: L'Art de faire les Indiennes. Paris 1780.

Dietsche, Richard: Die industrielle Entwicklung des Wiesentals bis zum Jahre 1870. Dissertation Basel. Schopfheim 1937.

Dingler, J. G.: Fragmente für die Ziţ-, Kattun- oder Indiennedruckerey und Seiden- und Zeugdruckerey. Basel 1814.

—, (Herausgeber) in Verbindung mit Juch K. W. und Kurrer W. H.: Neues Journal für die Indiennen- oder Baumwolldruckerei, die Leinen-, Seiden- und Wollzeugdruckerei .... 4 Bände. Augsburg und Leipzig 1815—1818.

—, Magazin für die Druck-, Färbe- und Bleichkunst ... Band I und II. Augsburg und Leipzig o. J. (ca. 1819/1820).

Diserens, Louis: Die neuesten Fortschritte in der Anwendung der Farbstoffe. 3. Band, neubearbeitete und vermehrte 2. Auflage. Basel 1949.

Dollfus-Ausset: Matériaux pour la coloration des étoffes. Band I und II. Paris 1865.

Dreyer, Alice: Les Toiles peintes en pays Neuchâtelois. Dissertation Neuchâtel. Neuchâtel 1923.

Driessen, L. A.: Von der holländischen Kattundruckerei und Baumwollindustrie. In: Ciba-Rundschau 61. Basel 1943.

Elster, Alexander: Mode. In: Handwörterbuch der Staatswissenschaften, 4. Auflage, VI. Band. Jena 1925.

Encyclopédie ou Dictionnaire universel raisonné des connoissances humaines. De Felice. Tome XL, Yverdon 1775 und Supplément Tome IV, Yverdon 1776. Artikel über die „Toiles peintes des Indes" bzw. über den Handel mit Indien.

Engels, Friedrich: Die Lage der arbeitenden Klasse in England. 2. Auflage. Stuttgart 1892.

Enzyklopädie der technischen Chemie. Herausgegeben von Prof. Dr. Friţ Ullmann, Berlin. Berlin und Wien 1916.

Färber-Zeitung, Berlin. Jahrgänge 1889/90, 1890/91, 1891/92, 1892/93, 1897, 1899, 1900, 1903, 1905, 1906, 1918.

Fetscherin, Werner: Beitrag zur Geschichte der Baumwollindustrie im alten Bern. Dissertation Bern. Weinfelden 1924.

Final Report on the Fifth Census of Production and the Import Duties Act Inquiry 1935, Part I. London 1938.

Forrer, R.: Die Zeugdrucke der byzantinischen, romanischen, gotischen und späteren Kunstepochen. Straßburg 1894.

—, Die Kunst des Zeugdrucks vom Mittelalter bis zur Empirezeit. Straßburg 1898.

—, Les imprimeurs de tissus dans leurs relations historiques et artistiques avec les corporations. Strasbourg 1898.

Garnaus, Adolf S.: Die Familie Römer von Zürich 1622—1932. Zürich 1932.

Geering, Traugott: Die Entwicklung des Zeugdrucks im Abendland seit dem 17. Jahrhundert. In: Vierteljahresschrift für Social- und Wirtschaftsgeschichte, Band I. Leipzig 1903.

Gothein, Eberhard: Wirtschaftsgeschichte des Schwarzwaldes und der angrenzenden Landschaften. Band I. Straßburg 1892.

Grandmougin, E.: Druckerei. In: Enzyklopädie der technischen Chemie. Herausgegeben von Prof. Dr. Fritz Ullmannn, Berlin. Band IV. Berlin und Wien 1916.

Grempe, P. Max: Die Lage der Schweizer Stoffdruckerei. In: Färber-Zeitung. Berlin 1918.

Hagemann: Textilwirtschaft. Breslau 1928.

Haller, R.: Der Chemiker-Kolorist. In: Melliand Textilberichte. Heidelberg 1931.

—, Die Entwicklung des Zeugdrucks. In: Melliand Textilberichte. Heidelberg 1932.

—, Ziele der Textilveredlung im Wandel der Zeiten. In: Melliand Textilberichte. Heidelberg 1935.

—, Zur Technik des frühen Zeugdrucks. In: Ciba-Rundschau 24 (Mittelalterlicher Zeugdruck in Europa). Basel 1938.

—, Rückblick auf die Vergangenheit der Textilveredlung. In: Melliand Textilberichte. Heidelberg 1938.

—, Der Kolorist. Heidelberg 1939.

Hanauer, Abbé A.: Etudes économiques sur l' Alsace ancienne et moderne. Tome II. Paris et Strasbourg 1878.

Handbuch des Zeugdrucks. Herausgegeben von Prof. Dr. G. Georgievics, Prof. Dr. R. Haller, Dr. L. Lichtenstein. — Leipzig 1930.

Handbuch der Schweizerischen Volkswirtschaft. Band I und II. Bern 1939.

Handwörterbuch der Schweizerischen Volkswirtschaft, Sozialpolitik und Verwaltung. Herausgegeben von Reichesberg N., Band III. Bern 1911.

Heberlein & Co. A.-G., Wattwil: 100 Jahre Heberlein 1835—1935. Verlag Orell Füssli, Zürich.

Herbster, Karl: Zur Geschichte der Lörracher Industrie von ihren Anfängen bis zur Mitte des 18. Jahrhunderts. Lörrach 1926.

Herkner, Heinrich: Die oberelsässische Baumwollindustrie und ihre Arbeiter. Straßburg 1887.

Hermbstädt, Sigismund Friedrich: Museum des Neuesten und Wissenswürdigsten . . . Band IX. Berlin 1816.

Histoire Documentaire de l' Industrie de Mulhouse et de ses environs au XIXme siècle. Tome I et II. Mulhouse 1902.

Holtzer, Hans v.: Die Entwicklung der Ungarischen Textilindustrie. Dissertation Zürich. Zürich 1927.

Jannasch, R.: Die europäische Baumwollen-Industrie und deren Productionsbedingungen mit besonderer Berücksichtigung des Oberrheins. Berlin 1882.

Jenny-Trümpy, Adolf: Handel und Industrie des Kantons Glarus. Teil I. In: Jahrbuch des historischen Vereins des Kantons Glarus, 33. Heft. Glarus 1899. — Teil II, Separatabdruck aus Heft XXXIV des Historischen Jahrbuchs. Glarus 1900.

Jenny, Adolf: Die schweizerische Baumwollindustrie. Sonderabdruck aus dem Handwörterbuch der Schweizerischen Volkswirtschaft, Sozialpolitik und Verwaltung. Herausgegeben von Reichesberg N., Band III. Bern 1911.

Jenny, Caspar: Die schweizerische Baumwollindustrie. In Zeitschrift für Schweizerische Statistik und Volkswirtschaft, 66. Jahrgang, Heft 4. Bern 1930.

Juraschek, F. v.. Baumwoll-Industrie. In: Handwörterbuch der Staatswissenschaften, III. Auflage, 2. Band. Jena 1909.

Juvet-Michel, A.: Der Kampf um die Indiennes. Die großen Zeugdruck-Manufakturen Frankreichs. Die Formenwelt der „Toiles de Jouy“. In: Ciba-Rundschau 28 (Der französische Zeugdruck im 18. Jahrhundert), Basel 1938.

Kasper, Karl: Bunter Traum auf gewebtem Grund. Herausgegeben von der deutschen Stoffdruckindustrie. Berlin o. J. (1938).

Kertesz, A.: Die Textilindustrie sämtlicher Staaten. Braunschweig 1917.

Kielmeyer, A.: Die Fortschritte der Färberei, Druckerei und Bleicherei vom Jahre 1800 — 1900. In: Färber-Zeitung, Heft 1, 2 und 3, Berlin 1900.

Koechlin, Baumgartner & Cie., AG., Manufaktur, Lörrach in Baden: 150 bzw. 175 Jahre, Jubiläumsschriften; ungedruckte Geschäftsbücher: „Cassa-Buch“ von 1808 — 1811 der Firma Merian und Koechlin, „Reisende Copierbuch“ von 1828 — 1831 der Firma Nicolaus Koechlin und Gebrüder, Statuten „Einer löblichen Drucker u. Stecher Kranken Casse“ vom 30. Mai 1814 (Firma Merian und Koechlin).

Koechlin, Familie: Tableaux Généalogiques de la famille Koechlin. Mulhouse 1881.

Koelner, Paul: Die Safranzunft zu Basel. Basel 1935.

—, Aus der Frühzeit der chemischen Industrie Basels. Basel 1937.

Künzle, Emil: Die zürcherische Baumwollindustrie von ihren Anfängen bis zur Einführung des Fabrikbetriebs. Dissertation Zürich. Zürich 1906.

Kurrer, W. H. v., mit Beiträgen von Kreutzberg, K. I.: Geschichte der Zeugdruckerei. 1. Auflage, Nürnberg 1840; neue, umgearbeitete, vermehrte und verbesserte Auflage, Nürnberg 1844.

— und Engels, R.: Färberei und Druckerei, Berlin 1867.

Labouchère, Alfred: Oberkampf 1738 — 1815. Paris 1866.

Landauer, Edgar: Handel und Produktion in der Baumwollindustrie. Unter besonderer Berücksichtigung der lohnindustriellen Organisationsform. In: Archiv für Sozialwissenschaft und Sozialpolitik, Ergänzungsheft VII. Tübingen 1912.

Landmann, Julius: Der schweizerische Kapitalexport. In: Zeitschrift für Schweizerische Statistik und Volkswirtschaft, 52. Jahrgang, Heft 4, Bern 1916.

Laufenburger, Henry: Cours d' Economie Alsacienne. Tome premier: Les bases matérielles, morales et juridiques. Paris 1930.

— et Pflimlin, Pierre: Cours d' Economie Alsacienne. Tome deuxième: L' Industrie de Mulhouse. Paris 1932.

Legrand, Daniel: Appel Respectueux. 1848. In: Die Zukunft der Arbeit, Bulletin der Internationalen Vereinigung für gesetzlichen Arbeiterschutz, 3. Band, Heft 1 — 2, Jena 1925.

Lévy, Robert: Histoire Economiques de l' Industrie Cotonnière en Alsace. Paris 1912.

Lewis, Frank: English Chintz from earliest Times until the present day. South Benfleet-Essex (England) 1935.

Lexis, W.: Übersicht der Zollgeschichte der Baumwoll-Industrie. In: Handwörterbuch der Staatswissenschaften, III. Auflage, 2. Band, Jena 1909.

Manifestations en Allemagne sur les conséquences que pourrait avoir pour l' industrie l' annexion éventuelle de l' Alsace et de la Lorraine. Mulhouse 1871.

Maurer, Hans Rudolf: Kleine Reisen im Schweizerland. Zürich 1794. Siehe Weisz Leo.

Melliand Textilberichte, Heidelberg. Jahrgänge 1920, 1922, 1923, 1925, 1926, 1927, 1928, 1929, 1930, 1931, 1932, 1935, 1936, 1938, 1940

Merian, Johann Rudolf: Mein Lebens-Lauff ... Siehe Sarasin Anna V.

Mieg, Mathias: Der Stadt Mühlhausen Geschichte bis zum Jahre 1816. Mülhausen 1816.

Nardin, Léon et Mauveaux, Julien: Histoire des corporations d'Arts et Métiers des Villes et Comté de Montbéliard. Paris 1910.

Nentwich, Otto: Warum Filmdruck? In: Melliand Textilberichte, Heidelberg 1938.

Neuburger, Otto: Die soziologischen und ökonomischen Grundlagen der Mode. Dissertation Heidelberg 1912.

Nowak, A.: Der gegenwärtige Stand der Zeugdrucktechnik. In: Melliand Textilberichte, Heidelberg 1938.

Nüßlein, Josef: Altjapanische Druckmethoden. In: Melliand Textilberichte, Heidelberg 1936.

Penot, A.: Recherches statistiques sur Mulhouse. In: Bulletin de la Société Industrielle de Mulhouse, Tome XVI, Mulhouse 1842.

Petition an die deutsche Nationalversammlung in Frankfurt am Main, die Beschwerden der Drucker und Formstecher von Deutschland betreffend. Chemnitz, 3. Oktober 1848.

Rappard, W. E.: La Révolution industrielle et les origines de la protection légale du travail en Suisse. Berne 1914.

Reinking, Karl: Über die älteste Beschreibung der Küpenfärberei im Papyrus Graecus Holmiensis. In: Melliand Textilberichte, Heidelberg 1925.

—, Das Lehrbuch der Malerei von Cennini und die Tapete von Sitten. In: Melliand Textilberichte, Heidelberg 1926.

—, Die älteste Erwähnung des Zeugdrucks in der Literatur. In: Melliand Textilberichte, Heidelberg 1926.

—, Die Entwicklung des Wolldrucks, die Befestigung der Farben durch Dämpfen und die dazu benutzten Apparate. Die Entstehung der Walzendruckmaschine. Die Erfindung der Farbenbefestigung durch Wasserdampf. In: Melliand Textilberichte, Heidelberg 1928.

— und Driessen Louis: Die ältesten Bücher über den Zeugdruck. Die Bibliographie des Zeugdrucks von der Erfindung des Dampfdrucks bis zur Erfindung der synthetischen Farbstoffe. In: Melliand Textilberichte, Heidelberg 1927, 1928, 1929 bzw. 1930.

— —, Die Entwicklung der Technik des Handdrucks und die Beziehungen des Zeugdrucks zum Druck auf Papier. In: Melliand Textilberichte, Heidelberg 1931.

— und Sabri Atayolu, Istanbul: Eine Beschreibung des Zeugdrucks in der Türkei aus dem 16. Jahrhundert. In: Melliand Textilberichte, Heidelberg 1936.

Ruggli, Paul: Die Geschichte der Färberei. In: Geschichte der Textilindustrie. Leipzig, Stuttgart, Zürich 1932.

Ryhiner, Jean aus Basel: Manuskript: Traité sur la fabrication et le commerce des toiles peintes. Im Jahre 1766 begonnen, 1783 beendet; veröffentlicht in: Dollfus-Ausset: Matériaux pour la coloration des étoffes, tome II, Paris 1865.

Salin, Edgar: Hochkapitalismus. Eine Studie über Werner Sombart, die deutsche Volkswirtschaftslehre und das Wirtschaftssystem der Gegenwart. In: Weltwirtschaftliches Archiv, 25. Band, 1927 I., Jena 1927.

—, Standortsverschiebungen der deutschen Wirtschaft. In: Strukturwandlungen der Deutschen Volkswirtschaft, Band I, Berlin 1929.

—, Geschichte der Volkswirtschaftslehre. II. Auflage, Berlin 1929.

Sarasin, Anna V., unter Mitwirkung von Merian, Dr. Samuel, Zürich: Johann Rudolf Merian, 1733—1820. Ein Basler Fabricant der alten Zeit; Basel 1923.

Schaefer, Gustav: Die frühesten Zeugdrucke. Mittelalterlicher Zeugdruck in Europa. In: Ciba-Rundschau 24, Basel 1938.

—, Zur Geschichte der Türkischrot-Färberei. In: Ciba-Rundschau 47, Basel 1940.

Schieß, Jakob: Die Kartelle in der schweizerischen Textil-Veredlungsindustrie. Dissertation Zürich. Weinfelden 1922.

Schmitz-Veltin, Wilhelm: Westfälischer Blaudruck in alter und neuer Zeit. Herausgegeben von der Vereinigung Westfälischer Museen. Münster (Westf.) 1942.

Schnyder, Werner, unter Mithilfe von Nabholz Hans: Quellen zur Zürcher Zunftgeschichte. Band II, Zürich 1936.

Schwab, F.: Die industrielle Entwicklung der Stadt Biel. Dissertation Bern. Biel 1918.

Schwalbe, C.: Alte und neue Zeugdruckverfahren. In: Färberei-Zeitung, Berlin 1906.

Schweizerische Handelsstatistik 1938, Band I und II; herausgegeben von der Eidgenössischen Oberzolldirektion, Bern.

Seida und Landensberg, Franz Eugen, Reichsfreiherr v.: Johann Heinrich Edler von Schüle. Biographie, abgefaßt im Jahre 1805 und publiziert in: Dollfus-Ausset: Matériaux pour la coloration des étoffes. Band II, Paris 1865.

Sombart, Werner: Wirtschaft und Mode. Ein Beitrag zur Theorie der modernen Bedarfsgestaltung. In: Grenzfragen des Nerven- und Seelenlebens, Band II, Heft 12, Wiesbaden 1902.

—, Der Bourgeois. Zur Geistesgeschichte des modernen Wirtschaftsmenschen. München und Leipzig 1913.

—, Der moderne Kapitalismus. 2. und 3. Auflage, München und Leipzig 1916, 1917 bzw. 1928.

—, Luxus und Kapitalismus. München und Leipzig 1922.

Stankoff, N. A.: Im Dienste des Kapitals. Erinnerungen eines russischen Ingenieurs. München 1928.

Stirling, John: Die geschichtliche Entwicklung des Zeugdrucks in Großbritannien. In: Färber-Zeitung, Berlin 1903 (Übersetzung aus: The Journal of the Society of Dyers and Colourists, Nr. 2, Jahrgang 1903).

Tagliani, G.: Die geschichtliche Entwicklung des Kattundrucks in Italien. In: Färber-Zeitung, Heft 7, 1. April 1917.

Ure, Andreas: Cotton Manufacture of Great Britain. Deutsch bearbeitet von Dr. Carl Hartmann: Praktisches Handbuch des Baumwollen-Manufacturwesens . . . Weimar 1837.

Wagner, V. F.: Geschichte der Kredittheorien. Wien 1937.

Weisz, Leo: Die ostindische Kompanie der Schweiz. In Studien zur Handels- und Industrie-Geschichte der Schweiz. Band I, Zürich 1938.

—, Alt-Zürcher Baumwolldruckereien. Beschreibung nach Hans Rudolf Maurer „Kleine Reisen im Schweizerland", Zürich 1794, in: Studien zur Handels- und Industrie-Geschichte der Schweiz. Band II, Zürich 1940.

Wescher, H.: Baumwollhandel und Baumwollgewerbe im Mittelalter. In: Ciba-Rundschau 45, Basel 1940.

Wilhelm, A.: Die chemische Industrie im Rahmen der modernen Wirtschaftsentwicklung. Vortrag, abgedruckt in Zeitschrift für Schweizerische Statistik und Volkswirtschaft, 72. Jahrgang, Heft 1, 1936.

Witt, O. N.: Malayische Batiks und ihre Bedeutung für die Geschichte der Textil-Industrie. In: Färber-Zeitung, Berlin 1891/92.

Woldt, Richard: Der industrielle Großbetrieb. Stuttgart 1911.

Zeitschrift für Farben- und Textil-Chemie. Herausgegeben von Dr. A. Buntrock, Braunschweig, Jahrgänge 1902, 1903, 1905 und 1906.

Zinzendorf, Graf Karl v.: Des Grafen Karl v. Zinzendorf eingesammelte Nachrichten, den Handel und Waaren-Zug in einem Theile von Schwaben, in der Schweiz und in Bündten betreffend. 1764. Herausgegeben von O. E. Deutsch, Wien, publiziert in: Basler Zeitschrift für Geschichte und Altertumskunde, 35. Band, II. Heft, 1936.

Zollvereinsblatt, Das: Nr. 8, 6. Jahrgang, 1848.

Druck Josef Hiessberger, Pottenstein N.-Oe.

GPSR Compliance

The European Union's (EU) General Product Safety Regulation (GPSR) is a set of rules that requires consumer products to be safe and our obligations to ensure this.

If you have any concerns about our products, you can contact us on ProductSafety@springernature.com

In case Publisher is established outside the EU, the EU authorized representative is:

Springer Nature Customer Service Center GmbH
Europaplatz 3
69115 Heidelberg, Germany

Batch number: 10577876

Printed by Printforce, the Netherlands